初学者のための知的ライセンス

$Elite$数学・上

梶原 壤二

現代数学社

本書は 2001 年 5 月に小社から出版した
『*Elite* 数学』
をタイトル変更・上下巻に分冊し、再出版するものです。

まえがき

　この本をエリート高校生・予備校生，憧憬度の高い大学に合格した高校生，既に大学で学んでいる普通の大学生，この本の読者である高校生・予備校生よりも広い視野で教育したい高校・予備校教師にお勧めします．

　この本は，現代数学社発行の月刊誌「Basic 数学／理系への数学」に連載したシリーズ

　　　　　　　　高校生のための数理学——大学への仮想飛び入学

を上下巻で単行本にしたものです．

　一松信先生並びに栗田稔先生が既に，昭和 40 年代前半に上記月刊誌の前身「現代数学」にて，大学入試問題は作題委員が丁度作題の折に，大学で教えていることや，作成中の論文の内容より素材を選ぶことが多いと喝破しておられ，筆者の経験と整合し，深く納得しました．この本の大半は大学入試問題の解説です．全国の高校生中一割内のエリート高校生のために，大学初学年の junior は勿論のこと，高学年の senior な数学の視野から，憧憬度の高い大学の作題委員の上述の視野より，この本では大学入試問題を解説しています．それ故，この本は大学受験勉強中のエリート高校生のみならず，そのような憧憬度の高い大学で既に学んでいる，ごく普通の学生が，受験対策で慣れ親しんだ大学入試問題より，大学での junior は勿論のこと senior な数学を復習するのにも適しています．筆者の入試委員としての経験では，教養部から理学部数学科への進学に際しての推薦入試合格者の留年率は，一般入試合格者の約三倍であり，査定会議の度に教養部長に詫びるを常としました．この本では更に憧憬度の高い大学に合格した高校生が，合格後の高校で大学の予習のための勉強の仕方が分からずに，早期に合格が決定する，上記推薦入学試験合格者が高校にて同級生の猛勉強を余所に，一学期以上遊び暮らしつつ勉強が合格後失速し，それが習慣となってしまって，大学に入学後も遊び癖が止まず大学で落伍する，そのようなことがないように，合格後もこの本の復習を通じて勉強を続けるために，大学 junior は勿論 senior な数学を高校在学時に予習し，憧憬度の高い大学入学後の学習に齟齬を来たさないようにと配慮しました．

この本の素材の大半は，高校生が挑む大学入試問題から選びましたが，大学卒業時に挑むであろう，公務員上級職・企業・公立学校への就職試験問題より高校レベルの問題を選んで大学入試問題に混在させ，同じく，出題者である一流大学教員・一流大学出身の人事担当者の視野で解説しました．高校生が大学に進学するのは，大学卒業後の就職に期待するためであるのが，ブルジョアでない堅実な家庭の実情であり，就職担当としての経験よりこの現実を肯定的に捉えているからです．

　オリンピックで常に本家の日本をねじ伏せる中国では，柔道のみならず，数学教育においても徹底的なエリート教育を行い，中高一貫教育としての高校数学でも全国の一割，首都北京では五割の比率のエリート高校生には，特別の教材を用いるエリート教育に徹しています．この本は，日本全国高校生中，中国に倣い一割内の比率を比定した，エリート高校生・予備校生を読者に想定しました．彼ら彼女ら大学受験前の高校・予備校生，既に大学に合格している高校生，彼らの後身である憧憬度の高い大学の普通の学生，並びに，彼ら彼女ら高校生を，普通の高校生より高い視野で教育なさりたい意欲的な高校の先生，このような生徒・学生・教師向けに執筆して参りました．

　月刊誌連載題名中の「数理学」について説明します．環境問題を念頭に置くと，手放しには物質文明を賞賛出来ませんが，現在我々が享受している物質文明を支えているのは，物理，化学，生物学，地学等の理学はもとより，工学，経済学，教育学等々の実質科学でありますが，その実質科学を最も良く記述する言語こそ先験科学たる数学であり，この観点からの数学を数理学と言い，東大や九大や名大の数学の大学院研究科がこの数理の名を冠せられているのも，このような実質科学との接点を明示するためです．著者が九州大学理学部数学科長・最後の数学専攻主任を仰せつかり，新設数理学研究科の急増した院生定員確保のために，受験生のスカウトに尽力していました時，院試を失敗した東北大学生，後の九大院受験生→院生から数理学研究科で本当の数学を研究出来るのでしょうか？」と，尤もな質問を受けました．著者の専門の関数論・微分方程式論を含めて，整数論，代数幾何，微分幾何，位相，解析，関数解析等の純粋数学も数理学研究科で研究します．その研究・教

育を，この本でも読者がその片鱗に触れることが出来ますように，現在の物質文明を担う実質科学に対する，深い教養の下で，その教養を秘してさりげなく行います．祇園か吉原の大夫の句と思いますが「忍ぶれど色に出にけりわが恋は・・・」でありまして，数理学研究科で数学の教育・研究をする者からはこの本のように，どうしても，進行中の新産業革命を歴史的に見据える大局感に基づく教養が滲み出て，商売敵の他の数学者からは決して愛されません．進行しつつある産業革命に対する認識の相違であります．文部省のみは理解して下さって，学部に基礎を置いて来た大学を大学院大学として重点化して下さって，改革に必要な予算の重点化と，院生の定員三倍増から来るそれ以上の労働の重点化が上記大学で行われています．これもひとえに来る21世紀にも日本が先進国の一員として生き残れるようにとの，国運を賭けての資本の要請に応じるためであります．

　この本は，大学入試問題を作題者の視野で解説していますので，この本の存在意義（raison d'être）に関わる，次の説明を加えねばなりません．幾度か九州の全ての国立大学が招待された，高校側主催の大学入試問題説明会に出席しました．高校側より「入試問題を高数ではなく，大学の手法で解いて良いか？」との質問が一流進学校より出される度に，大学の数学の手法で入試問題を解答する受験生が存在するとはとても思えない大学より出席なさった先生が官僚的に「高数で解かなければ絶対に駄目だ」と答えられるを常としました．採点は，配点が与えられた，採点官の良心にのみ基いて行われます．「入試問題の解答は，解答さえ正しければよいのです．個性的・独創的な答案ほど歓迎されます」との正しい命題を述べて，高数教育に熱心で，横並びがお好きな高校側の感情を逆撫でするような，真の数学者は，そもそもこのような懇談会には出席なさりますまい．福武書店主催の九大Q&Aで「留年生を送らないで欲しい」との入試審議委員としての本音を語って某県教委より公文書で学長に解職を要求された苦い経験を持つ，幾ら馬鹿な著者でも，数学者から官僚に既に頭を切り換えて出席しますので，高数をないがしろにする発言は，著者ですら高校側主催の説明会では致しません．高数の研究に熱心で，高数に精通しておられる大学の先生のみが高数による解答至上主義の回答しかなさいません．この「高数で解かなければ絶対に駄目だ」と答えられる教官の所属する大学の入試には，本書の読者のよ

うな，大学の数学を用いる受験生は絶対に現れそうにありませんので，このように断定的に回答される大学の受験生に対してのみは「高数で解かなければ絶対駄目」との回答は無害で，ありますが，これを真に受けて普遍化し，一流大学受験生にも，高校でそのように指導されるのは大いに困ります．

　在職中，教え子の高校の先生からも個人的に直接，「大学入試問題の解答を高数ではなく大学の数学で解いても良いのでしょうか？」としばしば尋ねられましたが，一流大学の大学入試の解答で大学の数学を駆使して解答する者は，入学後に留年する恐れが少ない個性的な受験生で，むしろ愛すべき存在です．中央図書館で，理工学部の同窓会名簿をご覧になればお分かりのように，航空や電気や数学の卒業生は，偶々医者の娘と恋愛すると，数学と英語が得意なので医学部に合格し易いからと，大学入試を再受験させられ，学士入学して後に大学教員としての医者にさせられることが多いのです．筆者の採点時の経験では，医学部の答案の束には，大学在学経験，と答案ではっきり分かる，受験生の答案が良く見受けられます．このように，学士入学の制度が定着している大学の入試の採点にて，大学の数学を用いたという理由で減点することは，有り得ません．行列の問題など，この本の冒頭の固有値とジョルダンの標準形で一発で終わりです．第一答案がすっきりして，採点に時間を要しないし，筆者はこれは出来ると感心するのみで，満点以上の配点は出来ませんが，減点する意志は全く持ちませんでした．この本のような問題は，大学の手法で機械的且つ能率的に解いて，残りの時間を大学の手法が使えず，それ故に却って難しい，他の問題に割くべきです．一流大学ほど，採点者は高校数学のカリキュラムには全く関心がない純粋な数学者ばかりです（入試問題の出題者すらそうです）．脇目も振らずに，国際的な学会活動と論文作成に専念し業績を挙げないと，公募の人事で一流大学の文部教官として採用されません．又，一流大学以外の受験生が，学んでいない，大学の数学で大学入試問題を解こうとする筈がありません．進学校は，大学入試問題を高数で解くように指導なさいますが，大学入試は高数で解くようにとの無駄で有害な指導をなさらないでください．大学が高校生に開放する講座が増えるにつれ，高校と大学の垣根が無くなり，重点化で一流大学の教官は皆大学院所属となり，来る独立法人化に伴って行われる大学設置審議会による大学並びに個人の業績の調書提出に備えて，大学及び個人の生き残りを懸けて研究に没頭しており，

冒頭に紹介しました，一松／栗田先生が既に昭和40年代に喝破なさったように，即ち，この本のように，本格的な大学のそれもseniorな数学にルーツを持つ出題が増えるに違いありません．憧憬度の高い大学の入試問題を作題者の視野で解いて，一向に差し支えがありません．

　繰り返しになりますが，中部以東は存じませんが，西方ですと，岡山・山口県と九州・沖縄の公立高校は，公然と受験指導をなさって下さり，父兄には大変有難いことです．定年後も佐賀県などは「新指導要領と大学受験」と銘打った講座を堂々と設け，中年の一番油の乗り切った数学教諭の研修のための大学受験指導の講座の講師に筆者を呼んで下さった程です．父兄に取りましては心強い限りです．20年前になり既に時効ですので記させて頂きますと，福岡高校の毎週の試験は九大入試よりhigh levelな模擬試験です．各回の愚息の成績が過去の全九大受験生の成績を，学科名と合格は丸，不合格はバツの記号と併記しました，合格可能学科の予測が一目瞭然な，成績を縦軸に週を横軸に取った，時系列で表される合目的さです．京大などの他大学志望生徒のそれも併記してあり，大数の法則で精度は極めて高いのです．父兄として，今でも感謝していますが，困ったことの一つは，この本のように特性方程式に還元する記号的方法での差分方程式の解法や行列への対応を折角教えて下さりながら，「入試の解答では下書きし，清書の際，高校数学に翻訳して解答せよ」と指導されることです．愚息は，個別試験の数学の入学試験では計算が終了し，高校数学に翻訳しようとしましたら，丁度終鈴がなり，共通一次試験での下記の様な失敗を教訓に，始めから解答用紙に計算を書いていましたのでこと無きを得ました．この，「清書するように」との指導も大いに困りますが，困ることのその二です．入試で暇を持て余す受験生は確実に不合格です．そのような清書の時間が入試で合格圏内の受験生にはある筈が無いし，有るようでしたら転記ミスでもっと困ります．愚息は，センター試験では，福岡高校の指導に忠実に従い，下書きに解答し，マークシートに清書の際，英語の一区画を一枠ずつずらして誤り，従って全部清書ミスしました．それでも航空に合格したのは，合目的な，十数点の損失をものともしない，余裕ある御指導のお陰と感謝していますが故，福岡高校の先生方私同様退職しておられまして，時効に成っていますので，この本の読者の高校の先生方の為に訴

えたく，記しました．共通一次導入の初期に，京大で共通一次と二次の個別試験の相関関係を数学にて調査なさいましたが，共通一次は 0 点で，二次の数学は満点の受験生が存在しました．予想できないことで，勿論，清書転記の際の枠ずれに起因します．清書転記の指導は絶対になさらないで下さい．繰り返しますが，本書冒頭にも解説しますように $A^3 = A$ の trace の範囲を求めるのに，方程式 $t^3 = t$ の根，$t = 0, \pm 1$ が固有値の候補者で，その可能的な和 -2 から 2 迄など，愚息が福高で大学の数学を用いて解答し，高数に翻訳する時間が無かったものの九大に合格していますので，九大以上の憧憬度を持つ大学の受験生，即ち，本書の全ての高校生読者は安心して，本書で勉強して下さい．

数学は世界共通の言語であり，国や文化を超えて発展してきました．特に近代以降，欧米を中心に数学の理論体系が整備され，その影響は現在の数学教育にも及んでおります．例えば，20 世紀以降の数学の発展には，多くの優れた研究者の貢献がありました．数学・理論物理学の分野では，国際的な学術交流が進み，多くの国で高度な数学教育が行われています．特に欧米では数学の体系化が進み，大学教育や研究の場で重要な役割を果たしてきました．本書で扱う数学の内容も，こうした国際的な数学の潮流に沿ったものです．数学の歴史や背景を知ることは，学問をより深く理解するために有益です．

日本の敗戦後の社会構造は，マッカーサー元帥の諸改革；財閥解体，農地解放，新制教育制度の恩恵で基本的に横並びの平等社会になりました．横並びの平等社会はエリート教育が十分に重視されにくい傾向があります．筆者は敗戦の翌年，最後となりました，旧制中学の浮羽中学に入学，秋に伊都の国の糸島中学に転校しました．疎開した田舎の国民学校と呼ばれた小学校では，敗戦の年にも関わらず，旧制中学受験希望の数人に対して，作法室の裸電球の下で中学入試準備をして下さいましたことを，今でも感謝しております．男子 50 名中一割程度の 5 名程が旧制の中学校に入学しました．入学した筑後川対岸の旧制浮羽中学では入学式でいきなり，旧制高校等上階学校への進学の準備を校長先生が公言なさり，度肝を抜かれました．このように，上階学校への進学の準備をモットーとする，旧制の中学校に一割程が

入学，更に一割程の 5 名が，工業学校や農学校に進学したに過ぎませんでした．中等教育進学者は二割に満ちませんでした．進学の直後に，中等・高等教育が民主化・大衆化され，現在は武力を背景としたマッカーサー元帥の教育改革の恩恵で，中学校は義務教育，高校進学率は 100％ に限りなく近く，4 年制大学すら 30％ を超える進学卒でして，この新制の教育制度こそ高い教育を受けた均質の優秀な労働者を大量に生産し，戦後我が国を経済的・工業的に急速に発展させ，欧米先進国に肩を並べさせた要因の一つでありまして，敗戦に纏わる複雑な心境の中で元帥の武力による改革に心から感謝しています．九大在職中，選考委員長として九大の講座担当教授任用でお世話させて頂く中，Zagier 教授等優れた外人さんの履歴書と諸卒業証明書を集めましたが皆，小学以来の連続飛び級者であります．大量生産が主要武器となり得た 20 世紀には，日本の横並び重視の農村的平等社会が生み出した大量の均質労働者で対応出来ましたが，情報化の 21 世紀は，少数の優れた知能が国の牽引力となる soft な世紀でありまして，日本の美点であった今迄の平等教育を続ければ，エリート教育に熱心な中国・韓国に，日本がオリンピックの柔道で格差を目のあたりにしましたようには目に見えませんが，数学を始めとする科学技術を含む文化の面でも，遥かに劣っていた平城京の昔に先祖還りすることは必至であると，数年前から憂いて来ました．人口が 12 倍で，中高進学率は 5 割，ここ迄の掛け算で，日本の 6 倍，その 1 割は日本の高校生数の 6 割に当たり，この日本の高校生数の 6 割に当たる数に，数学のエリート教育を，徹底的に行っているのです．

高校生時代に，筆者は今の 6 年制で進学指導のため一貫教育を施している中・高同様，高校 2 年で，微積等の高校数学の自習は修了しましたので，受験勉強を終了させました．福岡の繁華街，天神の町に行きまして，大学の数学の教科書を買い，大学の数学とおぼしい物を自習しましたが，今から思うと残念ながら理論でなく，微積の計算のテキストでありました．教養部でも同様でして，竹内端三の関数論を自習しました．大学一年の折り，オイラーの公式で指数，三角，双曲三角が同じ穴の狢（むじな＝狸）であることを知り，感動したことを今でも鮮明に覚えています．それでもこの本で解説する，西欧文明，即ち，キリスト・ユダヤ文明を象徴する，抽象数学は知らなかったのであります．筆者の高校生時代に旺文社の蛍雪時代以外に，

この本の内容を連載しました月刊誌「理系への数学」のような数学の雑誌がありましたならば，もっと偉い数学者に成れたのでは無いかと，現代数学社の趣旨に心から賛同しますと共に，「理系への数学」の高校生読者に嫉妬さえ感じつつ執筆しました．福井謙一先生は1981年frontier軌道論で，ノーベル化学賞を受賞されましたが，第一章第二節出題校九州産業大学での講演にて，旧制高校では，剣道のクラブ活動に専念した．それ故，良い席次を能率的に取るために，数学に勉強の重点を置いた．この数学に勉強の重点を置いたのが，後にノーベル化学賞を受賞した研究の布石になった，と述懐されました．数学に受験勉強の力点を置き，数学でライバルとの差を付けるのが，合格への秘訣であります．ノーベル物理学賞の湯川，朝永両先生のご専門も，この本で解説する理論物理であります．少子化時代，目標を広き門となった大学入試や大学院入試に低く設定すること無く，ambitiousな高校生諸君は目標を高く，フィールド賞・ノーベル賞受賞に設定し，そのためにこの本でエリート数学を勉強して下さい！

最後に，この本の読み方について説明します．

エリート高校生のためのこの本は，高校数学の再現ではありませんので，高数の公式は網羅しておりません，使い慣れた高校の教科書・学参を一つ選んで座右に置き，その都度必要な公式を牽いて下さい．この習慣は推薦入学受験の場合，例えば九州大学数学科の推薦入学試験等を受験する場合に，この住み慣れた高校の教科書・学参を入学試験場に持参し，昼休み時間にこれを参照し，午前中の誤りを午後の面接にて訂正するときに役立ちます．この本を読むことを通じて，使い慣れた高校の教科書・学参より，入試の休憩時間等に，必要事項を素早く牽ける訓練をして下さい．

この本は高校生の読者が，憧憬度の高い大学に無理なく合格し，更に大学入学後，憧憬度の高い大学での最高度の数学を理解できるよう，高校と大学の滑らかな接続，高等教育学の術語での，articulationを目指していますので，易しいものから難しい物へとの，難易の順序には並べておりません．又，通読は必ずしも期待せず，読者が欲するテーマをすぐに読めるよう，読み切り形式としております．理解出来ない節は

飛ばして，高校の先生には質問しないで，先を読んで下さい．逆に，読み切り形式ですので，若干解説が重複しますが，この重複度こそまさに大学入試における出題頻度を表しますので，その頻度のみ脳裏に入れて，既に理解した重複する項は飛ばして読んで下さい．

　この本の素材の大半は，高校生が挑むであろう大学入試問題より選び，そこに大学入学後卒業に備えて挑むであろう高校レベルの公務員上級職・企業・公立学校への就職試験問題を混在させました．出題者の大学教員・人事担当者の視野で解説しましたので，理解出来ない部分があるのが普通ですので，理解出来ない節は飛ばして読んで下さい，一回も躓かないでこの本を完全に理解出来れば，その読者は，高校生にして既に作題者の，憧憬度の高い大学の教員や一流大学出の一流企業人事担当者のレベルに達しています．理解出来ない節があるからと言って，失望・落胆・自信喪失しないで下さい．理解出来ない節がある場合は，飛ばして先に進み，暫くして顧みると，意外にも理解できるようになっています．「読書百遍，意自ずから通ず」とも「門前の小僧，習わぬ経を読む」とも申します．飛ばして読んで後に振り返ると意外に理解出来るものです．最後まで理解できない場合も，入試の面接などでの口頭試問に活用でき，更に憧憬度の高い大学に合格の後の，秀才の友人との会話に劣等感を感じなくて済みます．

平成 12 年 9 月
梶原 壤二

＊　　　＊　　　＊

　本書は 2001 年に刊行された『Elite 数学』の復刻版です．読者様のご要望にお応えし，上下巻に分冊のうえ「現数 Lecture シリーズ」として刊行するものです．梶原先生の語り口は数学への理解を一層深める魅力を湛えています．本書は当時のままの息吹を残しつつお読みいただけるよう心掛けました．

　本書が数学の世界を探求する一助となれば幸いです．

現代数学社編集部

目 次

まえがき i

第1章 ベクトルと行列 1
1. 固有値——行列の標準形 2
2. 行列の標準形——行列のベキ 11
3. 行列のベキ——Cayley-Hamilton の定理 20
4. ベクトル空間——内積 29

第2章 関数 39
1. 累乗より指数関数への旅——自然対数の底 e 三態 ... 40
2. 指数，三角，双曲三角関数——高数の復習と学部数学の予習 52
3. 連続関数と中間値の定理—大学入試問題から学部数学科での公理論への助走
   64
4. 微分——大学入試問題の実微分から学部の複素微分迄 77

第3章 複素数 95
1. 指数法則としてのド・モアブルの定理
   ——複素解析学では，指数，三角，双曲関数は姉妹である 96
2. 複素数の極形式——高数の複素数平面の学部的復習 110
3. 等角写像——大学入試に見る関数論的出題 125
4. 等角写像統論——大学入試に見る関数論的出題統論 142
5. 除去可能な特異点における関数値としての極限
   ——高数・大学入試での極限問題の出自 156
6. 関数の極限——国立大学入試問題を通じての前節の復習 166

第4章 微分 179

1. 経済原論の極値原理——ミクロ経済学に於ける効用関数 ... 180
2. 経済原論の最適計画——ミクロ経済学に於ける偏微分の応用 ... 189
3. Newton の方法——方程式の数値解法 ... 199
4. Newton の方法と二分法——言語 Basic による方程式の数値解法 ... 206

第5章 積分 219

1. 定積分の定義——区分求積法 ... 220
2. 微分積分学の基本定理の復習——微分積分学の基本定理を学びて時に之を習ひ，大学に進学するも亦楽し ... 233
3. 定積分のドリル——微分の逆演算としての積分復習 $= \int_{前々回}^{前回} 微分 \, dt$ ... 245
4. Riemann-Lebesgue's Lemma と東工大入試問題
   ——部分積分と Archimedes の公理の復習 ... 256
5. 部分分数分解と茨城・九芸工・熊本大学入試問題
   ——積分と和分を部分分数分解で解く ... 265

第1章
ベクトルと行列

1. 固 有 値 —行列の標準形—

問題

行列 A は
$$A(A+B) = B(E-A-B) \tag{1}$$
を満たす．ただし
$$B = \begin{pmatrix} 7 & 9 \\ -1 & 1 \end{pmatrix}, \tag{2}$$
E は単位行列とする．今行列 B が逆行列を持つ適当な行列 P によって
$$P^{-1}BP = \begin{pmatrix} t & 1 \\ 0 & t \end{pmatrix} \tag{3}$$
の形になるとき，次の問に答えなさい．
(イ) t の値を求めなさい．
(ロ)
$$C = P^{-1}(A+B)P \tag{4}$$
とするとき，C^2 の各成分を求めなさい．
(ハ) (ロ)の結果を用いて行列 A を求めよ．

（帯広畜産大入試）

連立方程式の加減法． 筆者が最後の旧制中学校に入学した時，英語の授業より先に数学を学んだ．ローマ字の文字 x, y を未知数，その他を定数とする連立方程式
$$ax + by = e, \tag{5}$$
$$cx + dy = f, \tag{6}$$
に垣間見る鶴亀算を越え，しかも閃きの要らぬ，普遍的な近代的学問に，新鮮な感銘を受けた．その中学 1 年では，(5)式に d を掛け，(6)式に b を掛け

て得る
$$dax + dby = de, \tag{7}$$
$$bcx + bdy = bf, \tag{8}$$
の二式に於いては，実数の積は掛け算の順序に依らないので，(7)式の両辺から(8)式の対応する辺を引き，等号で結ぶと
$$(ad - bc)x = de - bf \tag{9}$$
を得る．同様にして a 掛け(6)から c 掛け(5)を引き
$$(ad - bc)y = af - ce \tag{10}$$
を得るので，
$$ad - bc \neq 0 \tag{11}$$
の時は，x, y 共通の係数 $ad - bc$ を分母に，移項出来て，
$$x = \frac{de - bf}{ad - bc}, \quad y = \frac{af - ce}{ad - bc} \tag{12}$$
を得る．特に，同次と呼ばれる，右辺 e, f が 0 の時の同次連立一次方程式
$$ax + by = 0, \tag{13}$$
$$cx + dy = 0 \tag{14}$$
に対しては(9)，(10)に $e = f = 0$ を代入すると
$$(ad - bc)x = 0, \quad (ad - bc)y = 0 \tag{15}$$
であり，(11)が成立し，$ad - bc \neq 0$ であれば，(15)式は
$$x = y = 0 \tag{16}$$
である．対偶を取り，ベクトル表示すると
$$\begin{pmatrix} x \\ y \end{pmatrix} \neq \begin{pmatrix} 0 \\ 0 \end{pmatrix}, \tag{17}$$
なる，非単純解 non trivial solution と呼ばれる解が存在すれば
$$ad - bc = 0 \tag{18}$$
が成立する．

関孝和の換二式＝二次の行列式

　関孝和は1683年重訂の**「解伏題之法」**にて，一つの未知数が二個の代数方程式を同時に満たす係数が満たすべき条件，大学の線形代数では Sylvester

(1814-1897) の消去法として教える条件を与える為に行列式を導入している．西欧では行列式が最初に現れるのは1693年の Leibnitz より L'Hospital への手紙である．

現代流に言うと，関孝和は二次の行列の行列式として，換二式

$$\begin{vmatrix} a & b \\ c & d \end{vmatrix} = ad - bc \tag{19}$$

を導入した．この1683年の**換二式＝二次の行列式**で表すと，(12)はクラーメルが1750年に与えた公式

$$x = \frac{\begin{vmatrix} e & b \\ f & d \end{vmatrix}}{\begin{vmatrix} a & b \\ c & d \end{vmatrix}}, \quad y = \frac{\begin{vmatrix} a & e \\ c & f \end{vmatrix}}{\begin{vmatrix} a & b \\ c & d \end{vmatrix}} \tag{20}$$

である．然し，関は以下の消去法を導く為に行列式を導入したのであり，更に high level な目標を設定している．

同次連立一次方程式(13)−(14)が非単純解(17)を持てば，(18)が成立し，これを二次の行列式＝換二式で表せば，

$$\begin{vmatrix} a & b \\ c & d \end{vmatrix} = 0 \tag{21}$$

である．文章で述べると，
同次連立一次方程式が非単純解を持てば，係数の行列式は 0 である．

これは，二つの式(13)−(14)から x, y を消去し，係数の間の関係を論じた事になる．この行列式を駆使しての消去法こそ，当時は世界の最先端を往き，今尚，大学の，線形代数の最も重要な部分をなす，関流和算の極意である．

固有値 (3)式の両辺に左から P を掛けると逆行列 P^{-1} の定義より，自然に左辺の P を右辺に移項した形

$$BP = P \begin{pmatrix} t & 1 \\ 0 & t \end{pmatrix} \tag{22}$$

を得る．ここで，未知なる行列 P を

$$P = \begin{pmatrix} x & z \\ y & w \end{pmatrix} \tag{23}$$

と置き，(22)の両辺の行列の積の計算を実行しよう．

$$BP = \begin{pmatrix} 7 & 9 \\ -1 & 1 \end{pmatrix}\begin{pmatrix} x & z \\ y & w \end{pmatrix} = \begin{pmatrix} 7x+9y & 7z+9w \\ -x+y & -z+w \end{pmatrix} \quad (24)$$

が

$$P\begin{pmatrix} t & 1 \\ 0 & t \end{pmatrix} = \begin{pmatrix} x & z \\ y & w \end{pmatrix}\begin{pmatrix} t & 1 \\ 0 & t \end{pmatrix} = \begin{pmatrix} tx & x+tz \\ ty & y+tw \end{pmatrix} \quad (25)$$

に等しいから，第一列同士を等しいと置き，同次連立一次方程式

$$7x+9y = tx, \quad (26)$$
$$-x+y = ty \quad (27)$$

即ち，(13)-(14)の形に直した

$$(7-t)x+9y = 0, \quad (28)$$
$$-x+(1-t)y = 0 \quad (29)$$

を得る．行列 P の第一列のなす列ベクトルを

$$X = \begin{pmatrix} x \\ y \end{pmatrix} \quad (30)$$

と置くと，(26)-(27)は

$$BX = tX \quad (31)$$

で表され，(28)-(29)は

$$(B-tE)X = 0 \quad (32)$$

で表される．P は逆行列が存在する行列，これを大学では正則行列と言うが，X はその第一列であるから，零ベクトルではなく，(17)が成立する．この時，スカラー＝数 t を行列 A の**固有値**，列ベクトル X を固有値 t に属する行列 B の**固有ベクトル**と言う．

固有値 t に対して同次連立一次方程式(28)-(29)は非単純解 X を持つから，(21)より係数の行列式は零で，固有値 t は**固有方程式**と呼ばれる．(32)の係数の行列式の値が零と言う t の方程式

$$\begin{vmatrix} 7-t & 9 \\ -1 & 1-t \end{vmatrix} = 0 \quad (33)$$

を満たす．上の方程式は，二次の行列式の定義(19)より二次方程式

$$(7-t)(1-t)-9\times(-1) = t^2-8t+16 = (t-4)^2 = 0 \quad (34)$$

であり，固有値 $t=4$ は二重根である．猶，筆者の様な解析学者は関数の理論の補助として代数方程式を用いるので，その解を根（こん）と言い，解と言う述語は微分方程式の解等のベクトルに用いる．

一般には，二次の正方行列 F の固有方程式は二次であるから，相異なる二個の固有値 t_1, t_2 を持つのが普通である．この時，固有値 t_1, t_2 に属する固有ベクトル P_1, P_2 は同次連立一次方程式 $FP_1=t_1P_1$, $FP_2=t_2P_2$ を満たすから，固有ベクトル P_1, P_2 を列に並べた二次の行列 $P=(P_1,\ P_2)$ に対して

$$FP=F(P_1,\ P_2)=(FP_1,\ FP_2)=(t_1P_1,\ t_2P_2)$$
$$=P\begin{pmatrix}t_1 & 0 \\ 0 & t_2\end{pmatrix} \tag{35}$$

が成立し，P を移項した

$$P^{-1}FP=\begin{pmatrix}t_1 & 0 \\ 0 & t_2\end{pmatrix} \tag{36}$$

の右辺は，対角要素以外は零の，**対角行列**と呼ばれる行列である．その対角要素が上述の固有値である．(36)の右辺の，対角要素が固有値の，対角行列を行列 F の**ジョルダン**の標準形と言う．

本問の様に，固有値が固有方程式の二重根の時，例えば F 自身が対角行列であれば $P=E$ に選び，適当な P を見出して $P^{-1}FP$ を対角行列に出来る様な**対角化可能**な場合と，その様な P は存在せず**対角化不可能**な場合がある．拙著「新修線形代数」（現代数学社）の168頁で論じたが，最小多項式が重根を持つ時に限り対角化不可能で，この場合の議論の方がより高級であり，下記の量子力学・化学ではそのエネルギー準位に縮退が有るといい，こちらの院試問題や学位論文の格好のテーマである．我々の(2)式で与えられる B は対角化不能で，(3)式の右辺の，上三角行列が行列 B のジョルダンの標準形である．

拙著「新修応用解析学」（現代数学社）で論じたが，**量子力学** quantum theory では固有値は，粒子の，**量子化学** valence theory では電子，原子，分子のエネルギーを与え，**エネルギー固有値**と呼ばれ，固有ベクトルは量子力学での素粒子等，ミクロの世界の粒子，量子化学での電子，原子，分子の

1. 固有値

軌道関数 orbital を与える.

(ロ), (ハ)の解答 非常に天下り的であるが, (1)式と $(A+B)^2 = A(A+B) + B(A+B) = B(E-(A+B)) + B(A+B) = BE = B$ に気付けば

$$C^2 = P^{-1}(A+B)PP^{-1}(A+B)P$$
$$= P^{-1}(A+B)(A+B)P = P^{-1}(A+B)^2 P$$
$$= P^{-1}BP = \begin{pmatrix} t & 1 \\ 0 & t \end{pmatrix} = \begin{pmatrix} 4 & 1 \\ 0 & 4 \end{pmatrix}. \tag{37}$$

さて, 行列 C は上三角行列(37)の $\sqrt{}$ である. それが同じタイプの上三角行列である事の証明は, 以下を, 全成分が異なる記号で表される場合から出発して, もう少し真面目に行えば良いだけであるから, 時間の関係で略し,

$$C = \begin{pmatrix} s & u \\ 0 & s \end{pmatrix} \tag{38}$$

と置き, 自乗を実行すると, 上三角行列の自乗

$$C^2 = \begin{pmatrix} s & u \\ 0 & s \end{pmatrix}\begin{pmatrix} s & u \\ 0 & s \end{pmatrix} = \begin{pmatrix} s^2 & 2su \\ 0 & s^2 \end{pmatrix} \tag{39}$$

も上三角行列で, 対角要素が自乗 s^2 になっている事より, $s^2 = t = 4$, 従って, 数 $t=4$ の $\sqrt{}$, 二根 $s = \pm 2$ を得る. 右上の要素は $2su = 1$ を満たさねばならぬので,

$$C = \pm \begin{pmatrix} 2 & \frac{1}{4} \\ 0 & 2 \end{pmatrix}. \tag{40}$$

次に, 上三角行列ではない $(A+B)^2 = B$ の $\sqrt{}$ を求めるには

$$A+B = P(P^{-1}(A+B)P)P^{-1} = PCP^{-1} \tag{41}$$

であるから, 行列 P, 即ち, その二つの行ベクトルである, 固有ベクトル P_1, P_2 を求めれば良い. $t=4$ の時の(27)より $x = (1-t)y = -3y$, $y=1$ として, $x = -3$. (24)と(25)の右下の要素を等しいと置いて, $-z + w = y + tw$, $z = (1-t)w - y$, $t=4$, $y=1$ より $z = -3w - 1$, $w = 1$ と置いて, $z = -4$. これらを(23)に代入して

$$P = \begin{pmatrix} -3 & -4 \\ 1 & 1 \end{pmatrix}. \tag{42}$$

この行列の行列式の値は定義式(19)より $-3-(-4)=1$ なので，逆行列の公式より

$$P^{-1}=\frac{\begin{pmatrix} 1 & 4 \\ -1 & -3 \end{pmatrix}}{1}=\begin{pmatrix} 1 & 4 \\ -1 & -3 \end{pmatrix} \tag{43}$$

(41)の

$$A+B=PCP^{-1}=\pm\begin{pmatrix} -3 & -4 \\ 1 & 1 \end{pmatrix}\begin{pmatrix} 2 & \frac{1}{4} \\ 0 & 2 \end{pmatrix}\begin{pmatrix} 1 & 4 \\ -1 & -3 \end{pmatrix}$$

$$=\begin{pmatrix} \frac{11}{4} & \frac{9}{4} \\ -\frac{1}{4} & \frac{5}{4} \end{pmatrix} \tag{44}$$

を得，漸く，目標の

$$A=A+B-B=\frac{\begin{pmatrix} -17 & -27 \\ 3 & 1 \end{pmatrix}}{4}$$

または $\dfrac{\begin{pmatrix} -39 & -45 \\ 5 & -9 \end{pmatrix}}{4}$ (45)

に達する．本文は下のMathematica 入出力を参考に算術の誤りを訂正して上述した：

```
B：={{7, 9}, {-1, 1}}
  MatrixForm[B]
Eigensystem[B]
{{4, 4}, {{-3, 1}, {0, 0}}}
P：={{-3, -4}, {1, 1}}
Det[P]
1
Inverese[P]
{{1, 4}, {-1, -3}}
```

1. 固有値

MatrixForm[Inverse[P].B.P]

$$\begin{pmatrix} 4 & 1 \\ 0 & 4 \end{pmatrix}$$

standform：={{2, 1/4}, {0, 2}}
standform.standform={{4, 1}, {0, 4}}
Inverse[P].B.==standform.standform
True
MatrixForm[P.standform.Inverse[P]]

$$\begin{pmatrix} \frac{11}{4} & \frac{9}{4} \\ -\frac{1}{4} & \frac{5}{4} \end{pmatrix}$$

MatrixForm[P.standform.Inverse[P]−B]

$$\begin{pmatrix} -\frac{17}{4} & -\frac{27}{4} \\ \frac{3}{4} & \frac{1}{4} \end{pmatrix}$$

MatrixForm[P.standform.Inverse[P]−B]

$$\begin{pmatrix} -\frac{39}{4} & -\frac{45}{4} \\ \frac{5}{4} & -\frac{9}{4} \end{pmatrix}$$

Mathematica 入出力

上の数式処理ソフト **Mathematica** に付いては，紙数の関係で拙著「Mathematica と Theorist での大学院入試への挑戦」(現代数学社) に譲る．この問題は，もはや，完全に，大学の線形代数の対角化不能な行列のジョルダンの標準形，並びに対角化不能な行列のべき根をそのジョルダンの標準形を用いて求める手法であり，本文の様な懇切な誘導無しならば，数理学研究科への大学院入試問題でも極めて high level に属する．拙文の様に，道筋を明らかにしても，猶，筆者には筆算の誤りが防げないが，まして，敵は本能寺にあり，の方式で目標を示されないでも，誘導の儘に制限時間内に解

ける生徒の大学1，2年生レベルの数学の学力は確実に筆者よりも上であり，この大学の受験生には，この様な受験数学をやらせるよりも一刻も早く大学に飛び入学させて，大学で教育した方が良い，と思いたくなる事切である．定石・定跡を教えないで，碁や将棋の訓練をさせ，あたら青春を空費させるよりも，定石・定跡を教えた方が良い．将棋の奨励会や碁の木谷一門への入門は許されて，学問でエリート教育が許さないと，日本は既に低下させて居る生徒の数学・物理の学力を中国・韓国に更に引き離されるであろう，その碁でさえ，もはや日本は中国に敵わない．

2．行列の標準形　—行列のベキ—

問題

$$A = \begin{pmatrix} 16 & -6 \\ 18 & -5 \end{pmatrix}, \quad E = \begin{pmatrix} 1 & 0 \\ 0 & 1 \end{pmatrix}, \quad O = \begin{pmatrix} 0 & 0 \\ 0 & 0 \end{pmatrix}, \quad P = \begin{pmatrix} 1 & 2 \\ 2 & 3 \end{pmatrix} \quad (1)$$

とする．

(イ)
$$A^2 - \text{アイ} \, A + \text{ウエ} \, E = 0, \quad (2)$$

$$P^{-1} = \begin{pmatrix} \text{オカ} & 2 \\ 2 & \text{キク} \end{pmatrix} \quad (3)$$

であり，

$$P^{-1}AP = \begin{pmatrix} \text{ケ} & 0 \\ 0 & \text{コ} \end{pmatrix} \quad (4)$$

である．自然数 n に対して，

$$A^n = \begin{pmatrix} \text{サシ}\cdot\text{ケ}^n + \text{ス}\cdot\text{コ}^n & \text{セ}\cdot\text{ケ}^n - \text{ソ}\cdot\text{コ}^n \\ \text{タチ}\cdot\text{ケ}^n + \text{ツ}\cdot\text{コ}^n & \text{テ}\cdot\text{ケ}^n - \text{ト}\cdot\text{コ}^n \end{pmatrix} \quad (5)$$

である．

（九州産業大入試）

論語巻第一の**学而**第一に，子曰，学而時習之，不亦説乎．今回も量子力学や量子化学にて電子や分子のエネルギーを与える固有値，電子や分子の軌道関数を与える固有ベクトル，並びに対角化可能な行列をスケスケに見透す標準形について学ぶ．

同次連立次方程式の非単純解が存在する為の条件　前節でも述べ，拙著「新修線形代数」（現代数学社）に詳しいが，関孝和は1683年重訂の**「解伏題之法」**にて，二次の行列

$$B = \begin{pmatrix} a & b \\ c & d \end{pmatrix} \tag{6}$$

の行列式として，**換二式**

$$\det(B) := \begin{vmatrix} a & b \\ c & d \end{vmatrix} = ad - bc \tag{7}$$

を導入した．x, y を未知数とする**同次連立一次方程式**

$$ax + by = 0, \tag{8}$$
$$cx + dy = 0 \tag{9}$$

が，**非単純解** non trivial solution と呼ばれる，$x=y=0$ 以外の解を持つ為の必要十分条件は，その1683年の換二式＝二次の行列式で表すと，係数の行列，この場合上の B であるが，その行列 B の行列式が 0 で

$$\det(B) = \begin{vmatrix} a & b \\ c & d \end{vmatrix} = 0 \tag{10}$$

が成立する事である．

　必要性の証明は次の様に前節与えた：(10)が成立しなければ，$\det(B) \neq 0$ であるから，前節与えた，1750年のクラーメルの公式より，$x=y=0$ であり，その対偶として必要条件を導いた．

　次に，前節で述べなかった**十分性を示そう．** $a=b=c=d=0$ の場合，行列 B の rank は 0 であると言うが，任意の数 x, y の組が，係数 a, b, c, d が全て 0 の同次連立一次方程式(8)-(9)の解である事は代入する迄もなく，(8)-(9)を眺めた瞬間に分かる．この時，x, y の二つが任意であるから，**自由度**は 2 で，**解空間の次元**は 2 であると言う．次に要素 a, b, c, d の少なくとも一つが 0 で無い場合，0 で無い要素を例えば a とすると，式(8)を a で割り，移項して

$$x = -\frac{b}{a}y. \tag{11}$$

これを(9)式の左辺に代入すると

$$cx + dy = \frac{ad - bc}{a}y \tag{12}$$

であり，条件(10)より，任意の y に対して(12)の左辺＝(9)式の左辺の値は 0 であり，任意の y に対して(11)で与えられる数 x, y の組が解であり，この時 y

一つが任意であるから，解の**自由度**は 1 である．この時，解空間は，ベクトル的には(11)に $y=a$ を代入して得るベクトルのスカラーの y 倍の

$$y\begin{pmatrix} -b \\ a \end{pmatrix} \tag{13}$$

なるベクトルの全体であり，任意に動き得る変数は y 一つなので，**解空間の次元**は 1 であると言う．他の b, c, d が零でない場合も，解空間の次元は 1 である．この様な場合分けで，十分性も証明される．

かくして，**同次連立一次方程式(8)-(9)が非単純解を持つ為の必要十分条件は，係数の行列式が零**，即ち，(10)が成立する事である．

なお，上の議論で，わざと実数と言わずに数とぼかしたのは，実数のみならず，複素数にも，もっと一般の体でも，上の理論は通用するからである．

固有値と固有ベクトル 行列 B に対し，数 t と零で無いベクトル

$$X := \begin{pmatrix} x \\ y \end{pmatrix} \tag{14}$$

が

$$BX = tX \tag{15}$$

を満たす時，数 t を行列 B の**固有値**，ベクトル X を行列 B の**固有ベクトル**と言う．この時，$BX=tX$ の各辺の成分を明記すると，左辺は

$$BX = \begin{pmatrix} a & b \\ c & d \end{pmatrix}\begin{pmatrix} x \\ y \end{pmatrix} = \begin{pmatrix} ax+by \\ cx+dy \end{pmatrix}, \tag{16}$$

で，右辺は

$$tX = t\begin{pmatrix} x \\ y \end{pmatrix} = \begin{pmatrix} tx \\ ty \end{pmatrix}, \tag{17}$$

であり，左辺が右辺に等しいから，それぞれの，第一行と第二行が等しいとの連立次方程式をたて

$$ax+by=tx, \tag{18}$$
$$cx+dy=ty, \tag{19}$$

右辺を左辺に移項して，(8)-(9)のタイプの同次連立一次方程式

$$(a-t)x+by=0, \tag{20}$$

$$cx+(d-t)y=0 \tag{21}$$

を得るから，(10)より t は**固有方程式**と呼ばれる二次方程式

$$\det(A-tE) := \begin{vmatrix} a-t & b \\ c & d-t \end{vmatrix}$$
$$= (a-t)(d-t)-bc$$
$$= t^2-(a+d)t+ad-bc=0 \tag{22}$$

の根である．なお，数学以外，例えば量子力学や量子化学等の全ての実質科学にて，固有方程式は**永年方程式** secular equation と呼ばれ，素粒子等の粒子や電子，原子，分子の**エネルギー固有値**を与え，固有ベクトルはその**軌道関数**を与える．凡そ，フィールズ賞やノーベル賞を目指す，飛び級的高校生には必須である．(22)をわざと気障に書くと

$$t^2-\mathrm{tr}(B)t+\det(B)=0 \tag{23}$$

で，$\det(B)$ は(7)で与えられる行列 B の**行列式**であり，$\mathrm{tr}(B)$ は**トレース** trace と呼ばれる行列 B の対角要素の和

$$\mathrm{tr}(B)=a+d \tag{24}$$

である．又，固有方程式(23)の左辺

$$f(t)=t^2-\mathrm{tr}(B)t+\det(B) \tag{25}$$

を**固有多項式**と言い，面白い事に，その変数 t の所に行列 B を代入し，真面目に計算すると，全ての成分が零の**零行列** O であり，

$$f(B)=O \tag{26}$$

が成立する．これを **Cayley-Hamilton の定理**と呼び，行列 A のべきの漸化式を得るのに用いられ，大学入試への出題の頻度も高いので，高数の学参に説かれているが，本問の手法よりも grade が低いので，飛び級→ノーベル賞を目指す志の高い高校生には(2)の空白を埋めるだけで，殺人病患者を出した中学校長の表現を借りて，さっと流そう．それよりも高級な事を述べると，行列 B を代入すると零行列になる多項式の内で一番次数が低いものを，**最小多項式**と言う．固有多項式に行列 B を代入すると上述のCayley-Hamilton の定理より，零行列になるから，ご存じの剰余定理より，**固有多項式は最小多項式で割り切れる**．最小多項式 $g(t)$ が一次式の時，その零点を s とすれば，s は固有多項式の零点でもあるから，s は固有値である．g

$(t) = t - s$. しかも最小多項式の定義より，$B - sE = O$, 即ち，行列 B は対角行列に等しく

$$B = sE = \begin{pmatrix} s & 0 \\ 0 & s \end{pmatrix}. \tag{27}$$

行列 A は二つの対角要素が等しい対角行列で，その等しい対角要素は固有方程式の二重根である．

熊本大学理学部卒のみで，修士課程 0 年在学の飛び入学で九大数理博士課程に入学し，大学院には三年間の在学で数学博士の学位を得た，明治学園中高校の大貝聖子先生の話では，固有値が重根の時の扱いに悩んで居られる高校の数学の先生が多いとの事なので，機関愛読者へのサービスで記させて頂くと，固有方程式が二つの単根を持つ時，ジョルダンの標準形は本問の様に対角行列である．**二重根**の時は，最小多項式は一次式で重根を持たぬ時，ジョルダンの標準形は対角行列である．最小多項式が重根を持つ時は，前回の様に行列は対角化不可能で，ジョルダンの標準形は，二つの対角要素が重根たる固有値で，右上の要素が 0 でなく 1 である様な上三角行列である．なお，**上述の様に重点化された大学院は，高校教諭の在職しながらの社会人入学を熱烈に歓迎して居る．**

本問の解答 (1)で与えられる行列 A のトレースは，対角要素16，-5 の和なので，アイ$=11$．

その行列式は，関孝和の定義式(7)より，$\det(A) = 16 \times (-5) - 18 \times (-6) = 28$ なので，ウエ$= \det(B) = 28$．(2)式は Cayley-Hamilton の定理(26)を具体的に書き下した物である．

さて，ここで(1)で与えられる行列 A の固有値を求めよう．固有方程式は，今得た(2)式の A を t に置き換えて得る，二次方程式

$$t^2 - 11t + 28 = (t-4)(t-7) = 0 \tag{28}$$

であり，その二根，$t = 4$, $t = 7$ が固有値である．この瞬間に，前節を学んだ読者は，ケ$=4$，コ$=7$ 又は逆順，を得られようが，**本書の各節は，読み切り連載**としたいので，愚直に解答する．固有値 $t = 4$ に属する固有ベクトルは，$a = 16$, $b = -6$, $c = 18$, $d = -5$, $t = 4$ に対する，(20)式の解，

$$x = \frac{-by}{a-t} = \frac{6y}{12} = \frac{y}{2} \tag{29}$$

であり，$y=2$ を代入した時の，$x=1$, $y=2$ の組を列ベクトルとする固有ベクトル

$$P_1 := \begin{pmatrix} 1 \\ 2 \end{pmatrix} \tag{30}$$

が，(1)で与えられる行列 P の第一列と一致するので，確かに，ケ＝4，すると計算しなくても，コ＝7である，しかし，愚直に計算を続けると，$t=7$ に属する固有ベクトルは，$t=7$ に対する，(20)式の解，

$$x = \frac{-by}{a-t} = \frac{6y}{9} = \frac{2y}{3} \tag{31}$$

であり，$y=3$ を代入した時の，$x=2$, $y=3$ の組を列ベクトルとする固有ベクトル

$$P_2 := \begin{pmatrix} 2 \\ 3 \end{pmatrix} \tag{32}$$

は確かに，(1)で与えられる行列 P の第二列と一致する．

行列 P の行列式の値は $\det(P) = 1 \times 3 - 2 \times 2 = -1$ なので，その逆行列は，例えば拙著「新修線形代数」34頁の公式(11)より

$$P^{-1} = \frac{\begin{pmatrix} 3 & -2 \\ -2 & 1 \end{pmatrix}}{-1} = \begin{pmatrix} -3 & 2 \\ 2 & -1 \end{pmatrix} \tag{33}$$

なので，オカ＝-3，キク＝-1 である．

列ベクトル P_1, P_2 は冒頭に与えられている行列 A の固有値 4, 7 に属する固有ベクトルであるから，$AP_1 = 4P_1$, $AP = 7P_2$, 従って，二つの列ベクトル P_1, P_2 を第一列，第二列とする行列が二次の正方行列 $P = (P_1, P_2)$ であるから，

$$AP = (AP_1, AP_2) = (4P_1, 7P_2) = P \begin{pmatrix} 4 & 0 \\ 0 & 7 \end{pmatrix}, \tag{34}$$

右辺の P を移項して，今回の主題である，ケ＝4，コ＝7に対する(4)，即ち，行列 A に対する Jordan の標準形を得る．

2. 行列の標準形

数学的帰納法により,対角行列(4)の n 乗は,固有値である対角要素 ケ $=4$, コ $=7$ の n 乗を対角要素とする対角行列

$$P^{-1}A^nP$$
$$=(P^{-1}AP)(P^{-1}AP)\cdots(P^{-1}AP)(P^{-1}AP)$$
$$=\begin{pmatrix} 4^n & 0 \\ 0 & 7^n \end{pmatrix} \tag{35}$$

である事を示す事が出来るので,上式を A^n に付いて解き,

$$A^n = P\begin{pmatrix} 4^n & 0 \\ 0 & 7^n \end{pmatrix}P^{-1} = \begin{pmatrix} 1 & 2 \\ 2 & 3 \end{pmatrix}\begin{pmatrix} 4^n & 0 \\ 0 & 7^n \end{pmatrix}\begin{pmatrix} -3 & 2 \\ 2 & -1 \end{pmatrix}$$
$$=\begin{pmatrix} -3\cdot 4^n + 4\cdot 7^n & 2\cdot 4^n - 2\cdot 7^n \\ -6\cdot 4^n + 6\cdot 7^n & 4\cdot 4^n - 3\cdot 7^n \end{pmatrix} \tag{36}$$

を得る,念の為,と言うよりも,率直に記すと,筆者は先に,コンチャンに計算させた下の出力よりの Copy & Paste で上式を書いて居るが,数式処理ソフト Mathematica に上の計算をさせると,下の Mathematica 入出力の通りであるから,最後の解答,サシ $=-3$, ス $=4$, セ $=2$, ソ $=2$, タチ $=-6$, ツ $=6$, テ $=4$, ト $=3$ を得る:

In[1]=
A:={{16, -6}, {18, -5}}

In[2]=
Det[A]
Out[2]=
28

In[3]=
Einheit:={{1, 0}, {0, 1}}

In[4]=
f[_t]=Det[A-t Einheit]
Out[4]=

$28-11t+t^2$

In[5] :=
Solve[Det[A−t Einheit]==0, t]
Out[5]={{t→4}, {t→7}}

In[6] :=
Eigensystem[A]
Out[6]={{4, 7}, {{1, 2}, {2, 3}}}

In[7] :=
A.A−11 A+28 Einheit
Out[7] =
{{0, 0}, {0, 0}}

In[8] :=
P:={{1, 2}, {2, 3}}

In[9] :=
Inverse[P]
Out[9] =
{{−3, 2}, {2, −1}}

In[10] :=
Inverse[P].A.P
Out[10] =
{{4, 0}, {0, 7}}

In[11] :=
(Inverse[P].A.P)^n
Out[11]={{4^n, 0^n}, {0^n, 7^n}}

In[12] :=
P.{ {4^n, 0}, {0, 7^n}}.1nverse[P]

Out[12]={-3 4^n+4 7^n, 2 4^n-2 7^n},
{-6 4^n+6 7^n, 4 4^n-3 7^n}}

Mathematica 入出力

　上の数式処理ソフト Mathematica の解説に付いては，拙著「Mathematica と Theorist での大学院入試への挑戦」(現代数学社) に譲る．

3. 行列のベキ －Cayley-Hamilton の定理－

問題

$$A = \begin{pmatrix} 0 & 1 \\ -4 & 4 \end{pmatrix}, \quad E = \begin{pmatrix} 1 & 0 \\ 0 & 1 \end{pmatrix} \tag{1}$$

とした時，

$$A^2 = ア\ A + イ\ E \tag{2}$$

が満たされる．更に，

$$A^3 = ウ\ A + エ\ E \tag{3}$$

である．
一般に

$$A^n = a_n A + b_n E \tag{4}$$

と置けば，a_n, b_n は関係式

$$a_{n+1} = オ\ a_n + カ\ b_n, \quad b_{n+1} = キ\ a_n + ク\ b_n, \tag{5}$$

を満たす．この時，$\lambda = ケ$ と置けば，$\lambda a_{n+1} + b_{n+1}$ と $\lambda a_n + b_n$ の比は n によらず一定で，

$$\lambda a_{n+1} + b_{n+1} = コ\ (\lambda a_n + b_n) \tag{6}$$

である．結局，

$$a_n = n \cdot サ^{n-1}, \quad b_n = -(n-1) \cdot シ^n \tag{7}$$

である事が分かる．

（上智大理工入試）

ジョルダンの標準形よりの攻略法． 第一節と二節の筆法では，行列 A の固有値 t は固有方程式と呼ばれる二次方程式

$$\det(A - tE) := \begin{vmatrix} -t & 1 \\ -4 & 4-t \end{vmatrix}$$

3. 行列のベキ

$$= -t(4-t) - 1 \times (-4)$$
$$= t^2 - 4t + 4 = (t-2)^2 = 0 \tag{8}$$

の二重根 $t=2$ である．第一節の行列(2)同様，**数学者は**固有値が**重根の場合が大変お好き**ですな！ 固有値 2 に属する固有ベクトル X は，その定義より，$AX=2X$ なる列ベクトルであり，その成分を x, y で表すと，$t=2$ の時の連立方程式

$$(0-t)x + 1 \times y = 0, \quad -4x + (4-t)y = 0 \tag{9}$$

の解であるが，上式は一つの式 $y=2x$ と同値であり，$x=1$ の時の列ベクトル

$$U = \begin{pmatrix} 1 \\ 2 \end{pmatrix} \tag{10}$$

は固有値 $t=2$ に属する固有ベクトルである．重複した二つの固有値 $t=2$ に対して，**一つしか固有ベクトルがないので**，是と一次独立なベクトルを**任意に追加する**．何でも良いが，逆行列を計算する時の行列式の値が正の方が気持ちが良いので，

$$V = \begin{pmatrix} 0 \\ 1 \end{pmatrix} \tag{11}$$

を選び，固有ベクトルである列ベクトル U とこれと独立な V を横に並べて

$$P = (UV) = \begin{pmatrix} 1 & 0 \\ 2 & 1 \end{pmatrix} \tag{12}$$

と置くと，その行列式の値は 1 で，0 でないので，行列 P は，逆行列の存在する，正則行列であり，その逆行列は公式より，と言うよりも筆者は，論文を書く時同様，次頁の，数式処理 soft Mathematica の入出力の Out[7] を参照して拙文を書いているが，

$$P^{-1} = \begin{pmatrix} 1 & 0 \\ -2 & 1 \end{pmatrix} \tag{13}$$

であり，念願のジョルダンの標準形

$$J = P^{-1}AP = \begin{pmatrix} 2 & 1 \\ 0 & 2 \end{pmatrix} \tag{14}$$

を得る.これも筆者は Mathematica の入出力の Out[8] を参照して拙文を書いているが,読者は真面目に計算されたい.数学的帰納法にて

$$J^n = \begin{pmatrix} 2^n & n2^{n-1} \\ 0 & 2^n \end{pmatrix} \quad (15)$$

を得るので,

$$A^n = PJP^{-1}PJP^{-1} \cdot PJP^{-1} = PJ^nP^{-1}$$
$$= \begin{pmatrix} 1 & 0 \\ 2 & 1 \end{pmatrix} \begin{pmatrix} 2^n & n2^{n-1} \\ 0 & 2^n \end{pmatrix} \begin{pmatrix} 1 & 0 \\ -2 & 1 \end{pmatrix} = \begin{pmatrix} (1-n)2^n & n2^{n-1} \\ -n2^{n+1} & (1+n)2^n \end{pmatrix} \quad (16)$$

に達する.

関孝和(1642?-1708)は甲府宰相綱豊に仕え,会計検査官である勘定吟味役を勤め,綱豊と共に幕府に入り,御納戸組頭を勤め,御蔵米300俵10人扶持を受けた.関孝和の数学上の業績は前人とは卓絶しており,正に和算の創始者の名にふさわしい.先ず,天元術では算木を用いていたものを,筆算へと飛躍的に発展させた.楕円を偶円と称し,その面積を正しく導き,周は,その近似値を与えている.Newton (1642-1727) 並びに1819年に Horner が公にした方法にて数値代数方程式の近似解法を与えている.更に,1683年重訂の「解伏題之法」にて,一つの未知数が二個の代数方程式を同時に満たす為に係数が満たすべき条件,線形代数では Sylvester (1814-1897) の消去法として教える条件を与える為に**行列式を導入**している.西欧で行列式が最初に現れるのは1693年の Leibnitz より L'Hospital への手紙である.

建部賢弘(1664-1739)は幕府の右筆の家の三男にうまれた.甲府宰相綱豊に仕え,御小納戸を勤め,綱豊と共に幕府に入り,切米300俵10人扶持を受けた.後,将軍吉宗の信任篤く,長崎より来た,西洋暦書と清の暦学全書とを併せて校正加点させられ,日本総図を完成し,更に精密な地図を得るには天体観測が必要であると述べた「暦学雑考」では加・減法定理と後述の**級数展開**より,10桁の三角関数表を与えている.建部賢弘の数学上の業績は,先ず,関孝和の一番の弟子として,師の教えを分かり易く刊行した事である.建部なくして,後の和算の発展は無い.処女作の師関孝和による跋文では,師弟の密接な関係が明示されている.

3. 行列のベキ

建部賢弘自身の業績も，その結果は元より，発想に於いても，当時の欧州の国際的水準から見ても以下の様に全く独創的である．1722年「綴術算経」にて「綴りて探り索むる」事を唱え，1, 2, 3, 4, …の場合より総合帰納して一般の法則を探求する方法を提唱し，**無限級数論を展開**した．その方法には，推理によるものと数値によるものと二方法があり，級数の係数を支配する法則を探求する際，第1項，2項，3項でも分からぬ場合は，7項は元より90項以上取って帰納すれば，隠れた法則を見いだせると説いた．全く，今日の院生に対しても通用する教えである．この方法で，円の径と矢で股背ベキを表す為に，$\arcsin\theta$ の自乗の Maclaurin (1698-1746) 展開を与えた．勿論1737年 Bernoulli が与えた公式と整合する．1728年の「累約術」では，Jacobi の遺稿 (Crelle Journal 69, 1869) に現れる Diophantus 近似問題を研究している．大成算経では三次の行列式を Vandermonde (1735-1796) の方法で展開し，更に四次の行列式も同じ原理で展開している．

以上の数学は，未知数を漢字で表し，漢文で記述されており，その計算は筆算でなされていた．**市民生活を支える現代の文明を担う実質科学を最も良く表現する言語は数学である**．関孝和を創始者とし，高弟建部賢弘により確立され，上記のレベルに達していた**和算が浸透していた江戸末期から明治の初めに懸けての日本**に於いて西欧の学問を取り入れる事は，使用外国字を漢字よりローマ字に換える程度の事であり，**近代化の障害は**他のアジア諸国に比べると**少なかった**．

この度，日本数学会が，建部賢弘の名を冠した，若手数学者を奨励する賞を創設した事は，**21世紀の市民生活の基盤となり得る科学を**，建部がなした様に，**推進**する上で大変有効な事と思料される．

著者は，何を訴えたいのか？　上記先哲**建部賢弘の精神に則り**，下の数式処理ソフト Mathematica の In[10]/Out[10] から In[18]/Out[18] 迄の In[20] を**帰納**し，In[21]/Out[21] に基づく，**数学的帰納法**による証明を経て(15)式を書いている．その心では，**読者の中から，建部賢弘賞並びにフィールズ賞の受賞者が輩出する事を念じつつ**！

In[1]:=

```
A:={{0, 1}, {-4, 4}}
In[2]:=
MatrixForm[A]
Out[2]//MatrixForm=
0 1
-4 4
In[3]:=
Eigensystem[A]
Out[3]=
{{2, 2}, {{1, 2}, {0, 0}}}
In[4]:=
P:={{1, 0}, {2, 1}}
In[5]:=
MatrixForm[P]
Out[5]//MatrixForm=
1 0
2 1
In[6]:=
Inverse[P]
Out[6]=
{{1, 0}, {-2, 1}}
In[7]:=
MatrixForm[Inverse[P]]
Out[7]//MatrixForm=
1 0
-2 1
In[8]:=
J=Inverse[P].A.P
Out[8]=
{{2, 1}, {0, 2}}
```

3. 行列のベキ

```
In[9]:=
MatrixForm[J]
Out[9]//MatrixForm=
2 1
0 2
In[10]:=
MatrixForm[J.J]
Out[10]//MatrixForm=
4 4
0 4
In[11]:=
4/2
Out[11]=
2
In[12]:=
MatrixForm[J.J.J]
Out[12]//MatrixForm=
8 12
0 8
In[13]:=
12/2^2
Out[13]=
3
In[14]:=
MatrixForm[J.J.J.J]
Out[14]//MatrixForm=
16 32
0 16
In[15]:=
32/2^3
```

Out[15]=
4
In[16]:=
MatrixForm[J.J.J.J.J]
Out[16]//MatrixForm=
3 2 8 0
0 3 2
In[17]:=
80/2^4
Out[17]=
5
In[18]:=
MatrixForm[J.J.J.J.J]
Out[18]//MatrixForm=
6 4 1 9 2
0 6 4
In[19]:=
192/2^5
Out[19]=
6
In[20]:=
Jn:={{2^n, n 2^(n−1)}, {0, 2^n}}
In[21]:=
MatrixForm[Simplify[J.Jn]]
Out[21]//MatrixForm=
$2 \cdot 2^n$　　$2^n(1+n)$
　0　　$2 \cdot 2^n$
In[22]:=
MatrixForm[Simplify[P.Jn.Inverse[P]]]
Out[22]//MatrixForm=

$2^n(1-n)$ $\dfrac{2^n n}{2}$
$-2 \cdot 2^n n$ $2^n(1+n)$

In[23]:=
A.A==4 A-4 IndentityMatrix[2]
Out[23]=
True

Mathematica 入出力

 以上が，大学人の本問に対する条件反射であるが，本問では，完全に高校のカリキュラム・学習参考書の範囲内に入る様に教育的配慮がなされている．

 Cayley-Hamilton の定理． 二次の行列 B は，その固有値を λ, μ とすると，これらに属する固有ベクトルを列に持つ正則行列 P に対して Jordan の標準形

$$J = P^{-1}BP = \begin{pmatrix} \lambda & \delta \\ 0 & \mu \end{pmatrix} \tag{17}$$

で表される．ここに，δ は固有値 λ, μ が**相異なる時は**，第二節で述べた様に 0 であり，行列 B は**対角化される．等しい時は**，第一節で述べた様に，**行列 B 自身が対角行列で無い限りは** 1 であり，**対角化不可能**である．さて，表記，ケーレー・ハミルトンの定理は

Cayley-Hamilton の定理． 行列 B の固有多項式を $\varphi(t)$ とすると

$$\varphi(B) = 零行列\ O. \tag{18}$$

証明

$$\begin{aligned} P^{-1}\varphi(B)P &= P^{-1}(\lambda E - B)(\mu E - B)P = P^{-1}(\lambda E - B)PP^{-1}(\mu E - B)P \\ &= (\lambda E - J)(\mu E - J) \\ &= \begin{pmatrix} 0 & -\delta \\ 0 & \lambda - \mu \end{pmatrix}\begin{pmatrix} \mu - \lambda & -\delta \\ 0 & 0 \end{pmatrix} = \begin{pmatrix} 0 & 0 \\ 0 & 0 \end{pmatrix} = 零行列\ O. \end{aligned} \tag{19}$$

本問の解説． (8)式の右から三式の t に行列 A を代入，A^2 で解き，

$$A^2 = 4A - 4E. \tag{20}$$

これは，数式処理ソフト Mathematica も，上の In[23] の問いに対して Out[23] にて，この Boolean data は True であるとのお墨付きを与えている．両辺に A を掛け，生じる A^2 を $4A-4E$ で置き換え，

$$A^3 = 4A^2 - 4A = 4(4A - 4E) - 4A$$
$$= 12A - 16E. \tag{21}$$

後は誘導されるがままに，等比数列と帰納法に帰着させて，高校数学として解けば良い．全く，教育的配慮に満ちた出題である．

　企業の入社試験でも，超一流企業程，設問は素直で解き易い．将来の一流企業は人材を求めるのに熱心なのか，はたまた，現在の超一流企業は面接に重点を置いて居られるのか，著者には未だ分からないが，大学院や大学の入学試験でも同様の傾向が見られるのは面白い現象である．ここからは，並みの高校数学なので，エリート対象の拙シリーズでは，答えのみ記せば十分であろう：ア＝4，イ＝－4，ウ＝12，エ＝－16，オ＝4，カ＝1，キ＝－4，ク＝0，ケ＝2，コ＝2，サ＝2，シ＝2．

4. ベクトル空間 —内積—

--- 問題 ---

問題1. 3つのベクトル $\vec{a}=(x, 2, -1)$, $\vec{b}=(5, y, 1)$, $\vec{c}=(2, 1, z)$ が互いに垂直であるとする．このとき，$x=$ ア，$y-z=$ イ である．

(八戸工業大学入試)

問題2. ベクトル $\vec{a}=(x^2-1, x-5, -x-1)$ が二つのベクトル $\vec{b}=(x, x+1, -1)$, $\vec{c}=(x+1, 2x-3, x)$ と直交するとき，x の値と $\vec{b}$, $\vec{c}$ のなす角 θ を求めよ．ただし，$0\leq\theta\leq\pi$ とする．

(福島県立医科大学前期日程入試)

問題3. a, b, d を正の数とし，定数関数 $p(x)=a$，1次関数 $q(x)=bx+c$，2次関数 $r(x)=dx^2+ex+f$ に対しベクトル $\vec{p}=(p(-1), p(0), p(1))$, $\vec{q}=(q(-1), q(0), q(1))$, $\vec{r}=(r(-1), r(0), r(1))$ とおく．$\vec{p}, \vec{q}, \vec{r}$ はそれぞれ互いに垂直で，さらに $|\vec{p}|^2=3$, $|\vec{q}|^2=2$, $|\vec{r}|^2=6$ とする．$p(x), q(x), r(x)$ を求めよ．

(福岡工業大学入試)

問題4. 次の条件(1), (2)を満たす2次関数 $f(x)$ を求めよ．
$$\int_{-1}^{1}(f(x))^2 dx=1, \tag{1}$$
全ての1次関数 $g(x)$ に対して
$$\int_{-1}^{1}f(x)g(x)dx=0. \tag{2}$$

(大阪教育大学前期日程入試)

問題5. 3次関数 $f(x)=ax^3+bx^2+cx+d$ は原点 $(0, 0)$ を通り，原点での接線の傾きが2であるという．さらに，すべての1次関数 $g(x)$ に対して $\int_{0}^{1}f(x)g(x)dx=0$ が成立するという．このとき a, b, c, d を求めよ．

第 1 章　ベクトルと行列

(青山学院大学国際政治経済学部入試)

問題 6. (i) 積分 $\int_0^1 e^t \cos 2\pi t \, dt$ を求めよ．(ii) a を実数の定数として積分 $I = \int_0^1 (e^t - a\cos 2\pi t)^2 \, dt$ を求めよ．(iii) I を最小とする a の値を求めよ．

(平成 9 年度明治大学理工学部入試)

承前　第一節から三節迄は，高校生対象の大学一年生への入学試験問題を素材に，2 次の場合ではあるが，行列 A を，シースルーに見せる目的で，固有ベクトル等を並べて正則行列 P を作り，$P^{-1}AP$ を，固有値が単根の場合は，対角要素以外は 0 の対角行列に，そして固有値が重根の時，行列 A が対角行列でないときは対角要素以外に (1, 2) 要素が 1 の Jordan の標準形に帰着させた．

　本書を固有値，固有ベクトル問題から始めた理由は，第六章の第一節と第二節で披瀝する著者の数学観に依る．我々が享受している物質文明は，物理，化学，経済学等々の実質科学で支えられて居る．第六章の第一節では，化学と物理の古典理論が微分方程式で，第二節では量子力学・量子化学が Schrödinger 方程式で表され，その固有値が電子のエネルギー固有値を，固有関数が電子の軌道関数を与える事を垣間見る．

　古典力学から量子力学への移項は簡単であって，古典力学の Hamilton 関数，これは全エネルギー E に等しいが，この Hamilton 関数 H の運動量ベクトルを微分演算子 $\frac{\hbar}{i}\nabla$ で置き換えて，Hamilton 演算子 H に換えれば良い．古典理論 $H = E$ の両辺の右に関数 ϕ を掛けて，$H\phi$ を $E\phi$ に等しいと置いたのが **Schrödinger** 方程式 $H\phi = E\phi$ である．H が有限の n 次の正方行列で，ϕ が n 次の列ベクトルの場合と同様，$\phi = 0$ は解であるが，それ以外の解がある E がエネルギー固有値であり，大きさ 1 の固有関数が軌道関数で，$|\phi|^2$ はその点に粒子が存在する，確率密度関数を与える．今節では，一般のベクトルの内積や自分自身との内積の平方根であるノルム，即ち，ベクトルの大きさを論じたい．

有向線分とベクトル　空間の二点 A, B を結ぶ線分に向きも考慮に入れて，

有向線分と呼び，$\overrightarrow{AB}$ で表す．線分としては $\overrightarrow{AB}$ と $\overrightarrow{BA}$ は同じでも，二つは違うと考え，$\overrightarrow{BA} = -\overrightarrow{AB}$ と見なす．二つの有向線分 $\overrightarrow{AB}$, $\overrightarrow{CD}$ は四辺形 $ABDC$ がこの順に捩れのない平行四辺形を構成する時，同値であると言い，$\overrightarrow{AB} \equiv \overrightarrow{CD}$ と記す．この同値関係は直ぐ下の同値律 (E1), (E2), (E3) を満たすので，空間の有向線分全体にこの同値関係を導入し，同値な有向線分全体を**同値類** equivalence class と言い，これを**ベクトル**と言う．有向線分 $\overrightarrow{AB}$ はそれが属するクラス，即ち，ベクトルの**代表元**と言う．往々にして，代表元でクラスを表す，即ち，代表元である有向線分で，クラスであるベクトルを表す．

同値関係 物の集まりである集合 X があって，X の任意の二元 x, y に対して，関係 xRy が成立するかどうかが分かって居て，この関係 R が次の公理 (E1), (E2), (E3) を満たす時，関係 R を集合 X 上の**同値関係**，(E1), (E2), (E3) を**同値律**と言い，xRy を満たす二元は**同値**であると言う：

(E1) X の任意の元 x に対して xRx．
(E2) X の二元 x, y が xRy を満たせば yRx．
(E3) X の三元 x, y, z が xRy, yRz を満たせば xRz．

集合 X 上に同値関係 R が与えられて居る時，$\bar{x} := \{y \in X \, ; \, yRx\}$，即ち，$x$ と同値な元全体の集合を x の**剰余類**や**同値類**と言う．同値類全体の集合 $X/R : \{\bar{x} \, ; \, x \in X\}$ を集合 X の同値関係 R による**商集合**と言う．

位置ベクトル 空間に原点を O とする x, y, z 直交座標軸を導入すると，任意の有向線分 $\overrightarrow{AB}$ は，これと同値な原点 O を始点とする有向線分 $\overrightarrow{OP}$ で表される．この時，ベクトル $\overrightarrow{OP}$ を**位置ベクトル**と言う．ベクトルが与えられたら，終点 P は一意的，即ち，一通りに決まる．逆に，空間の点 P を任意に与えたら，有向線分 $\overrightarrow{OP}$ が表すベクトルが定まる．

そこで，O を原点とし，x, y, z 直交座標軸を持つ空間にて，x 軸上に点 E_1 を，線分 OE_1 の長さが単位の長さ 1 である様な，単位の点 E_1 を取り，同様にして y, z 軸上に点 E_2, E_3 を取り，有向線分ベクトル $\overrightarrow{OE}_1, \overrightarrow{OE}_2, \overrightarrow{OE}_3$ が表すベクトルを e_1, e_2, e_3 で表し，**単位ベクトル**と呼ぶ．高数では上に矢印を付けるが，拙文では矢印を付けない．低級な程ぎょうらしく，高級な程さらっと流す．高数のテキストが解説する様に，任意のベクトルは，

位置ベクトル $\overrightarrow{OA}$ で表され，終点 A の座標を (a_1, a_2, a_3) とすると，
$$\overrightarrow{OA} = a_1 e_1 + a_2 e_2 + a_3 e_3 \tag{3}$$
で表され，然も，ベクトルに3個の数の組 (a_1, a_2, a_3) を対応させる対応は一対一である．数学では，考察の対象とする集合の間に一対一の対応が付き，関心のある演算が保存されるならば二つの集合を**同一視**する．従って，3個の数の組 (a_1, a_2, a_3) をベクトルと見なし，**数ベクトル**と呼ぶ．

三位一体論 我々が文明開化以降追尾した西欧文明は，一神教キリスト教・ユダヤ文明であり，多様な価値観等認めないのは，米国のなされ方で良く分かる．その西欧文明を最も良く具現するのは，先験科学たる数学である．例えば，キリスト教に有名な三位一体論があって，精霊と父と子は，同じ物の異なる表現に過ぎないと見なす．将に，ベクトルは，高校で最初に有向線分（のクラス）として導入され，物理等では位置ベクトル，数学Bでは数ベクトルとして学んだが，上記，数学の神髄から言うと，これら有向線分，位置ベクトル，数ベクトルは，三位一体論同様，同じ物の異なる表現に過ぎない．このキリスト教のレトリックが分からないと数学は分からない．逆に，数学が分からねば，現代の西欧文明は理解出来ないと言いたいが，少し言い過ぎである．

内積 二つのベクトル a, b を同一点 O を始点とする有向線分 $\overrightarrow{OA}, \overrightarrow{OB}$ で表し，OA と OB のなす角を θ とすると，力学で学ぶベクトル $\overrightarrow{OA}, \overrightarrow{OB}$ の内積の定義は，
$$<a, b> = |a||b|\cos\theta \tag{4}$$
で与えられる．ここに，ベクトル $a = \overrightarrow{OA}, b = \overrightarrow{OB}$ の大きさ $|a|, |b|$ とは，それを代表する線分 OA, OB の長さを言う．**幾何学的には内積は**，b が大きさ1の場合は，a の b が定める直線の上への**正射影**を表す．**力学的には**，3次元空間にて質点が軌道上を点 P から点 Q 迄動いた時に，軌道上の微少変位を ds で表すと，3次元のベクトルで表される力 F が質点に対してなした**仕事**は
$$W = \int_P^Q <F, ds> \tag{5}$$
で与えられる．さて，二つのベクトル a, b を上述の数ベクトルで表した時，

4. ベクトル空間

$a = (a_1, a_2, a_3)$, $b = (b_1, b_2, b_3)$ であれば，数学 B のテキストにも説明されて居る様に，内積は

$$<a, b> = a_1 b_1 + a_2 b_2 + a_3 b_3 \tag{6}$$

で与えられ，これは結果として導かれる式である．要するに，数ベクトルの内積は成分の積の和であるから，4次元以上のベクトルに対しては，逆に，下の(7)を定義式とする．n 個の数が並んだ行が一つしかない行列を n 次元の行ベクトルと言うが，二つの n 次元の行ベクトル $a = (a_1, a_2, \cdots, a_n)$, $b = (b_1, b_2, \cdots, b_n)$ の内積を

$$<a, b> = a_1 b_1 + a_2 b_2 + \cdots + a_n b_n \tag{7}$$

で定義する．**高次元と怯える必要は全く無く**，更に成分が無限個並んだ二つの**無限次元のベクトル** $a = (a_1, a_2, \cdots, a_n, \cdots)$, $b = (b_1, b_2, \cdots, b_n, \cdots)$ の内積を，同じ流儀，成分の積和

$$<a, b> = a_1 b_1 + a_2 b_2 + \cdots + a_n b_n + \cdots \tag{8}$$

で定義する．更に，離散的な添え字 n の換わりに連続的な変数 $\alpha \leq x \leq \beta$ の関数 $f(x)$, $g(x)$ の場合も成分の積の和が積分になるだけの

$$<f, g> = \int_\alpha^\beta f(x) g(x) \, dx \tag{9}$$

と定義すれば良い．幾何学的な絵が描ける3次元以下では(4)は内積の定義式であったが，無限次元を含む高次元の時，幾何学的な絵は描けないので，寧ろ(4)を二つのベクトルの為す**角 θ の定義式**とする．直交すると言うことは角 $\theta = \frac{\pi}{2} + \pi$ の整数倍，即ち，$\cos\theta = 0$ と同値であるから

$$\text{ベクトル } a, b \text{ が \textbf{直交}} \iff <a, b> = 0, \tag{10}$$

即ち，高数と全く同じ結果を得る．

例えば，**問題1**ではベクトル $\vec{a} = (x, 2, -1)$, $\vec{b} = (5, y, 1)$ の内積を 0 と置き，$5x + 2y - 1 = 0$, $\vec{a} = (x, 2, -1)$, $\vec{c} = (2, 1, z)$ の内積を 0 と置き，$2x + 2 - z = 0$, $\vec{b} = (5, y, 1)$, $\vec{c} = (2, 1, z)$ の内積を 0 と置き，$10 + y + z = 0$ より．この連立方程式を解き，$x = 25$, $y = -62$, $z = 52$, $y - z = -114$. **問題2**では直交条件より得る二つの方程式 $(x^2 - 1)x + (x - 5)(x + 1) + (-x - 1)(-1) = 0$ と $(x^2 - 1)(x + 1) + (x - 5)(2x - 3) + (-x - 1)x = 0$ の共通解は $x = 2$ なので，$\vec{b} = (2, 3, -1)$, $\vec{c} = (3, 1, 2)$ のなす角

の余弦は公式(4)より $\frac{1}{2}$ なので,角自身は $\frac{\pi}{3}$.

問題3では高々2次の多項式 $p(x)=a_0+a_1x+a_2x^2$ を対象としている.本問では,対応 $p \rightsquigarrow (p(-1), p(0), p(1))$ によって高々2次の多項式全体の為すベクトル空間を3次元の数ベクトル全体の為すベクトル空間と同一視して居る.ベクトル $\vec{p}$ と自分自身との内積 $<\vec{p}, \vec{p}>$ を $|\vec{p}|^2$ で表し,その平方根をベクトル $\vec{p}$ のノルム norm 又は大きさと言う.条件を順に数式化すると,$3ac=0$, $2be=0$, $a(2d+3f)=0$, $a=1$, $b=1$, $c=0$, $d=3$, $e=0$, $f=-2$, $p=1$, $q=x$, $r=3x^2-2$ を得る.

内積を持つ線形空間 実数全体の集合を $\boldsymbol{R}$ と書き,その元である実数をスカラーと呼ぶ.物の集まり X が有って,X の任意の二元 x, y に対して,加法 $x+y$ が定義出来て,この和 $x+y$ が X に属し,更にスカラー α との積 αx も定義出来て,この積 αx も X に属し,次の公理を満たすとき,X を**線形空間** linear space,又は,**ベクトル空間** vector space と言う:

(L1) X の任意の二元 x, y に対して $x+y$ は X の元であって,$x+y=y+x$.

(L2) X の任意の三元 x, y, z に対して,$(x+y)+z=x+(y+z)$

(L3) X の任意の二元 x, y に対して X の元 z が一つだけ有って $x+z=y$. この z を $y-x$ と書く.

(L4) 任意のスカラー α と X の任意の元 x, に対して αx も X の元である.実数 1 に対して,$1x=x$.

(L5) 任意の二スカラー α, β と,X の任意の二元 x, y に対して,$\alpha(\beta x)=(\alpha\beta)x$.

(L6) 任意の二スカラー α, β と X の任意の二元 x, y に対して,$\alpha(x+y)=\alpha x+\alpha y$, $(\alpha+\beta)x=\alpha x+\beta x$.

更に,線形空間 X は,その任意の二元 x, y に対して,内積 $<x, y>$ が定義されて,次の公理を満たすとき,X を**内積を持つ線形空間**,最近では,**prehilbert space** 空間と言う:

(I1) X の任意の元 x に対して $<x, x> \geqq 0$. $<x, x>=0$ であれば x は零ベクトル.

(I2) X の任意の二元 x, y に対して，$<x, y> = <y, x>$．

(I3) X の任意の三元 x, y, z に対して，$<x+y, z> = <x, z> + <y, z>$．

(I4) 任意のスカラー α と X の任意の二元 x, y に対して，$<\alpha x, y> = \alpha <x, y>$．

西欧文明の普遍性 繰り返すと，江戸時代末期の**阿片戦争以降**，西欧による植民地化を避ける為に，和学・漢学を捨てて，我々が吸収に勉めてきた西欧文明は一神教のキリスト教・ユダヤ文明である．その本質を探るために，例えば座右の研究社英和辞典にて，catholic を牽こう．第一義は普遍的な，である．元帝フビライの母はキリスト教徒で，元朝の女性は，降伏した南宋の三后・幼帝に非常に親切であったと言うが，帝国主義国は，立派な西欧文明を遍く為に，アジヤ，アフリカ等，西欧以外の殆ど全てに，阿片戦争的な立派とは言えない戦争を仕掛けて，優れた文明を，未開のアジヤ，アフリカに広めて下さったのです．**今日ではずっと soft** になっているが，本質は不変で，**国際基準**に達する様にとの圧力の下，日韓に big burn を強要し，その結果は，1200兆円の日本国民の貯金は，外債となり，それを原資として国際金融資本は，銀行の株価やアジヤ各国の通貨を操作し，アジヤに金融不安をもたらしているが，更に，4月以降のビッグバーンにて多くの日韓の金融機関は倒産・被吸収を余儀なくさせられると言う，ブーメラン的に国民に帰って来るであろうが，これも過去の帝国主義による植民地支配同様，**遅れたアジヤの金融システムを**，**国際基準**に合わせて下さっている積もりである．西欧文明が一神教のキリスト教・ユダヤ文明である事の認識無しには，国際的現象の理解は不可能である．この**普遍性こそ西欧文明の神髄，それを最も良く具現するのは，先験科学たる数学**です．上の，線形空間の公理，内積の公理は，高校生諸君が良く知って居る公式です．哲学では，偶有的要素を捨象し，本質的な要素のみを抽出して，より高い次元に止揚 aufheben（ドイツ語）する事を**抽象**と言う．つまり，有向線分の代表するベクトルや数ベクトルの持つ，どうでも良い事項は捨てに捨てて，一番大事な事項のみを抜き出して，より適応範囲が広くなる様に数学を樹立するのが**抽象数学**であって，これぞ正しく西欧文明の精髄である．

抽象化こそ普遍性を尊ぶ**数学の命**である．

閑話休題，**問題**4は3同様，高々2次の多項式のなす3次元のベクトル空間を対象とするが，内積を異にし，$\alpha=-1$，$\beta=1$の時の(9)にて，二ベクトル，ここでは二つの2次式$f(x)$，$g(x)$の内積を定義する．従って，線形空間としては同じでも，プレヒルベルト空間としては問題3と異なる．問題4，5は，高々一次式のなす部分空間に(2)，即ち，(10)の意味で直交する多項式全体，即ち，高々一次式のなす部分空間の**直交補空間**に属する単位ベクトルを求めさせる，れっきとした**関数解析**に本貫を持つ出題であり，これ又**大学入試のトップモード**である．勿論，生徒に教える立場の数学教諭とMax Planck所長Zagierを目標に飛び入学を目指す，エリート高校生は関数解析の立場で拙シリーズの様に把握せねばならぬ．$f(x):=ax^2+bx+c$，$g(x):=\alpha x+\beta$と置くと，直交条件(2)は

$$<f,\ g>:=\int_{-1}^{1}f(x)g(x)dx$$

$$=\int_{-1}^{1}(ax^2+bx+c)(\alpha x+\beta)dx$$

$$=\int_{-1}^{1}(a\alpha x^3+(a\beta+b\alpha)x^2+(b\beta+c\alpha)x+c\beta)dx$$

$$=\frac{ax^4}{4}+\frac{(a\beta+b\alpha)x^3}{3}+\frac{(b\beta+c\alpha)x^2}{2}+c\beta x\Big|_{x=-1}^{x=1}$$

$$=2\left(\frac{a\beta+b\alpha}{3}+c\beta\right)=2\left(\frac{b}{3}\alpha+\left(\frac{a}{3}+c\right)\beta\right)=0. \tag{11}$$

α，βは任意だから，これらの係数が0である事が必要十分で，直交条件は$a=-3c$，$b=0$．次に，正規化条件，即ち，(1)が成立し，大きさが1である条件は

$$<f,\ f>:=\int_{-1}^{1}f(x)f(x)dx$$

$$=\int_{-1}^{1}(ax^2+bx+c)^2dx$$

$$=\int_{-1}^{1}(a^2x^4+2abx^3+(2ac+b^2)x^2+2bcx+c^2)dx$$

$$=\frac{a^2x^5}{5}+\frac{2abx^4}{4}+\frac{(2ac+b^2)x^3}{3}+bcx^2+c^2x\Big|_{x=-1}^{x=1}$$

$$=2\left(\frac{a^2}{5}+\frac{2ac+b^2}{3}+c^2\right)=1. \tag{12}$$

これに直交条件 $a=-3c$, $b=0$ を代入し,
$2\left(\frac{9c^2}{5}-\frac{2\cdot 3c^2}{3}+c^2\right)=1.$ 求める二次関数は
$f(x)=\pm\frac{\sqrt{10}}{4}(3x^2-1).$

最小自乗法 X を線形空間, n を空間の次元を越えない自然数, e_1, e_2, …, e_n を X の正規直交系, 即ち, 大きさが1で互いに直交し, $<e_i, e_j>=0$ ($i \neq j \leq n$), $1(i=j \leq n)$ を満たす X の n 個の元の系, x を X の任意の元とする時,

$$\alpha_i := <x, e_i> \tag{13}$$

を x の系 $\{e_i ; i=1, 2, …, n\}$ に関する Fourier **フーリエ係数**と云う. この時, n 個の任意の数 β_i を e_i に掛けて加えた, $\{e_i ; i=1, 2, …, n\}$ の任意の**一次結合**に対し, x との差のノルムの自乗を考えると, それは自分自身との内積であるが, 二つの $\sum$ の下添え字を i, j と別の文字で表すのが秘訣で, 更に, 内積の公理を用いて気楽に展開し, $<e_i, e_j>=0$ $(i \neq j)$, 1 $(i=j)$ なので, 次の和は $i=j$ の時のみ生き残るから

$$\begin{aligned}\|x-\sum_{i=1}^{n}\beta_i e_i\|^2 &= <x-\sum_{i=1}^{n}\beta_i e_i, x-\sum_{j=1}^{n}\beta_j e_j>\\ &= <x, x>-\sum_{i=1}^{n}\beta_i <x, e_i>-\sum_{j=1}^{n}\beta_j <e_j, x>+\sum_{i,j=1}^{n}\beta_i\beta_j <e_i, e_j>\\ &= <x, x>-\sum_{i=1}^{n}\beta_i\alpha_i-\sum_{j=1}^{n}\beta_j\alpha_j+\sum_{i=1}^{n}\beta_i\beta_i = <x, x>-2\sum_{i=1}^{n}\beta_i\alpha_i+\sum_{i=1}^{n}\beta_i\beta_i\\ &= <x, x>+\sum_{i=1}^{n}(\beta_i^2-2\beta_i\alpha_i)\\ &= <x, x>-\sum_{i=1}^{n}\alpha_i^2+\sum(\alpha_i^2-2\alpha_i\beta_i+\beta^2)\\ &= \|x\|^2-\sum_{i=1}^{n}\alpha_i^2+\sum_{i=1}^{n}(\alpha_i-\beta_i)^2 \geq \|x\|^2-\sum_{i=1}^{n}\alpha_i^2 \tag{14}\end{aligned}$$

が成立し, 等号は最後から2番目の $\sum$ の ( )^2 の中が全て0で, $\beta_i=\alpha_i$ ($i=1, 2, …, n$) の時成立する. 即ち, **フーリエ係数を係数とする一次結合**が, x との差のノルムの自乗を, 即ち, x **との距離の自乗を最小にする**.

フーリエ係数は x と e_i との内積であるから，幾何学的には，x から e_i の定める直線の上への正射影である．**言い換えれば，x から $\{e_i ; i=1, 2, \cdots, n\}$ の定める n 次元の部分空間への正射影が，x との距離の自乗を最小にする．**

閉区間 $0 \leq t \leq 1$ 上連続な関数全体の作る線形空間にて，二つのベクトル，即ち，関数 f, g の内積を $\alpha=0$, $\beta=1$ の時の(9)で定義すると，関数 $\cos 2\pi t$ のノルムは

$$<\cos 2\pi t, \cos 2\pi t> := \int_0^1 \cos^2 2\pi t \, dt$$
$$= \int_0^1 \frac{1+\cos 4\pi t}{2} dt = \frac{1}{2} \quad (15)$$

なので，その平方根たるノルムで割った $n=1$, $e_1=\sqrt{2}\cos 2\pi t$ の場合が**問題 6** の(iii)であり，関数 e^t の $e_1=\sqrt{2}\cos 2\pi t$ に関するフーリエ係数は249頁の部分積分を二回実行し，

$$\alpha_1 := <e^t, e_1> := \int_0^1 e^t \sqrt{2} \cos 2\pi t \, dt$$
$$= \sqrt{2}\, e^t \cos 2\pi t \Big|_0^1 + 2\pi \int_0^1 e^t \sqrt{2} \sin 2\pi t \, dt$$
$$= \sqrt{2}(e-1) + 2\pi \left(\sqrt{2}\, e^t \sin 2\pi t \Big|_0^1 - 2\pi \int_0^1 e^t \sqrt{2} \cos 2\pi t \, dt \right) \quad (16)$$

(16)の最後の積分は α_1 なので，α_1 に関する一次方程式を解くと，

$$\alpha_1 = \frac{\sqrt{2}(e-1)}{4\pi^2+1} \quad (17)$$

であり，$\alpha_1 e_1 = \frac{\sqrt{2}(e-1)}{4\pi^2+1}\sqrt{2}\cos 2\pi t = \frac{2(e-1)}{4\pi^2+1}\cos 2\pi t$ が最小値を attain するので，答えは $a = \frac{2(e-1)}{4\pi^2+1}$ である．飛び級入学を目指すエリート高校生諸君は，この様な，**関数解析の心で**大学入試問題の解答を条件反射的に脳裏に描く，**大学の数学の教員のレベル**に達しましょう．

第 2 章

関数

1. 累乗より指数関数への旅 ―自然対数の底 e 三態―

問題

問題1.
$$f(x+y)=f(x)f(y), \quad f(x) \neq 0, \quad x, y \text{ は実数} \tag{1}$$
とする時，次を証明し，具体例を記せ．
$$f(0)=1, \tag{2}$$
$$f(-x)=\frac{1}{f(x)}, \tag{3}$$
$$f(x-y)=\frac{f(x)}{f(y)} \tag{4}$$

(京都府中学校教員採用試験)

問題2. 次を証明せよ：
$$h(x)=1+x+\frac{1}{2!}x^2+\frac{1}{3!}x^3+\cdots \tag{5}$$
とする時，$h(x)=e^x$ が成立し，更に
$$1+\frac{1}{1!}+\frac{1}{2!}+\frac{1}{3!}+\cdots+\frac{1}{n!}<e<1+\frac{1}{1!}+\frac{1}{2!}+\frac{1}{3!}+\cdots+\frac{1}{n!}+\frac{1}{n!\,n} \tag{6}$$

(兵庫県高校教員採用試験)

実数 実数について加法＋とその逆演算減法−，乗法×とその逆演算除法÷が有る事は既知として，実数全体の集合を R と記し，今節で必要な公理を記すに留め，詳しくは第七章第二節に記す．

順序完備性の公理 上に有界な単調非減少数列は収束する．

自然数 実数1及びこれに次々と1を加えて得られる数 $2=1+1$，$3=2+1$，$4=3+1, \cdots$ を自然数と呼ぶ，と記して済ませたいが，これに不満な読者の数学的感覚は著者よりも鋭く，著者よりも偉い数学者になるで有ろう．

実数全体の集合 R の部分集合 S で，

$$1 \in S \tag{7}$$
$$n \in S \text{ ならば, } n+1 \in S \tag{8}$$
を満たす部分集合 S の中で最小の R の部分集合 N を自然数全体の集合と言い,その任意の元 n を自然数という.猶,集合を英,独,仏語で,それぞれ,set, Menge メンゲ, ensemble アンサンブルと言うので,それぞれに対する帰属意識に応じて,頭文字 S, M, E を用いる.又, n が集合 N の元である時, $n \in N$ と記す.この定義は, $N=\{1, 2, 3, \cdots\}$ の偶像を排した視覚に頼らぬ定義である.

数学的帰納法 自然数 n に関する命題 P_n が有って,
$$P_1 \text{ は成立する,} \tag{9}$$
$$P_n \text{ が成立すれば, } P_{n+1} \text{ も成立する} \tag{10}$$
なる性質 9, 10 を満たせば,全ての自然数 n に対して,命題 P_n は成立する.

証明 命題 P_n が成立する様な自然数 n の集合を S とすると, S は N の部分集合である. S は上の 7, 8 を満たし,然も N はその様な最小の集合なので, N はその部分集合 S に一致しなければならない.即ち,任意の自然数 n に対して,命題 P_n は成立する. q. e. d.

ここに, q. e. d. は,証明終わり,を意味するラテン語の頭文字で,ラテン語は,言わば西欧の,漢文に当たる古典的教養で,進学希望の高校生に必須である.実数全体の集合 R と自然数全体の集合 N を繋ぐのが次の公理:

Archimedes の公理 任意の $\varepsilon>0$, $M>0$ に対して,自然数 N があって, $\varepsilon N > M$ が成立する.

導関数 実変数 x の実数値関数 $f(x)$ は,点 x にて極限
$$f'(x) := \lim_{h \to 0} \frac{f(x+h)-f(x)}{h} \tag{11}$$
が存在する時,点 x で**微分可能**と言い $f'(x)$ を点 x に於ける関数の**微分係数**という.定義域の各点で微分可能な関数の微分係数を関数と見て,関数の derivative と言う.この derivative は導かれたと言う意味であるから,日本語では導関数と訳されて居る.**経済学の derivative は**オレンジ州等の自治体や多くの一流会社の倒産をもたらしたかの悪名高い**金融派生商品**で,変動が激しく,どんなブルジョアも**何時かは破産**に追い込まれるから,**手を出**

さぬが良い．アメリカが**日本の銀行の破産**を恐れるのも，大手銀行だけでも，**国民総預金**1200兆円**を越す**2000兆円の日本の銀行の derivative **投資**が never comming back となり，米国が大損するのを恐れるからであり，決して日本国民の為ではない．現に，最近，バンカメ並びにノーベル経済学賞受賞者＋元キャバレーボーイが作ったヘッジファンドが破産し掛けて，米国は緊急に手当をしたが，ドルと株価が急落した．肝に命じましょう．

さて，関数 $f(x)$ が，両端点を込めた各点 $x(a \leq x \leq b)$ で，$f(x) = \lim_{h \to 0} f(x+h)$ が成立し，連続で，内部の各点 $a < x < b$ で微分可能とすると，x, y 平面にて関数 $y = f(x)$ のグラフの両端点 $(a, f(a))$ と $(b, f(b))$ を結ぶ線分に平行な接線が引ける様なグラフの上の点 $(c, f(c))$ があって

$$\text{平均値の定理} \quad f'(c) = \frac{f(b) - f(a)}{b - a} \tag{12}$$

が成立する．$h := b - a$ と置くと，$b = a + h$．$a < c < b$ であるから，$0 < c - a < b - a = h$．$0 < \theta := \frac{c-a}{b-a} < 1$，$c = a + \theta h$．上の平均値の定理は次の様に表現される：

平均値の定理 $0 < \theta < 1$ があって，

$$f(a+h) = f(a) + f'(a + \theta h)h. \tag{13}$$

これを一般化し，関数 f を k 回微分して得られる k 次の導関数 $f^{(k)}$ を用いると，177＋178＋188＋205頁で証明する次の定理を用いる：

Taylor の定理 $0 < \theta < 1$ があって，

$$f(a+h) = \sum_{k=0}^{n-1} \frac{f^{(k)}(a)}{k!} h^k + \frac{f^{(n)}(a + \theta h)}{n!} h^n. \tag{14}$$

累乗 正数 a が与えられている．

$$a^0 := 1, \quad a^1 := a \tag{15}$$

$$a^{n+1} := a^n a \tag{16}$$

にて a の累乗 a^n を定義する．a の累乗 a^n が定義された自然数 n 全体の集合 S は，上の 7，8 を満たし，$S = N$ が成立し，全て自然数 n に対して，a の累乗 a^n が定義されている．この手続きを，**数学的帰納法により** a の累乗 a^n を**定義**すると言う．この時，n を累乗の**指数**と言い，こちらは便宜上拙文だけの術語であるが，a を累乗 a^n の**底**と言う．

1. 累乗より指数関数への旅

指数が自然数の場合の指数の法則　m, n を自然数とすると,
$$a^{m+n} = a^m a^n. \tag{17}$$
証明　任意の自然数 m を取り, 固定し, 17を自然数 n に関する数学的帰納法で証明する. $n=1$ の時は, 16と15より, $a^{m+1} = a^m a = a^m a^1$. n の時を仮定すると, $n+1$ に対しては $a^{m+n+1} = a^{m+n} a = a^m a^n a = a^m a^{n+1}$ で成立している.　　q. e. d.
$$(ab)^n = a^n b^n \tag{18}$$
証明　$n=1$ の時は, 15より, $(ab)^1 = ab = a^1 b^1$ で成立し, n の時の成立を仮定し, $n+1$ に対し, 16より $(ab)^{n+1} = (ab)^n(ab) = a^n b^n ab = a^n ab^n b = a^{n+1} b^{n+1}$.　　q. e. d.

ベキ根　自然数 q に対する正数 y の関数 $x = y^q$ は連続な増加関数であり, 然も, y が $y=0$ から $y=+\infty$ 迄, 連続的に増加するに従って, 値も連続的に 0 から ∞ 迄増加するから, 第三節で, 実数の連続性公理と位相数学を結んで講じる, 中間値の定理より, 任意の正数 x に対して, $x = y^q$ を満たす, 正数 y が存在し, 然も, 関数 $x = y^q$ が単調増加である事から, その様な y は一つしかない. この時, 存在は一意的 unique であると言う. この y を x の q 乗根と言い, $x^{\frac{1}{q}}$ と書き, x の $\frac{1}{q}$ 乗と見なす.

正の有理数に対する累乗　引き続き, a を正数とする. 二つの自然数 p, q の商 $\frac{p}{q}$ で表される実数 x を正の**有理数**と言う. この時, $y^q = a^p$ なる y, 即ち, a^p の q 乗根 y を正数 a の $x = \frac{p}{q}$ 乗と定義する:
$$a^{\frac{p}{q}} := a^p \text{ の } q \text{ 乗根}. \tag{19}$$

指数の法則　正数 a と正の有理数 x, y に対して　　$a^{x+y} = a^x a^y$.　(20)

証明　二つの正の有理数を自然数の商 $x = \frac{m}{n}, y = \frac{p}{q}$ で表し, 目標の有理数を指数とする累乗を $u := a^x, v := a^y$ と置くと, 定義式19より $u^n = a^m$, $v^q = a^p$. 一挙に nq 乗して, x, y を同時に整化すべく, 18より $(uv)^{nq} = u^{nq} v^{nq} = (u^n)^q (v^q)^n = (a^m)^q (a^p)^n = a^{mq} a^{pn} = a^{mq+pn}$ を得るので, 正の有理数での

累乗の定義式19より，$uv = a^{\frac{mq+pn}{nq}} = a^{\frac{m}{n}+\frac{p}{q}} = a^{x+y}$. q. e. d.

$x \to +0$ の時の極限 やはり a を 1 より大きな実数とし，ϵ を任意の正数とする．$h = a-1$ と置くと，勿論，$a = 1+h$．アルキメデスの公理より，自然数 N が有って，$N\epsilon > h$．ここで，$(1+h)^{\frac{1}{N}} > 1$ なので，$k := (1+h)^{\frac{1}{N}} - 1$ と置くと，$(1+h)^{\frac{1}{N}} = 1+k$ であり，二項定理より

$$1+h = (1+k)^N = 1+kN+\cdots+k^N > 1+kN, \quad 0 < k < \frac{h}{N} < \epsilon \qquad (21)$$

を得るので，$0 < x < \frac{1}{N}$ の時，次式が成立し，

$$0 < a^x - 1 = (1+h)^x - 1 < (1+h)^{\frac{1}{N}} - 1 = k < \frac{h}{N} < \epsilon. \qquad (22)$$

$$\lim_{x \to +0} a^x = 1 \qquad (23)$$

を得るので，

$$a^0 = 1 \qquad (24)$$

と定義するのが自然である．

正の実数の有理数による近似定理 任意の正の実数 x と $\epsilon(<x)$ に対して，有理数 r が有って，$x - \epsilon < r < x + \epsilon$．

証明 アルキメデスの公理より，$m > x - \epsilon$ である様な，自然数 m の集合 S は空ではなく，最小値の存在定理より，S に属する最小の自然数 n が存在し，$n-1 \le x - \epsilon \le n$ が成立している．$n < x + \epsilon$ の時は，$r = n$ と置けばよいので，$n \ge x + \epsilon$ と仮定する．再び，アルキメデスの公理より，自然数 q が有り，$2\epsilon q > 1$．$n \ge x + \epsilon$ なので，$n - 1 + \frac{m}{q} \ge x + \epsilon$ である様な自然数 m 全体の集合 E は，q を元として持つので空ではなく，最小値の存在定理より，最小値を持つ．それを，$p+1$ と書く．$n - 1 + \frac{p}{q} \le x - \epsilon$ であれば，$n - 1 + \frac{p+1}{q} \le x - \epsilon + \frac{1}{q} < x - \epsilon + 2\epsilon = x + \epsilon$ が成立し，$p+1$ は集合 E の元でなく，矛盾．従って，$n - 1 + \frac{p}{q} > x - \epsilon$．$p+1$ は E の最小値なので，$n - 1 +$

$\frac{p}{q} < x+\epsilon$．有理数 $r := n-1+\frac{p}{q}$ は $x-\epsilon$ と $x+\epsilon$ の間にある． q. e. d.

正の実数に対する指数関数の定義 x を任意の正の実数とすると，直感的には，その少数展開の少数第 n 桁で打ちきった物を x_n と置けば良いが，偶像や直感を一切排する Anglo Saxon 的形而上学では上の命題より，単調増加な有理数列 x_n が取れて，実数 x をこの数列 x_n の極限と出来る．アルキメデスの公理より，実数 x より大きな自然数 N が存在し $a^{x_n} < a^N$ が成立する．数列 a^{x_n} は単調増加で，a^N を上界に持つから，順序完備性の公理より，数列 a^{x_n} は収束する．その極限を a^x の定義とする：

$$a^x := \lim_{n\to\infty} a^{x_n} \tag{25}$$

非負実数に対する指数の法則 非負実数 x，y に対して

$$a^{x+y} = a^x a^y. \tag{26}$$

証明 x_n，y_n を，それぞれ，x，y に収束する単調増加な有理数列とすると，有理数に対する指数の法則より，$a^{x_n+y_n} = a^{x_n} a^{y_n}$ が成立している．一方，有理数列 x_n+y_n は単調増加に実数 $x+y$ に収束し，左辺の極限は a^{x+y} で，両辺の極限を取り，指数の法則26を得る q. e. d.

非負実数に対する指数関数の連続性 先ず x が正数として 0 に近付いた時

$$\lim_{x\to+0} a^x = 1 \tag{27}$$

を証明しよう．任意に ϵ を取り，それに対して，21で定めた様に，自然数 N を取り，$0 < x < \frac{1}{N}$ なる任意の実数 x を考察する．上の定理で見た様に単調増加な有理数列 x_n が有って，x に収束する．$0 < x_n < \frac{1}{N}$ なので，22に見たように $1 < a^{x_n} < 1+\epsilon$ なので，a^x の定義25より，上の不等式にて $n\to\infty$ とすると，等号を含む形の不等式 $1 < a^x \leq 1+\epsilon$ を得る． q. e. d.

次に，任意の実数 $x \geq 0$ に対して，指数の法則と上記27より

$$\lim_{y\to+0} a^{x+y} = \lim_{y\to+0} a^x a^y = a^x \tag{28}$$

を得，関数 a^x は任意の点 $x \geq 0$ にて連続である．

負の実数に対する指数関数の定義 負の実数 $-x$ に対しては $x>0$ なので，

$$a^{-x}=\frac{1}{a^x} \tag{29}$$

と定義すると，1の逆数は1なので，指数関数 a^x は任意の点 x にて連続であり，然も，指数の法則26を満たす．以上の議論は便宜上 $a>1$ としたが，任意の実数 x に対して

$$1^x=1 \tag{30}$$

と定義し，$0<a<1$ の時は，

$$a^x=\frac{1}{\left(\dfrac{1}{a}\right)^x} \tag{31}$$

と定義すれば，底 a は正数で有ればよい．

問題1の解答 (1)に $x=y=0$ を代入，$f(0)=f(0+0)=f(0)f(0)$ を得，$f(0)\neq 0$ であるから，$f(0)=1$．次に $y=-x$ を代入すると，$x+y=0$ なので，上に見た事と(1)より，$1=f(x+y)=f(x)f(y)=f(x)f(-x)$ なので，(3)を得，最後に，$f(x-y)=f(x)f(-y)=\dfrac{f(x)}{f(y)}$．

蛇足であるが，先ず，任意の実数 x に対して

$$f(x)=f\left(\frac{x}{2}+\frac{x}{2}\right)=f\left(\frac{x}{2}\right)\left(\frac{x}{2}\right)>0.$$

実数 x と自然数 n に対して，$f(nx)=f(x)^n$ を仮定すると，$f((n+1)x)=f(nx)f(x)=f(x)^n f(x)=f(x)^{n+1}$ が成立．上の9，10で見た様に数学的帰納法により，全ての自然数 n に対して，$f(nx)=f(x)^n$ が成立する．特に $a:=f(1)>0$ と置くと，自然数 n に対して，$f(n)=a^n$ が成立する．すると，自然数 p, q に対して，$f(p)=f\left(q\dfrac{p}{q}\right)=f\left(\dfrac{p}{q}\right)^q$ が成立するので，$f\left(\dfrac{p}{q}\right)=(f(p))^{\frac{1}{q}}=(a^p)^{\frac{1}{q}}$，即ち，$f(x)=a^x$ が正の有理数 x に対して，(2)と15より，$x=1$ に対して，そして，$f(-x)=\dfrac{1}{f(x)}=\dfrac{1}{a^x}=a^{-x}$ の様に，負の有理数に対しても成立する．ここで，更に，関数 $f(x)$ の連続性を仮定すると，任意の実数 x を単調増加な有理数列 x_n の極限で表せば，$f(x)=\lim_{n\to\infty}f(x_n)=\lim_{n\to\infty}a^{x_n}=a^x$ が，上に見た指数関数 a^x の連続性より導かれるので，

結論として，
$$\text{正数 } a := f(1) > 0 \text{ に対して } f(x) = a^x. \tag{32}$$
この状況を，**関数方程式**(1)の連続な解は指数関数 a^x に限る，と言う．

筆者が，教養より学部に進学した時，幾何の村主恒郎教授が，冒頭この種の関数方程式を講じられたが，今にして思うと，exponential map は Lie 群論，従って微分幾何の入り口なのですね．関数解析の semi group の理論とも通じるテーマである．

相乗平均≦相加平均 正数 a, b と自然数 m, n が有る．p 個の a と q 個の b に対して，拙著「独修微分積分学」（現代数学社）の173頁で示した不等式，相乗平均≦相加平均，を書き下し，$a^{\frac{m}{m+n}} b^{\frac{n}{m+n}} \leq \frac{m}{m+n} a + \frac{m}{m+n} b$，即ち，1 より小さい任意の正の有理数 $t := \frac{n}{m+n}$ に対し，$a^t b^{1-t} \leq ta + (1-t)b$ が成立する．例によって，1 より小さい任意の正数 t を有理数列の極限で表し，上の不等式で極限を取り，不等式

正数 a, b, $t \leq 1$ に対して
$$a^t b^{1-t} \leq ta + (1-t)b. \tag{33}$$

指数関数の導関数 正数 a を底に持つ指数関数 $f(x) = a^x$ の $x=0$ に於ける右微分係数
$$f'_+(0) := \lim_{h \to +0} \frac{f(h) - f(0)}{h} \tag{34}$$
を考察しよう．ここで $\frac{f(h) - f(0)}{h}$ は右弦の傾きである．$0 < h < k$ の時，$0 < t := \frac{h}{k}$ 及び a の換わりに a^k，b の換わりに 1 に対して，上の不等式33 を適応すると，$1 - t = \frac{k-h}{k}$ なので，
$$a^h = (a^k)^t 1^{(1-t)} \leq ta^k + (1-t)1 = \frac{h}{k} a^k + \frac{k-h}{k}. \tag{35}$$
移項して，不等式
$$\frac{a^h - 1}{h} \leq \frac{a^k - 1}{k} \tag{36}$$

を得, h が減少しつつ $h \to +0$ の時, 右弦の傾き $\dfrac{f(h)-f(0)}{h}$ は減少するが, 下界は 0 であるので, 順序完備性の公理より収束する. 左微分係数も同じ値であるので, 微分係数が存在する. この収束は, 紙数の関係で省略するが, 底 a に付いて一様である事も示せるので, 拙著「解析学序説」(森北出版) の120頁より, 底 a に付いて連続である. a が 1 から $+\infty$ 迄増加すると, 上記微分係数は 0 から $+\infty$ 迄増加するから, 第三節の中間値の定理より, 丁度中間の 1 となる a が存在する. これを e と書き, **自然対数の底** と言う. この立場では, 公式

$$\lim_{h \to +0} \frac{e^h - 1}{h} = 1 \tag{37}$$

は e の定義式, その物である. この時, 任意の点 x に於ける微分係数は, 指数の法則20より

$$\lim_{h \to +0} \frac{e^{x+h} - e^x}{h} = \lim_{h \to +0} \frac{e^x e^h - e^x}{h} = e^x \lim_{h \to +0} \frac{e^h - 1}{h} = e^x \tag{38}$$

を得るので, 微分の公式

$$\frac{d}{dx} e^x = e^x \tag{39}$$

が成立し, 関数 e^x は微分しても変わらない特性を持つ. 上式39を**自然対数の底 e の定義式**と思って差し支えない. 関数 e^x を単に指数関数 exponential function と言う.

正項数列の隣接二項の比の極限 a_n を正項数列とし, その隣接二項の比の極限が存在する時,

$$0 \leq r := \lim_{n \to \infty} \frac{a_{n+1}}{a_n} \leq +\infty. \tag{40}$$

と置くと,

比判定法の準備 r より大きな任意の正数 R に対して, 自然数 N があって $n \geq N$ に対して

$$0 \leq a_n \leq a_N R^{n-N} \tag{41}$$

証明 R は極限 r よりも大きいから, 第七章第二節の極限の定義より自然数 N が有って, これ以上の番号 $n \geq N$ に対しては $\dfrac{a_{n+1}}{a_n} \leq R$ が成立する.

1. 累乗より指数関数への旅

$$0 < a_n < a_N R^{n-N} \quad (n \geq N) \tag{42}$$

を数学的帰納法で証明しよう．$n=N$ の時，定義式15より $R^0=1$ で，上式は成立．n の時成立すれば，$a_{n+1} \leq Ra_n < Ra_N R^{n-N} = a_N R^{(n+1)-N}$ で，$n+1$ の時も成立する． q. e. d.

問題2の解答 指数関数 $f(x) = e^x$ は一回微分しても，変わらないから k 回微分しても変わらず，k 次の導関数も $f^{(k)}(x) = e^x$ の様に変わらない．自然数 n と，a の所に 0 を，h の所に x を代入しての，Taylor の定理を適用すると，$0 < \theta < 1$ があって

$$f(x) := e^x = \sum_{k=0}^{n-1} \frac{x^k}{k!} + R_n$$

$$= \left(1 + \frac{1}{1!}x + \frac{1}{2!}x^2 + \frac{1}{3!}x^3 + \cdots + \frac{1}{(n-1)!}x^{n-1}\right) + R_n,$$

$$R_n = \frac{e^{\theta x}}{n!} x^n \tag{43}$$

が成立する．ここで，**剰余項 R_n を評価**しよう．任意の実数 x に対し，$0 < \theta < 1$ なので $\theta x < |x|$ であり，指数関数 e^x は単調増加なので，評価式

$$R_n < a_n, \quad a_n = \frac{e^{|x|}}{n!} |x|^n \tag{44}$$

を得る．ここで，正項数列 a_n の隣接二項の比の極限を求めよう．

$$0 < \frac{a_{n+1}}{a_n} = \frac{n!|x|}{(n+1)!} = \frac{|x|}{n+1} \to 0 \tag{45}$$

が成立するから，比判定法で準備した様に，1より小さな任意の正数 r に対して，十分大きな自然数 N を取れば，これから先の $n \geq N$ に対しては，$0 < a_n < \frac{a_N}{r^N} r^{n-N} \to 0$ の様に公比が r の等比数列で押さえられる．この公比が1より小さな等比数列は，第七章第二節で学ぶ様に，0に収束するから，挟み撃ちの原理より，a_n 従って R_n も0に収束し，Taylor 展開

$$e^x = \sum_{k=0}^{\infty} \frac{x^k}{k!} = 1 + \frac{1}{1!}x + \frac{1}{2!}x^2 + \frac{1}{3!}x^3 + \cdots + \frac{1}{k!}x^k + \cdots \tag{46}$$

を得る．特に，$x=1$ と置くと，**自然対数の底 e を級数**

$$e = \sum_{k=0}^{\infty} \frac{1}{k!} = 1 + \frac{1}{1!} + \frac{1}{2!} + \frac{1}{3!} + \cdots + \frac{1}{k!} + \cdots \tag{47}$$

で表す事が出来る．これが自然対数の底 e の**第二の定義**である．

自然対数の底 e の第三の定義　37の $h \to 0$ の特別な場合として，h に自然数 n の逆数を代入し，$n \to \infty$ とした極限が自然対数の底 e なので，十分大きな自然数 n に対して，近似的に，

$n(e^{\frac{1}{n}}-1) \fallingdotseq 1$. 移項して，$\left(1+\frac{1}{n}\right)^n \fallingdotseq e$ を得るので，公式

$$e = \lim_{n \to \infty}\left(1+\frac{1}{n}\right)^n \qquad (48)$$

の成立が予想される．

証明　二項定理より

$$a_n := \left(1+\frac{1}{n}\right)^n = 1 + n\frac{1}{n} + \frac{n(n-1)}{1\cdot 2}\frac{1}{n^2} + \frac{n(n-1)(n-2)}{1\cdot 2\cdot 3}\frac{1}{n^3} + \cdots$$
$$+ \frac{n(n-1)(n-2)\cdots(n-k+1)}{1\cdot 2\cdot 3\cdots k}\frac{1}{n^k} + \cdots + \frac{n(n-1)\cdots(n-(n-1))}{1\cdot 2\cdot 3\cdots n}n^n$$

$$= 2 + \frac{1\left(1-\frac{1}{n}\right)}{1\cdot 2} + \frac{1\left(1-\frac{1}{n}\right)\left(1-\frac{2}{n}\right)}{1\cdot 2\cdot 3} + \cdots$$
$$+ \frac{1\left(1-\frac{1}{n}\right)\left(1-\frac{2}{n}\right)\cdots\left(1-\frac{k-1}{n}\right)}{1\cdot 2\cdot 3\cdots k} + \cdots$$
$$+ \frac{1\left(1-\frac{1}{n}\right)\left(1-\frac{2}{n}\right)\cdots\left(1-\frac{n-1}{n}\right)}{1\cdot 2\cdot 3\cdots n} \qquad (49)$$

を得る．ここで任意の正数 ϵ を取ると，級数47は収束しているので，自然数 N が有って，$0 < e - (N!\text{の逆数迄の和}) = \sum_{k=N+1}^{\infty} \frac{1}{k!} < \frac{\epsilon}{2}$. すると，$n \geq N$ の時

$$0 < e - a_n = \sum_{k=0}^{\infty}\frac{1}{k!} - \left(2 + \sum_{k=2}^{\infty}\frac{1\left(1-\frac{1}{n}\right)\left(1-\frac{2}{n}\right)\cdots\left(1-\frac{k-1}{n}\right)}{1\cdot 2\cdot 3\cdots k}\right)$$

$$= \sum_{k=2}^{\infty}\frac{1}{k!} - \left(\sum_{k=2}^{\infty}\frac{1\left(1-\frac{1}{n}\right)\left(1-\frac{2}{n}\right)\cdots\left(1-\frac{k-1}{n}\right)}{1\cdot 2\cdot 3\cdots k}\right)$$

1. 累乗より指数関数への旅

$$= \sum_{k=2}^{N} \frac{1-1\left(1-\frac{1}{n}\right)\left(1-\frac{2}{n}\right)\cdots\left(1-\frac{k-1}{n}\right)}{k!} +$$

$$\left(\sum_{k=N+1}^{\infty} \frac{1-1\left(1-\frac{1}{n}\right)\left(1-\frac{2}{n}\right)\cdots\left(1-\frac{k-1}{n}\right)}{k!}\right) <$$

$$\sum_{k=2}^{N} \frac{1-1\left(1-\frac{1}{n}\right)\left(1-\frac{2}{n}\right)\cdots\left(1-\frac{k-1}{n}\right)}{k!} + \sum_{k=N+1}^{\infty} \frac{1}{k!} <$$

$$\sum_{k=2}^{N} \frac{1-1\left(1-\frac{1}{n}\right)\left(1-\frac{2}{n}\right)\cdots\left(1-\frac{k-1}{n}\right)}{k!} + \frac{\epsilon}{2} \quad (50)$$

を得る。(50)の最右辺第一項は，有限和で $n\to\infty$ の時 0 なので，N よりも更に大きな自然数 N' を取ると，$n \geq N'$ の時，$\frac{\epsilon}{2}$ より小さく出来る。すると，$n \geq N'$ の時

$$0 < e - a_n < \frac{\epsilon}{2} + \frac{\epsilon}{2} = \epsilon \quad (51)$$

が成立し，極限の定義より，公式48が成立する．

筆者は多神教徒であるから，叡慮満ち満ち給う聖母御マリヤを唱えながら，神域に入り，香椎宮にて，オキナガタラシヒメミコト＝新羅製鉄族の姫＝神功皇后に祈願し，出鼻に（この鼻も韓国語の一）横断歩道で自動車に轢かれそうになり，思わず南無観世音菩薩，無事でインシャラーを唱えても，和印洋の女神は筆者に恩恵を垂れ給う．然し，一神教の世界では，映画モーゼの十戒で見る様に，酒池肉林で遊んでも罰は下らなかったのが，別の偶像を祀ると，途端に神罰が下る．只一つの価値観しか許されない．ここで自然対数の底 e の37，47，48と三通りの表現が，三位一体論の如く，皆，同値な同じ物 e の異なる表現である事を学んだ．公理論的数学は，正しく，今，日本を含むアジヤを経済的に支配しようとしている Global＝Anglo Saxon Standard の文明の真髄である．

2. 指数，三角，双曲三角関数
—高数の復習と学部数学の予習—

問題

問題1.
$$e^x = 1 + x + \frac{1}{2!}x^2 + \frac{1}{3!}x^3 + \cdots, \quad (1)$$

並びに

$$1 + \frac{1}{1!} + \frac{1}{2!} + \frac{1}{3!} + \cdots + \frac{1}{n!} < e < 1 + \frac{1}{1!} + \frac{1}{2!} + \frac{1}{3!} + \cdots + \frac{1}{n!} + \frac{1}{n!\,n} \quad (2)$$

を証明し，更に e は有理数で無いことを証明せよ．

（兵庫県高校教員採用試験問題を改竄して再掲）

問題2. $0 \leq x \leq 1$ とする．

(ア) $0 \leq e^x - (1+x) \leq x$ である事を示せ．

(イ) 任意の自然数 n に対して，

$$0 \leq e^x - \left(1 + \frac{1}{1!}x + \frac{1}{2!}x^2 + \frac{1}{3!}x^3 + \cdots + \frac{1}{n!}x^n\right) \leq \frac{1}{n!}x^n$$ が成立する事を示せ．

(ウ) $$e^x = \sum_{k=0}^{\infty} \frac{1}{k!} x^k \quad (3)$$

が成立する事を示せ．

（滋賀県立大学環境・工学部前期日程入学試験）

問題3. $x > 0$ の時，任意の自然数 n に対して次の不等式が成立する事を数学的帰納法で証明せよ：

$$e^x > 1 + \frac{1}{1!}x + \frac{1}{2!}x^2 + \frac{1}{3!}x^3 + \cdots + \frac{1}{n!}x^n \quad (4)$$

（宇都宮大学教育・工・農学部前期日程入学試験）

問題4. (ア) $x \geq 0$ の時，次の不等式が成り立つ事を示せ：

$$1-\frac{1}{2}x^2 \leq \cos x \leq 1-\frac{1}{2}x^2+\frac{1}{24}x^4 \tag{5}$$

(イ) $0 \leq x \leq \pi$ の範囲に於いて，2つの曲線 $y=\cos x$ と $y=1-\frac{1}{2}x^2$ とで囲まれた図形の面積を S_1，2つの曲線 $y=\cos x$ と $y=1-\frac{1}{2}x^2+\frac{1}{24}x^4$ とで囲まれた図形の面積を S_2 とする．この時，S_1 と S_2 の値を求めよ．

(大阪女子大学学芸学部前期日程入学試験)

問題5． $\cos x + \sin x$ のマックローリン展開は次の内どれか？（多肢選択欄省略）

(東光，大協石油，国家公務員上級職機械専門職採用試験)

問題6． $c>0$ とし，$f_c(x):=\frac{c}{2}(e^{\frac{x}{c}}+e^{\frac{-x}{c}})$ とおく．この時次の条件 ($*$) を考える．

($*$) $y=f_c(x)$ のグラフの，直線 $y=b$ より下にある部分の長さが2に等しい．

($*$) が満たされるとき，b と c が ($*$) を満しながら変化する時，$y=f_c(x)$ のグラフと直線 $y=b$ の交点の内 x 座標が正のものが描く図形の式を $x=g(y)$ の形で求めよ．

(埼玉大学理学部前期日程入学試験)

問題7． $y=\log(x^2+\sqrt{x^2+1})$ の逆関数は次の内どれか？（多肢選択欄省略）

(国家公務員上級職物理専門職採用試験)

問題8． オイラーの公式 $e^{ix}=\cos x+i\sin x$ を証明せよ．

(ダイヤモンド電気採用試験)

問題9． $e^{\pi i}$ を求めよ．

(神奈川県中学校教員採用試験)

前節の復習 前節第一の立場では，公式

$$\lim_{h \to 0}\frac{e^h-1}{h}=1 \tag{6}$$

はeの定義式，その物である．この時，任意の点 x に於いて，微分の公式

$$\frac{d}{dx}e^x = e^x \tag{7}$$

が成立し，関数 e^x は微分しても変わらない特性を持つ．上式(7)を自然対数の底 e の定義式と思って差し支えない．関数 e^x を単に指数関数 exponential function と言う．

さて，関数 $f(x)$ が，両端点を込めた各点 $x(a \leq x \leq b)$ で連続で，内部の各点 $a < x < b$ で微分可能とすると，$h := b - a$ と置く時，x, y 平面にて関数 $y = f(x)$ のグラフの両端点 $(a, f(a))$ と $(b, f(b))$ を結ぶ線分に平行な接線が引ける様なグラフの上の点があるので，$0 < \theta < 1$ があって

平均値の定理
$$f(a+h) = f(a) + f'(a+\theta h)h \tag{8}$$
が成立する．

これを一般化し，関数 f を k 回微分して得られる k 次の導関数 $f^{(k)}$ を用いると，177＋178＋188＋205頁で証明する，

Taylor の定理
$0 < \theta < 1$ があって，
$$f(a+h) = \sum_{k=0}^{n-1} \frac{f^{(k)}(a)}{k!} h^k + \frac{f^{(n)}(a+\theta h)}{n!} h^n \tag{9}$$
を得る．

正項数列の隣接二項の比の極限　a_n を正項数列とし，その隣接二項の比の極限が存在する時，
$$0 \leq r := \lim_{n \to \infty} \frac{a_{n+1}}{a_n} \leq +\infty \tag{10}$$
と置き，将来の布石として

比判定法の準備　r より大きな任意の正数 R に対して，自然数 N があって
$$n \geq N \text{ に対して } 0 \leq a_n \leq a_N R^{n-N} \tag{11}$$
を行った．

特に，指数関数 $f(x) = e^x$ は一回微分しても，変わらないから k 回微分しても変わらず，k 次の導関数も $f^{(k)}(x) = e^x$ の様に変わらない．自然数 n と，a の所に 0 を，h の所に x を代入しての，Taylor の定理を適用すると，$0 < \theta < 1$ があって

2. 指数，三角，双曲三角関数

$$f(x) := e^x = \sum_{k=0}^{n-1} \frac{x^k}{k!} + R_n = 1 + \frac{1}{1!}x + \frac{1}{2!}x^2 + \frac{1}{3!}x^3 + \cdots$$
$$+ \frac{1}{(n-1)!}x^{n-1} + R_n,$$
$$R_n = \frac{e^{\theta x}}{n!} x^n \tag{12}$$

が成立する．ここで，剰余項 R_n を評価，評価式

$$|R_n| < a_n, \quad a_n = \frac{e^{|x|}}{n!}|x|^n \tag{13}$$

に現れる，正項数列 a_n の隣接二項の比の極限

$$0 < \frac{a_{n+1}}{a_n} = \frac{n!|x|}{(n+1)!} = \frac{|x|}{n+1} \to 0 \tag{14}$$

を求め，比判定法で準備した事より，1より小さな任意の正数 r に対して，十分大きな自然数 N を取れば，これから先の $n \geq N$ に対しては，$0 < a_n \leq \frac{a_N}{r^N} r^n \to 0$ の様に公比が r の等比数列で押さえられる．この公比が1より小さな等比数列は0に収束するから，挟み撃ちの原理より，a_n 従って剰余項 R_n も0に収束し，Taylor展開

$$e^x = \sum_{k=0}^{\infty} \frac{x^k}{k!} = 1 + \frac{1}{1!}x + \frac{1}{2!}x^2 + \frac{1}{3!}x^3 + \cdots + \frac{1}{k!}x^k + \cdots \tag{15}$$

を得た．これが問題1の(1)の解答であった．特に，$x=1$ と置くと，自然対数の底 e を級数

$$e = \sum_{k=0}^{\infty} \frac{1}{k!} = 1 + \frac{1}{1!} + \frac{1}{2!} + \frac{1}{3!} + \cdots + \frac{1}{k!} + \cdots \tag{16}$$

で表す事が出来る．これが自然対数の底 e の第二の定義であった．(15)式の $\frac{1}{n!}$ の先の $\frac{1}{k!} (k \geq n)$ の分母の $k!$ は，$k, k-1, \cdots, n+2, n+1$ の積に $n!$ を掛けたものである．その k から $n+1$ までの $n-k$ 個の自然数の積を，一番小さな $n+1$ の $n-k$ 個の積で置き換えると分母が小さくなるから，分数としては大きくなり，然も，同じ数 $n+1$ 分の1の積の和は，紛れもなく，公比が1より小さい等比級数の和であるから，

$$e = 1 + \frac{1}{1!} + \frac{1}{2!} + \frac{1}{3!} + \cdots + \frac{1}{n!} + \frac{1}{(n+1) \times n!} + \frac{1}{(n+2)(n+1) \times n!}$$

$$+\frac{1}{(n+3)(n+2)(n+1)\times n!}+\cdots<1+\frac{1}{1!}+\frac{1}{2!}+\frac{1}{3!}+\cdots+\frac{1}{n!}$$
$$+\frac{1}{1\times(n+1)!}+\frac{1}{(n+1)\times(n+1)!}+\frac{1}{(n+1)(n+1)\times(n+1)!}+\cdots$$
$$=1+\frac{1}{1!}+\frac{1}{2!}+\frac{1}{3!}+\cdots+\frac{1}{n!}+\frac{1}{(n+1)!}\frac{1}{1-\frac{1}{n+1}}$$
$$=(2)の最右辺 \tag{17}$$

を得, 不等式(2)の証明を終わる. 又, e が有理数で有れば, 二つの自然数 p, q の商 $\frac{p}{q}$ で表される. e は自然数ではないので, q は 1 より大きい. (2)の n の所に q を代入し, 三辺に $q!$ を掛けると, (2)の左辺の分母の階乗は皆 q よりも小さい数の階乗なので, (2)の左辺×$q!$ は自然数である. これを P としよう. 中辺の $e\times q! = \frac{p}{q}\times q! = p\times(q-1)!$ も, 勿論自然数で, これを Q としよう. 一方, 右辺×$q!$ の最後の項の前迄は, 丁度自然数 P に一致するが, 最後の項×$q!$ は $q!\frac{1}{q\times q!}=\frac{1}{q}$ であって, q は 1 より大きいので, 自然数では有り得ず, 1 より真に小さな正数である. 結局自然数 Q は自然数 P と自然数 $P+\frac{1}{q}$ に挟まれ, これは矛盾である. かくして, e が自然数でない事の証明を終わる. これで, 前節紙数の関係で積み残した, 問題 1 の解答を終わる.

増加関数 関数 $f(x)$ が, 両端点を込めた各点 $x(a\leq x\leq b)$ で連続で, 内部の各点 $a<x<b$ で微分可能で, 導関数 $f'(x)$ が各点 x で正の値を取るとしよう. 二点 $a\leq x'<x''\leq b$ に対して, 平均値の定理より, 点 $x'<x<x''$ が有って,
$$f(x'')-f(x')=f'(x)(x''-x')>0 \tag{18}$$
が成立し, 点 x の所在は比定出来ないが, 兎に角定義域の中に有るので, そこでの導関数の値は正であり, 上の不等式(18)を得る. この様な意味にて導関数 $f'(x)$ が正である関数 $f(x)$ は増加関数である. (19)

問題 2, 3 の解答 Taylor 展開(12)の剰余項は $0<R_{n+1}<\dfrac{e}{n+1}\dfrac{x^n}{n!}<\dfrac{x^n}{n!}$ と

2. 指数，三角，双曲三角関数

評価されるので，一発で問題2の(ア)，(イ)と問題3の不等式(4)を得る．これでは，高校の数学に成らぬので，忠実に解答しよう．その為に，自然数 n に対して，

$$f_n(x) := e^x - \left(1 + \frac{1}{1!}x + \frac{1}{2!}x^2 + \frac{1}{3!}x^3 + \cdots + \frac{1}{n!}x^n\right) \tag{20}$$

と置き，

$$0 < f_n(x) \quad (x > 0) \tag{21}$$

を数学的帰納法で証明しよう．$n=1$ の時は，指数関数の微分の公式(7)より，$f'_1(x) = (e^x - (1+x))' = e^x - 1 > 0 \,(0 < x)$ であるから，導関数が正の関数 f_1 は増加関数である．x の値が最小の 0 で，$f_1(0) = e^0 - 1 = 0$ なので，0 より大きな値 x に対しては，増加関数 f_1 は正の値を取る．n の時，不等式 $f_n(x) > 0\,(x>0)$ が成立したとしよう．

$$f'_{n+1}(x) = f_n(x) > 0 \quad (x > 0) \tag{22}$$

が成立して居るから，上の議論を蒸し返し，$f_{n+1}(x) > 0\,(x > 0)$ を得るので，前節学んだ数学的帰納法により，全ての自然数 n に対して不等式(21)を得る．

西欧の学問の特質として，指数関数の議論を一般化し，一般の関数 f に対し，(9)にて $n \to \infty$ とした級数は，(10)-(11)が適応出来るとの条件の下では収束し，

Taylor 展開 $\displaystyle f(a+h) = \sum_{k=0}^{\infty} \frac{f^{(k)}(a)}{k!} h^k \tag{23}$

を得る．特に $a=0$，$h=x$ なる，原点を中心とする Taylor 展開

Maclaurin 展開 $\displaystyle f(x) = \sum_{k=0}^{\infty} \frac{f^{(k)}(0)}{k!} x^k \tag{24}$

を Maclaurin 展開と言うが，江戸時代の和算家はこれを駆使して数値解析を行ってきた．

指数関数の Maclaurin 展開の他に，余弦関数 $\cos x$ の導関数は，順に，$-\sin x$，$-\cos x$，$\sin x$，$\cos x$，$-\sin x$，$-\cos x$，$\sin x$，$\cdots$，であり，導関数値 $f^{(k)}(0)$ は順に 1，0，-1，0，1，0，-1，0，$\cdots$ であるから

余弦関数の Taylor 展開

$$\cos x = \sum_{k=0}^{\infty} (-1)^k \frac{x^{2k}}{(2k)!} = 1 - \frac{x^2}{2!} + \frac{x^4}{4!} + \cdots + (-1)^n \frac{x^{2n}}{(2n)!} + \cdots \tag{25}$$

又，正弦関数 $\sin x$ の導関数は，順に，$\cos x$, $-\sin x$, $-\cos x$, $\sin x$, $\cos x$, $-\sin x$, $-\cos x$, $\sin x$, ⋯，であり，導関数値 $f^{(k)}(0)$ は順に 0, 1, 0, -1, 0, 1, 0, -1, 0, ⋯ であるから

正弦関数の Taylor 展開

$$\sin x = \sum_{k=0}^{\infty} (-1)^k \frac{x^{2k+1}}{(2k+1)!} = x - \frac{x^3}{3!} + \frac{x^5}{5!} + \cdots + (-1)^n \frac{x^{2n+1}}{(2n+1)!} + \cdots \quad (26)$$

を得る．と言うのは剰余項 R_n を(13)の様に評価する時，余弦や正弦の絶対値は 1 を超える事無く，(14)が成立するので，点 x が何処に有ろうと $|R_n| \to 0$ であるからである．

問題 4 の解答　問題 2，3 同様，導関数が正は増加関数，を用いて高数的解答を与える事が出来るが，上記 Taylor 及び Maclaurin 展開の剰余項を眺めた瞬間に解答を終えれば，大学数学教員の境地である．

問題 5 の解答　上記(25)と(26)の和を取り

$$\cos x + \sin x = \sum_{k=0}^{\infty} (-1)^k \left(\frac{x^{2k}}{(2k)!} + \frac{x^{2k+1}}{(2k+1)!} \right)$$
$$= 1 + x - \frac{x^2}{2!} - \frac{x^3}{3!} + \frac{x^4}{4!} + \frac{x^5}{5!} + \cdots. \quad (27)$$

双曲三角関数　指数関数は初期条件 $e^0 = 1$ 及び微分方程式(7)で特徴付けられるが，三角関数も又初期条件 $\cos 0 = 1$, $\sin 0 = 0$ と連立微分方程式

$$\frac{d}{dx} \cos x = -\sin x, \quad \frac{d}{dx} \sin x = \cos x, \quad (28)$$

で特徴付けられ，(7)に比べて符号に注意しなければならない．JR 香椎線に乗って居たら，帽子を巨人軍の投手の様に阿弥陀に被った，旧制中学の感覚で見ると不良の，二人の会話は全く意外であった．三角関数の微分の公式は余弦と正弦が入れ替わるのは良いが，符号に注意しなければならぬと言って，具体的に上の微分公式(28)を述べて居たが，残念ながら，共に符号が入れ違って居た．これらの巨人軍投手的帽子着用の一見不良は，ペイパーテストでは零点であろうが，見事に核心を衝いて居り，巨人軍投手的帽子着用の一見不良ですら，この数学のレベルである．日本の経済力が強い筈だと体得したが，元総理が欧米に圧倒的に有利な global standard を導入し，日本経済を国際資本に安値で売り渡す道を開き，第二の敗戦を招いた．

2. 指数，三角，双曲三角関数

双曲余弦 hyperbolic cosine と**正弦** hyperbolic sine の定義は

$$\operatorname{ch} x := \cosh x := \frac{e^x + e^{-x}}{2}, \tag{29}$$

$$\operatorname{sh} x := \sinh x := \frac{e^x - e^{-x}}{2}, \tag{30}$$

で与えられ，微分の公式

$$\frac{d}{dx}\cosh x = \frac{d}{dx}\frac{e^x + e^{-x}}{2} = \frac{e^x - e^{-x}}{2} = \sinh x, \tag{31}$$

$$\frac{d}{dx}\sinh x = \frac{d}{dx}\frac{e^x - e^{-x}}{2} = \frac{e^x + e^{-x}}{2} = \cosh x \tag{32}$$

が成立し，上の不良が認識する様に，余弦と正弦は微分すると入れ替わる所は双曲三角も，普通の三角と同じであるが，不良高校生が悩む様な符号の心配をしなくて済む，利点がある．加法定理も次の様に三角関数と似ているけれども，少し違い，その違いが，やはり，符号を気にしないで済むだけ便利である：

双曲余弦の加法定理

$$\cosh(x+y) = \cosh x \cosh y + \sinh x \sinh y, \tag{33}$$

双曲正弦の加法定理

$$\sinh(x+y) = \sinh x \cosh y + \cosh x \sinh y. \tag{34}$$

特に，$y = -x$ の特別な場合は，

$$1 = \cosh 0 = \cosh(x + (-x)) = \cosh x \cosh(-x) + \sinh x \sinh(-x).$$

定義式(29)，(30)より，余弦は偶，正弦は奇関数なので，公式は

$$\cosh^2 x - \sinh^2 x = 1, \tag{35}$$

$$\cosh^2 x = \sinh^2 x + 1, \tag{36}$$

$$\sinh^2 x = \cosh^2 x - 1 \tag{37}$$

で，x を助変数とする表示 $X = \cosh x$，$Y = \sinh x$ で表される点 (X, Y) の軌跡は双曲線である．これが双曲関数の名の由来である．更に $y = x$ なる特別な場合としては，倍角の公式に似た

$$\cosh 2x = \cosh^2 x + \sinh^2 x = 2\cosh^2 x - 1 = 2\sinh^2 x + 1 \tag{38}$$

及び

$$\sinh 2x = 2 \sinh x \cosh x \tag{39}$$

を得る．猶，三角の半倍角の公式に似た公式

$$\cosh^2 x = \frac{\cosh 2x + 1}{2}, \quad \sinh^2 x = \frac{\cosh 2x - 1}{2} \tag{40}$$

も得る：

逆双曲関数 双曲余弦は定義式(29)を眺めた時に，相加平均≧相乗平均，を想起すれば，1以上の値を取る偶関数である事が分かる．任意の正数 $x \geq 1$,に対して $\cosh y = x$ なる y を求めよう．双曲余弦は偶関数であるから，符号を異にする二根がある．さて，$u = e^y$ と置くと，$\dfrac{u + u^{-1}}{2} = x$, 両辺に u を掛けると，u に関する二次方程式 $u^2 - 2xu + 1 = 0$ を得る．

その二根は $u = x \pm \sqrt{x^2 - 1}$ なので，指数関数の逆関数である，自然対数を用いて y に付いて解き，プラスの根を主値と言い，

逆双曲余弦 $\mathrm{ch}^{-1} x := \mathrm{arc}\,\cosh x :$
$$= \log(x + \sqrt{x^2 - 1}) \tag{41}$$

と書く．双曲正弦は奇関数なので，任意の実数 x に対して，$\sinh y = x$ なる y を，上記高数の二次方程式の解法を用いて求め，逆双曲正弦関数

逆双曲正弦 $\mathrm{sh}^{-1} x := \mathrm{arc}\,\sinh x :$
$$= \log(x + \sqrt{x^2 + 1}) \tag{42}$$

を得る．

問題7の解答 すると，$y = \mathrm{sh}^{-1} x$ の公式(42)より，$x = \mathrm{sh}\,y$ なので，答え

$$y = \mathrm{sh}\,x := \sinh x := \frac{e^x - e^{-x}}{2} \tag{43}$$

を条件反射として返せると，立派な理・工学部学生である．

問題6の解答 目標の関数は，将に，双曲余弦 $y = c \cosh \dfrac{x}{c}$ である．さて，微分の公式(31), (32)と合成関数の微分法より，$y' = \sinh \dfrac{x}{c}$, $y'' = \dfrac{\cosh \dfrac{x}{c}}{c} > 0$, なので201頁で学ぶ事により，凸な偶関数である．y 軸に平行な直線 $y = b$ との交点の x 座標は，超越方程式 $c \cosh \dfrac{x}{c} = b$ の根，

$$x = \pm \alpha, \quad \alpha := c\,\mathrm{ch}^{-1} \frac{b}{c} \tag{44}$$

である．条件（＊）は曲線の長さの公式より，
$$\int_{-\alpha}^{\alpha}\sqrt{1+(y')^2}dx=2 \qquad (45)$$
であり，平方根の中の $1+(y')^2=1+\left(\sinh\dfrac{x}{c}\right)^2$ は双曲の名を負う公式(36)より，平方根の中 $=\left(\text{ch}\dfrac{x}{c}\right)^2$ と平方化出来たので，条件（＊）は
$$\int_{-\alpha}^{\alpha}\text{ch}\dfrac{x}{c}dx=c\,\text{sh}\dfrac{x}{c}\Big|_{-\alpha}^{\alpha}=c\left(\text{sh}\dfrac{\alpha}{c}-\text{sh}\dfrac{-\alpha}{c}\right)=2c\,\text{sh}\dfrac{\alpha}{c}=2 \qquad (46)$$
即ち，$\text{sh}\dfrac{\alpha}{c}=\dfrac{1}{c}$ を平方し，(38)にて双曲正弦の平方を，双曲余弦で表して，α に(44)を代入し，$\dfrac{1}{c^2}=\text{sh}^2\dfrac{\alpha}{c}=\text{ch}^2\dfrac{\alpha}{c}-1=\left(\dfrac{b}{c}\right)^2-1$ より，点 $(b,\ c)$ が，やはり，双曲線上にあるとの条件
$$b^2-c^2=1 \qquad (47)$$
を得る．$y=f_c(x)$ と $y=b$ との交点 $(x,\ y)=(\alpha,\ b)$ の x 座標は(44)より
$$x=c\,\text{ch}^{-1}\dfrac{b}{c}=c\,\text{ch}^{-1}\dfrac{y}{c} \qquad (48)$$
逆双曲余弦の公式(41)により，高数的対数で表すと，
$$x=c\,\text{ch}^{-1}\dfrac{y}{c}=c\log\dfrac{b+\sqrt{b^2-c^2}}{c}.$$
$c=\sqrt{b^2-1}=\sqrt{y^2-1}$ を代入し，答えは
$$x=\sqrt{y^2-1}\log\sqrt{\dfrac{y+1}{y-1}}. \qquad (49)$$

指数・三角関数の解析学的定義 x が実数のみならず，複素数である時でも，Taylor 展開(15), (25), (26)の右辺は四則演算，＋，－，×，÷の極限であるから，収束さえすれば，計算出来，然も，その収束は，(12), (13), (14)に依って保証されて居る．従って，解析学の立場では，級数(15), (25), (26)の和として指数関数，三角関数，更に，(29), (30)にて双曲余弦と正弦を定義する．実際，コンピュータもこの立場で数値を返している．絶対値が収束する級数を絶対収束級数と言うが，拙著「独習微分積分学」（現代数学社）の63頁にて証明したが，更に103から105頁で証明する様に，絶対収束級数は無条件収束する：即

ち，サントリーのコマーシャルでは無いが，漏れなく重複無く集めれば，どの様に分割して集めても良い．

問題 8 の解答 $i=\sqrt{-1}$ を虚数単位，即ち，自乗が -1 である数とし，任意の複素数 x に対し，ix を定義式(15)の x の所に代入する．この時，級数は絶対収束しているから，上述の根拠で，無条件収束であり，偶数ベキは $i^2=-1$ なので，もはや，i は含まず，これとは対照的に奇数ベキは，これに i が掛けられるので，i を含むから，偶数ベキと奇数ベキに分けて次の様に集めると，定義式(25), (26)より

$$\begin{aligned}e^{ix} &= \sum_{k=0}^{\infty}\frac{i^k x^k}{k!} = \sum_{m=0}^{\infty}\frac{i^{2m}x^{2m}}{(2m)!} + \sum_{m=0}^{\infty}\frac{i^{2m+1}x^{2m+1}}{(2m+1)!} \\ &= \sum_{m=0}^{\infty}\frac{(-1)^m x^{2m}}{(2m)!} + i\sum_{m=0}^{\infty}\frac{(-1)^m x^{2m+1}}{(2m+1)!} \\ &= \left(1 - \frac{x^2}{2!} + \cdots \frac{x^{2m}}{(2m)!} + \cdots\right) + i\left(x - \frac{x^3}{3!} + \cdots (-1)^m \frac{x^{2m+1}}{(2m+1)!} + \cdots\right) \\ &= \cos x + i\sin x. \end{aligned} \tag{50}$$

が成立するから，

オイラー Euler の公式 $\quad e^{ix} = \cos x + i\sin x.$ \hfill (51)

を得る．

問題 9 の解答 より一般に，奇数 $2k+1$ に対して，オイラーの公式(51)より

$$e^{(2k+1)\pi i} = \cos((2k+1)\pi) + i\sin((2k+1)\pi)$$
$$= -1. \tag{52}$$

従って，負の数 -1 の対数は

$$\log(-1) = (2k+1)\pi i \quad (k=0, \pm 1, \pm 2, \pm 3, \cdots) \tag{53}$$

で複素数で，然も，無限多価である．真数条件に拘泥し，マイナスの対数を作った生徒や学生を罵倒する数学の教員は，この様な複素解析の知識が欠如している事を自白するも同然である．

指数・三角・双曲関数は姉妹 余弦は偶，正弦は奇関数であるから，(51)の x の所に $-x$ を代入し，

$$e^{-ix} = \cos x - i\sin x. \tag{54}$$

(51)と(54)を足して 2 で割り，(51)から(54)を引き 2i で割り，

2. 指数，三角，双曲三角関数

$$\cos x = \frac{e^{ix}+e^{-ix}}{2}, \quad \sin x = \frac{e^{ix}-e^{-ix}}{2i}. \tag{55}$$

双曲余弦 hyperbolic cosine と正弦 hyperbolic sine の定義式(29), (30)に ix を代入し，(55)を考慮に入れると，真の三角と双曲三角の間には

$$\cos x = \cosh(ix), \quad \sin x = \frac{\sinh(ix)}{i} \tag{56}$$

なる関係がある事が分かる．双曲余弦は**懸垂線**とも呼ばれ，自然の状態で電柱の間に電線が垂れ懸かる様を表す．高校で学んだ範囲では，指数は急増化，三角は -1 と 1 の間を周期 2π で振動する関数で，全く対照的に理解したが，大学の学部の専門基礎科目として複素解析を学ぶ，複素数の世界では，指数，三角，及び理工学部で重宝される双曲関数は姉妹である．

3. 連続関数と中間値の定理
一大学入試問題から学部数学科での公理論への助走一

問題

問題1.
$$f(x) := x^3 - ax^2 - bx - 1 \tag{1}$$
とする.

(ア) $a \geq 1$, $a = b$ のとき，方程式 $f(x) = 0$ の正の実解はただ一つであり，しかもその実解は 1 よりも大きいことを示せ.

(イ) $a \geq 1$, $b \geq 1$ のとき，方程式 $f(x) = 0$ が異なる 3 実解をもつような a の例を示せ.

（津田塾大学学芸学部入学試験）

問題2. 関数 $y = f(x)$ は連続とする.

(ア) a を実の定数とする. すべての実数 x に対して不等式
$$|f(x) - f(a)| \leq \frac{2}{3}|x - a| \tag{2}$$
が成り立つなら, 曲線 $y = f(x)$ は直線 $y = x$ と必ず交わることを中間値の定理を用いて示せ.

(イ) さらに，すべての実数 x_1, x_2 に対して
$$|f(x_1) - f(x_2)| \leq \frac{2}{3}|x_1 - x_2| \tag{3}$$
が成り立つならば, (ア)の交点はただひとつしかないことを証明せよ.

（上智大学理工学部入学試験）

数直線の位相 実数全体の集合を $\boldsymbol{R}$ と書く. 太文字に注意されたい. 二つの実数又は負の無限大又は正の無限大 $-\infty \leq a < b \leq +\infty$ に対して, $\boldsymbol{R}$ の部分集合

$$[a, b] := \{x \in \boldsymbol{R} ; a \leq x \leq b\},$$

3. 連続関数と中間値の定理

$$(a, b) := \{x \in \mathbf{R} ; a < x < b\} \tag{4}$$

を定義し，それぞれ，**閉区間** a, b，**開区間** a, b と発音する．ここで，$x \in \mathbf{R}$ とは x が $\mathbf{R}$ に属する事を意味する，集合論的数式であり，更に一般には，$\{x \in X ; P\}$ で集合 X に属する性質 P を満たす元 x 全体の集合を表す．開や閉の由来は直ぐ下に説明する．

集合 S を集合 $\mathbf{R}$ の部分集合とする．早く言えば，集合 S は実数のある集まりである．集合 $\mathbf{R}$ の部分集合 S の任意の点 x に対して，勿論 x に依存する，

$$\text{正数 } \varepsilon \text{ が有って，} (x-\varepsilon, x+\varepsilon) \subset S, \tag{5}$$

即ち，開区間 $(x-\varepsilon, x+\varepsilon)$ が S の部分集合である時，部分集合 S を $\mathbf{R}$ の**開集合**という．開区間 (a, b) に対しては，$a = -\infty$ 又は $b = +\infty$ の場合も認め，

$$(-\infty, b) := \{x \in \mathbf{R} ; x < b\},$$
$$(a, +\infty) := \{x \in \mathbf{R} ; a < x\},$$
$$(-\infty, +\infty) := \mathbf{R} \tag{6}$$

と約束する．ここに，$(x-\varepsilon, x+\varepsilon) \subset S$ とは $(x-\varepsilon, x+\varepsilon)$ が S に含まれる事を意味する，集合論的，数式である．

さて区間 (a, b) は，その任意の点 x に対しては，$x-a, b-x$ が正の数，又は $+\infty$ であるから，その小さい方を ε とすれば，区間 $(x-\varepsilon, x+\varepsilon)$ の任意の点 y は，$x-\varepsilon < y < x+\varepsilon$ を満たし，$a \leq x-\varepsilon < y < x+\varepsilon \leq b$ が成立し，$(x-\varepsilon, x+\varepsilon) \subset (a, b)$ を得るので，区間 (a, b) は開で有り，文字通り，開区間と呼ばれるに相応しい．開集合の任意個数の合併は開集合である．この様に，開の概念を導入された集合 $\mathbf{R}$ は**位相**の構造を備えると言い，この位相の構造を持つ集合 $\mathbf{R}$ を**数直線**と言う．

f を $\mathbf{R}$ の集合 O 上の実数値関数とする．この時，$f : O \to \mathbf{R}$ と書く．O の元 x の像 $f(x)$ の全体を $f(O)$ と書き，**像集合**という．別に，$\mathbf{R}$ の部分集合 O' を取る．O の元 x で像 $f(x)$ が集合 O' に属する元全体の集合を f による O' の**原像**と言い，$f^{-1}(O')$ と書く．即ち

$$f^{-1}(O') := \{x \in O ; f(x) \in O'\}. \tag{7}$$

[定理 1]．f を開集合 O 上の連続関数とする．f による開集合 O' の原像

$f^{-1}(O')$ は開である．

証明． x を $f^{-1}(O')$ の任意の元とする．上の(7)より，$x\in O$ 且つ $f(x)\in O'$. O は開であるから，開の定義より，正数 δ_1 があって，$(x-\delta_1,\ x+\delta_1)\subset O$. $f(x)$ も開集合 O' の元であるから，正数 ε があって，$(f(x)-\varepsilon,\ f(x)+\varepsilon)\subset O'$. 関数 f は点 x で連続であるから，78頁に(2)として記す連続関数の定義より，この正数 ε に対して，正数 δ_2 があって，$|y-x|<\delta_2$ の時，$|f(y)-f(x)|<\varepsilon$. 二つの正数 δ_1, δ_2 の小さい方を δ に採用すると，勿論 $|y-x|<\delta$ の時，$|y-x|<\delta_1$ であって，$y\in(x-\delta_1,\ x+\delta_1)\subset O$ であるから，y は定義域 O に属し，然も，$|y-x|<\delta_2$ であるから，$|f(y)-f(x)|<\varepsilon$, 即ち，$f(y)\in(f(x)-\varepsilon,\ f(x)+\varepsilon)\subset O'$, つまり，$f(y)$ は O' の点であるから，原像の定義より $y\in f^{-1}(O')$. 繰り返すと，$y\in(x-\delta,\ x+\delta)$ ならば $y\in f^{-1}(O')$ であるから，包含関係の定義より，$(x-\delta,\ x+\delta)$ は $f^{-1}(O')$ に含まれ，同じく集合論の記号では，$(x-\delta,\ x+\delta)\subset f^{-1}(O')$. $f^{-1}(O')$ の任意の点 x に対して，正数 δ があって，$(x-\delta,\ x+\delta)\subset f^{-1}(O')$ が成立するので，開集合の定義(5)より，集合 $f^{-1}(O')$ は開である．　　q. e. d.

次に F を数直線 $\boldsymbol{R}$ の部分集合とする．$\boldsymbol{R}$ の元，つまり実数で，F に属さない物全体の集合を $\boldsymbol{R}$ の**補集合**と言い，CF と書く．この C は立体である．従って，

$$CF:=\{x\in \boldsymbol{R}\ ;\ x\notin F\}. \tag{8}$$

数直線 $\boldsymbol{R}$ の部分集合 F は，

$$\text{上の補集合 } CF \text{ が開集合} \tag{9}$$

の時，**閉集合**と呼ばれる．

位相空間　何でもよいから，物の集まり E があって，その部分集合が開であるか，否かが判定出来る時，E の開集合 O 全体の集合を**開集合族**と呼んで，$\mathcal{O}$ と表し，集合 E とその開集合族 $\mathcal{O}$ とを併せて考えた物，衒学的には**総合概念** $(E,\ \mathcal{O})$ を**位相空間**と言う．(5)によって開集合の概念が導入された数直線は位相空間である．位相数学は学部数学科，今流行の数理学科に進学と同時に，初年時専門教育として，徹底的に叩き込まれる，高数とは全く，異質な数学である．属する元が無い集合を**空集合**といい ϕ で表す．

連結集合　S を数直線 C の部分集合とする．$\boldsymbol{R}$ の開集合 O_1 と O_2 があって

3. 連続関数と中間値の定理

$$S \cap O_1 \neq \phi, \ S \cap O_2 \neq \phi, \ S \cap O_1 \cap O_2 = \phi, \ S \subset O_1 \cup O_2, \quad (10)$$

即ち，S は O_1 と O_2 の**交わり**，これらとの**共通集合** $S \cap O_1$，$S \cap O_2$ が共に**空集合** ϕ ではなく，S は O_1，O_2 の双方に同時に属する点は持たず $S \cap O_1 \cap O_2 = \phi$，然も，$S$ の点は O_1，O_2 のどちらかに属する時，**連結でないと言**う．その否定が**連結**である．平たく言うと，集合 S は**如何なる二つの開集合** O_1，O_2 **をもってしても，真二つに叩っ切れない時**，**連結**である．

[定理2]．f を連結集合 S 上の連続関数とする．f による像集合 $f(S) := \{f(x) : x \in S\}$ は連結である．

証明．そもそも，連結性は，その否定が定義されているので，結論を否定し，矛盾を導き出す**背理法**によって証明しよう．$f(S)$ が連結でないとしよう．定義(10)より，$\mathbf{R}$ の開集合 O'_1，O'_2 があって

$$f(S) \cap O'_1 \neq \phi, \ f(S) \cap O'_2 \neq \phi,$$
$$f(S) \cap O'_1 \cap O'_2 = \phi, \ f(S) \subset O'_1 \cup O'_2. \quad (11)$$

定理1より，開集合 O'_1，O'_2 の連続写像 f による原像 $O_1 := f^{-1}(O'_1)$，$O_2 := f^{-1}(O'_2)$ は開である．これらの O_1，O_2 が(10)を満たす事を証明しよう．

先ず $f(S) \cap O'_1 \neq \phi$ であるから，空集合 ϕ でない集合 $f(S) \cap O'_1$ の元 y が有る．$y \in f(S)$ であるから，像集合の定義より，$x \in S$ が有って，$y = f(x)$．この x は，$f(x) = y \in O'_1$ をも満たすから，原像の定義より，$x \in f^{-1}(O'_1) = O_1$．$x \in S$ でもあるから，共通集合に属し，$x \in S \cap O_1$．元 x を持つ集合 $S \cap O_1$ は空集合 ϕ ではないので，(10)の第1式が成立し，第2式の証明も全く同じである．第3式は背理法による．三者が共通な元 x を持つとしよう．$x \in S, O_1, O_2$ であるから，f による像も，$f(x) \in f(S), f(O_1), f(O_2)$．集合 O_1，O_2 は集合 O'_1，O'_2 の f による原像であるから，原像の定義より，$f(x) \in O'_1$，O'_2．元 $f(x)$ は三集合 $f(S)$，O'_1，O'_2 の共通元なので，共通集合 $f(S) \cap O'_1 \cap O'_2$ は空集合 ϕ ではなく，(11)の第3式が否定され矛盾である．従って(10)の第3式が成立する．最後の第4式を示す為，任意に $x \in S$ を取る．(11)の4式より，$f(x) \in f(S) \subset O'_1 \cup O'_2$．$f(x) \in O'_1 \cup O'_2$ であるから，$f(x) \in O'_1$ 又は $f(x) \in O'_2$．前者の場合，O_1 は f による像が O'_1 に属する元全体の集合であるから，この定義より，$x \in O_1$．後者の場合

は $x \in O_2$. $x \in O_1$ と $x \in O_2$ のどちらかが成立するから，合併集合に含まれ，$x \in O_1 \cup O_2$. S の任意の元が $O_1 \cup O_2$ に属するから，(10)の第 4 式が成立する．

開集合 O_1, O_2 が有って，(10)が成立する S は定義から，連結ではない．これは，S が連結であるとの定理 2 の仮定に反し矛盾である．よって，$f(S)$ は連結である． q. e. d.

上の証明を振り返ると，忠実に定義に則り，開集合の概念と集合論を用いての論証しか行って居ない．ここでは，開集合族の公理の紹介は数理学科入学後の楽しみに残こして省略するが，この様に中世の神学での，聖書を公理で置き換えて，定義と公理のみに依拠して，弁証法を展開する，我が公理論的抽象数学は，将に，一神教キリスト教・ユダヤ文明の権化である．定理 2 は証明と共に一般の位相空間に一般化出来る．リクルート事件が起った年に，就職担当を廃止したが，最後の就職担当が筆者であったが為，大学のリストには筆者が就職担当として長年記入された儘であった．企業の人事担当は，就職担当に会わない事には採用活動の為の出張報告が書けず，従って，出張手当が出ない．お気の毒なのでまめに企業の人事担当部長乃至は，子会社の場合は，社長や会長にお会いした．求人難の頃なので，気楽であって，ざっくばらんに，我々は，役に立たない抽象数学の研究を誇りに思い，その様な純粋数学を教えていますので，貴社のお役に立つのかどうかは分かりません，と率直に申し上げると，一流企業の人事担当部長，乃至は社長，又は，会長は異口同音に，我々が，求めているのは，その様な数学的思考力を持つ人材で，コンピュータ技術などは，入社後一週間の特訓で，大学卒業迄に身に付けるであろう事は全て修得させる事が出来ます，と仰る．勿論，外交辞令ではあるが，抽象数学の特性である，何にでも通用する普遍性が寧ろコンピュータ関連業界では重宝がられるのである．global＝AngloSaxon standard 下の企業は更にこの様な人材を必要とする．

実数の連続性公理 数直線 R が切れ目無く繋がって居る事を主張する公理を紹介しよう．R の二つの部分集合 A, B の組 (A, B) は次の条件を満たす時，**デデキント Dedekind の切断**と呼ばれる．Dedekind はドイツ語である．

$$A \neq \phi, \quad B \neq \phi, \quad R = A \cup B, \quad x \in A, \quad y \in B \text{ であれば } x < y. \tag{12}$$

3. 連続関数と中間値の定理

この時，実数 c は
$$A=(-\infty,\ c),\ B=[c,\ +\infty) \tag{13}$$
又は
$$A=(-\infty,\ c],\ B=(c,\ +\infty) \tag{14}$$
が成立する時，**切断の数**と言う．

[**Dedekind の公理**]．Dedekind の切断は切断の数を持つ．

早く言うと，デデキントの公理は，数直線を**左右**に集合 A, B で**ぶった切ると，断点 c は左右 A, B のどちらかに属さねばならんぞ**，と言う事を主張する公理である．もし，この公理が成り立たなくても良いのであれば，数直線 $\boldsymbol{R}$ は断点 c で穴の空いた状態になり，左右の集合 A, B にバラバラに分解されてしまって，繋がった直線では無くなって終う．それ故，この公理を実数の**連続性公理**と言う．然し，筆者の上の説明が釈然としない読者の数学的感覚は鋭く，この公理より次の定理が導かれ，位相的には数直線の連結性と同値な公理である．

猶 $\boldsymbol{R}$ の部分集合 X が区間である事は，
$$x,\ y \in X,\ x < z < y\ \text{であれば},\ z \in X \tag{15}$$
によって特徴付けられる．数直線 $\boldsymbol{R}$ 自身も区間 $(-\infty,\ +\infty)$ である．

[**定理3**]．数直線の区間 X は連結である．

証明．背理法による．X が連結でないとしよう．連結でない事の定義(10)より，開集合 O_1, O_2 が有って，
$$X \cap O_1 \neq \phi,\ X \cap O_2 \neq \phi,$$
$$X \cap O_1 \cap O_2 = \phi,\ X \subset O_1 \cap O_2, \tag{16}$$
が成立する．空でない $X \cap O_1$, $X \cap O_2$ のそれぞれより任意に点 a, b を取る．a, b が $X \cap O_1$, $X \cap O_2$ の双方に属する事はないので，$a < b$ と仮定して良い．A を，$x \leq a$ 又は $[a, x] \subset O_1$ を満たす実数 x 全体の集合，B をその補集合とすると，
$$(A,\ B)\ \text{は Dedekind の切断である．} \tag{17}$$
(12)を証明しよう．$a \in A$ であるから，$A \neq \phi$．$b > a$, $b \in X \cap O_2$ が $[a, b] \subset O_1$ を満たせば，$b \in O_1$ のみならず $b \in X \cap O_1 \cap O_2$ が成立し，$X \cap O_1 \cap O_2 = \phi$ に反し矛盾であるから，$b \notin A$，即ち，$b \in B$．これで，$A \neq \phi$, $B \neq$

ϕ が言えた．勿論，B は A の補集合なので $\boldsymbol{R}=A\cup B$．最後の命題，$\boldsymbol{R}=A\cup B$, $x\in A$, $y\in B$ であれば $x<y$, を示す．

さて，$x\in A$, $y\in B$ とする．$y\leq a$ であれば，A の定義より，$y\in A$ であり，$y\in A\cap B$ は，B が A の補集合である事に反し矛盾なので，$y>a$ である．もしも，$y\leq x$ であれば，$a<y\leq x$ なる x が A に属するから，その定義より，$[a, y]\subset[a, x]\subset O_1$ なので，y は A に属し，元来，y は B より取ったので，矛盾．かくして，最後の $x<y$ も導かれ，(12)を満たす (A, B) はデデキントの切断である．

Dedekind の公理より，切断の数 c が有る．$a\leq c\leq b$, $a, b\in X$ で，X は区間であるから，$c\in X$．$X\subset O_1\cup O_2$ なので，$c\in O_1$ 又は $c\in O_2$．$c\in O_1$ の場合，点 c は開集合 O_1 に属するから，開集合の定義(5)より正数 ε が有って，$(c-\varepsilon, c+\varepsilon)\subset O_1$．すると，この開区間に含まれる $c-\frac{\varepsilon}{2}\in O_1$．切断の数 c より小さな $c-\frac{\varepsilon}{2}\in A$．$A$ の定義から $c-\frac{\varepsilon}{2}\leq a$ 又は $\left[a, c-\frac{\varepsilon}{2}\right]\subset O_1$．$c-\frac{\varepsilon}{2}\leq a$ の場合は $\left[a, c+\frac{\varepsilon}{2}\right]\subset\left[c-\frac{\varepsilon}{2}, c+\frac{\varepsilon}{2}\right]\subset O_1$ が成立し，$c+\frac{\varepsilon}{2}\in A$．これは c が切断の数である事に反し，矛盾．$\left[a, c-\frac{\varepsilon}{2}\right]\subset O_1$ の場合は，元来の $(c-\varepsilon, c+\varepsilon)\subset O_1$ と併せ考えて，$\left[a, c+\frac{\varepsilon}{2}\right]\subset O_1$, $c+\frac{\varepsilon}{2}\in A$．これも c が切断の数である事に反し，矛盾である．$c\in O_2$ であれば，開集合の定義(5)より正数 ε が有って，$(c-\varepsilon, c+\varepsilon)\subset O_2$．$c$ は切断の数であるから，それより小さな $c-\frac{\varepsilon}{2}\in A$．$A$ の定義から $c-\frac{\varepsilon}{2}\leq a$ 又は $\left[a, c-\frac{\varepsilon}{2}\right]\subset O_1$．前者では $a\in(c-\varepsilon, c+\varepsilon)\subset O_2$ より，$a\in X\cap O_1\cap O_2$ が導かれ，矛盾．後者も，$c-\frac{\varepsilon}{2}\in X\cap O_1\cap O_2=\phi$ を導き，矛盾．この様にして，連結であるとの結論を否定すると，矛盾に到着したので，背理法による証明を終わる．逆の

[定理4]．数直線 $\boldsymbol{R}$ が連結であれば Dedekind の公理が成立する．

の証明は前定理の証明より易しいし，今節は用いないので，紙数の関係で省

略する．

[中間値の定理]．閉区間 $[a, b]$ 上の実数値連続関数 f が二点 a, b で相異なる値 $f(a) \neq f(b)$ を取れば，二つの値 $f(a)$ と $f(b)$ の間の任意の値 C に対して点 $c \in [a, b]$ が存在して，$f(c) = C$ が成立する．

証明．$f(a) < f(b)$ と仮定する．連結に関わることの証明は背理法によるが良い．結論を否定し，値 $f(a)$ と $f(b)$ の間に値 C が有って，値域 $f([a, b]) := \{f(x) ; a \leq x \leq b\}$ に属さぬとしよう．二つの開区間 $(-\infty, C)$，$(C, +\infty)$ は，65頁で証明したので，言葉通り，開であり，その f による原像 $O_1 := f^{-1}((-\infty, C))$, $O_2 := f^{-1}((C, +\infty))$ は，定理1より，共に開である．もし $x \in O_1 \cap O_2$ であれば，原像の定義より，$f(x) \in (-\infty, C) \cap (C, +\infty) = \phi$ が成立し，空集合 ϕ が元 x を持つという，矛盾が生じる．従って，$O_1 \cap O_2 = \phi$. $f(a) < C < f(b)$ であるから，原像の定義より，$a \in f^{-1}((-\infty, C)) = O_1$, $b \in f^{-1}((C, +\infty)) = O_2$ を得，O_1, O_2 は空集合ではない．そもそも C は値域 $f([a, b])$ に属さぬと仮定したので，$[a, b] \subset \boldsymbol{R} - \{C\} = O_1 \cup O_2$. 連結でない事の定義(10)より，閉区間 $[a, b]$ は連結でなく，定理3に反し，矛盾である．従って，点 $c \in [a, b]$ が有って，$f(c) = C$. $f(a) > f(b)$ の場合は，$a \in O_2$, $b \in O_1$ となるだけで，後は全く同様である． q. e. d.

問題1の解答．(ア) これは，なかなか，気付かないが，f の正の零点 x は $x^3 = ax^2 + bx + 1 > 1$ より $x > 1$ を満たさねばならない．$f(0) = -1 < 0$ であるが，$f(x) = x^3 \left(1 - \dfrac{a}{x} - \dfrac{a}{x^2} - \dfrac{1}{x^3}\right)$ なので，分数を全部 $\dfrac{1}{3}$ より小さくする為，三つの不等式 $\dfrac{a}{x}, \dfrac{a}{x^2}, \dfrac{1}{x^3} < \dfrac{1}{3}$ を解き，$x > 3a, \sqrt{3a}, \sqrt[3]{3}$. 一番大きな $3a$ より大きな $x = 4a$ にて，当然，$f(4a) > 0$. 閉区間 $[0, 4a]$ の左端で負の値，右端で正の値を取るこの連続関数 $f(x)$ に**中間値の定理**を適用すると，負の -1 と正の $f(4a)$ の中間の値 0 を取る点 $c \in [0, 4a]$ がある．閃きを要する，冒頭の議論より，この $c > 1$.

(イ) 一つ例を作れば良いので，$b = a \geq 1$ とする．(ア)の議論より，頼りになるのは，負根 x である．これも，なかなか，気付かないが，$ax(x+1) = x^3 - 1 < 0$ より，$-1 < x < 0$. $a = b$ の時，上記根の範囲を与えた区間の中点

$x=-\frac{1}{2}$ に於ける関数 f の値 $f\left(-\frac{1}{2}\right)=\frac{2a-9}{8}>0$ であるには $a=b=5$ であれば十分であって，この時，$f\left(-\frac{1}{2}\right)=\frac{1}{8}>0$. 閉区間 $\left[-1, -\frac{1}{2}\right]$ の左端 $x=-1$ で $f(-1)=-2<0$, 右端 $x=-\frac{1}{2}$ で $f\left(-\frac{1}{2}\right)=\frac{1}{8}>0$ なので，**中間値の定理**より，根 $\in\left(-1, -\frac{1}{2}\right)$ が存在する．閉区間 $\left[-\frac{1}{2}, 0\right]$ の左右の端点で正と負，$[1, 2a]$ の左右の端点で負と正の値を取るので中間値の定理よりこれらの二区間でも零点が存在する．この結果は下の Mathematica 入出力 1 と整合する．但し，二負根の近傍は微妙なので，冒頭に拡大して居

```
f[x_,a_,b_]:=x^3-a x^2-b x-1
D[f[x,a,b],x]
                2
-b - 2 a x + 3 x
Timing[Plot[f[x,5,5],{x,-0.7,-0.2}]]
```

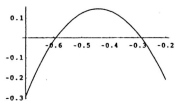

```
{0.776 Second, -Graphics-}
Timing[Plot[f[x,5,5],{x,-7,7}]]
```

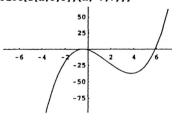

```
{0.9 Second, -Graphics-}
NSolve[f[x,5,5]==0,x]
   {{x -> -0.592104}, {x -> -0.287258}, {x -> 5.87936}}
```

Mathematica 入出力 1

る．

問題2の解答． 零点を求める目標関数を $g(x):=f(x)-x$ と置く．(2)より

$$-\frac{2}{3}|x-a| \leq f(x)-f(a) \leq \frac{2}{3}|x-a|. \tag{18}$$

移項して

$$f(a)-\frac{2}{3}|x-a| \leq f(x) \leq f(a)+\frac{2}{3}|x-a|. \tag{19}$$

三辺より x を減じて，

$$f(a)-x-\frac{2}{3}|x-a| \leq g(x) \leq f(a)-x+\frac{2}{3}|x-a|. \tag{20}$$

前問の様に，中間値の定理を用いて零点の存在を示すには，$g(x)>0$ なる x の値と $g(x)<0$ なる x の値の存在を示せば良い．前者は，上の不等式の最左辺が正なら十分で，

$$f(a)-x-\frac{2}{3}|x-a|>0 \tag{21}$$

であれば良い．絶対値の中は $x \leq a$ と $x \geq a$ の場合で扱いが違う．結果的に，$x \leq a$ の時で十分であるが，この時，$|x-a|=-(x-a)$ であるから，(20)の左不等式は

$$f(a)-x+\frac{2}{3}(x-a) \leq g(x). \tag{22}$$

左辺が正になる十分条件は

$$f(a)-x+\frac{2}{3}(x-a)>0. \tag{23}$$

x について解き，$x \leq a$ の場合の $g(x)>0$ が成立する為の十分条件

$$x<3f(a)-2a \tag{24}$$

を得る．

$g(x)<0$ なる x の値を求めよう．これは，不等式(20)の最右辺が負なら十分で，

$$f(a)-x+\frac{2}{3}|x-a|<0 \tag{25}$$

であれば良い．絶対値の中は $x \leq a$ と $x \geq a$ の場合で扱いが違うが，結果的に，今度は $x \geq a$ の場合を考察すれば良く，この時，$|x-a|=x-a$ であるか

ら，(25)は
$$f(a)-x+\frac{2}{3}(x-a)<0 \tag{26}$$
x について解き，$x>a$ の場合の $g(x)<0$ が成立する為の十分条件
$$x>3f(a)-2a \tag{27}$$
を得る．

$\alpha := -3|f(a)|-2|a|-1$ と置くと，$x=\alpha$ は確かに，a と $f(a)$ の符号の如何に関わらず $x \leq a$ 及び(24)を満たし，従って
$$g(\alpha)>0. \tag{28}$$
$\beta := 3|f(a)|+2|a|+1$ と置くと，$x=\beta$ は確かに，a と $f(a)$ の符号の如何に関わらず $x \geq a$ 及び(27)を満たし，従って
$$g(\beta)<0. \tag{29}$$
閉区間 $[\alpha, \beta]$ 上で連続な関数 $g(x)$ は，左端点 $x=\alpha$ にて正なる値 $g(\alpha)$ を取り，右端点 $x=\beta$ にて負なる値 $g(\beta)$ を取るから，**中間値の定理**より，正なる値 $g(\alpha)$ と負なる値 $g(\beta)$ の中間の値 0 を取る点 $c \in (\alpha, \beta)$ が存在し $g(c)=0$，即ち，$c=f(c)$ が成立し，点 c は関数 $f(x)$ の**不動点**と呼ばれる，方程式
$$x=f(x) \tag{30}$$
の根である．

(イ)　方程式(30)の根，即ち，不動点，x_1, x_2 を考察する．$x_1=f(x_1)$ と $x_2=f(x_2)$ の辺々相減じ，即ち，左辺から左辺を，右辺から右辺を引いて，等しいと置き，$x_1-x_2=f(x_1)-f(x_2)$．

これは，不等式(3)を適用せよと言わんばかりの形で，自然に不等式(3)を適用し，$|x_1-x_2|=|f(x_1)-f(x_2)| \leq \frac{2}{3}|x_1-x_2|$．右辺を左辺に移項しての $\frac{1}{3}|x_1-x_2| \leq 0$ より $|x_1-x_2| \leq 0$ を得るが，元来，絶対値 $|x_1-x_2| \geq 0$ なので，$|x_1-x_2|=0$ を得，$x_1=x_2$，即ち，不動点は只一つしかない．これを，大学では，衒学的に，**不動点の存在は一意的**であると言う．

我々は，多神教徒であるから，山や川，はたまた自宅の，山の神や川の神，街角のお地蔵様と，至る所に神は八百万，8 は横に倒すと ∞ なので，無数におわして，生まれてこの方神の存在等，気にした事は無いが，我々アジヤ人

3. 連続関数と中間値の定理 75

が学び，更に，再び，global＝AngloSaxon standard の下で新植民地的に支配されつつある，そのキリスト教・ユダヤ文明では神の存在は一意的である．価値観も一意的である．異端には更に厳しく，puritans of the sternest type が Greek Authodox のユーゴに，日本に戦中行った１％位であるが，猛烈な計算された誤爆を行う事が示す様に，異端には極めて峻烈である．Beethoven の第 9 でも，しきりに，神の存在を唱えて居る．唯一つの神の存在は絶対的命題である．しばしば繰り返す様に，我々の，抽象数学，こと，純粋数学では，中世の神学の聖書を，例えば今回の Dedekind の公理の様な，公理で置き換え，厳密なる定義と公理の運用による弁証法で数学を展開する．公理を満たせば，何にでも適用出来る普遍性も，キリスト教・ユダヤ文明の特質であり，今も猶，暴力団のみを偏重する日本の金融界と常に摩擦を生じている事は，読者が毎日見聞される通りである．将に，解の存在と一意性を追求する抽象＝純粋数学こそ，キリスト教・ユダヤ文明の精髄であり，本問はその数学の最も本質的な解の存在と一意性を問う，由緒ある出題である．上智大学に由緒ある出題が多いと思い，本書でもしばしば取材させて頂いて居たが，今，上智大学はキリスト教団を経営母胎とする事に気付きました．さもありなん！

　普通の高校生は，実数の連続性公理より導かれる中間値の定理は，幾何学的直観と整合するので，中間値の定理を全く認識すること無しに，関数の符号の異なる二点の間に関数の零点が存在する事を用いて，中間値の定理よりと記述する事無しに，入試の答案を書くが，流石に我々が学ぶ，キリスト教・ユダヤ文明としての数学と切っても切り離せない，キリスト教団を経営母体とする大学の出題，「中間値の定理を用いて」は憎い．

　(3)を満たす関数を Lipschitz 連続関数と言い，係数 $\frac{2}{3}$ を Lipschitz 定数という．西欧文明の本質は普遍性にあり，より一般の空間に値を持つ作用素 f が Lipschitz 連続関数でその Lipschitz 定数＜1 の時，本問は，f の不動点，即ち，方程式 $x=f(x)$ の一意的な解の存在を示す，**不動点定理**に一般化され，一意性の証明は，そっくり，抽象空間で通用する．応用は，微分方程式や積分方程式の一意解の存在と幅広い．日系角谷の不動点定理を用いた

仏 Debreu は経済的均衡の存在を示してノーベル経済学賞を受賞した．本問は実に由緒正しい出題である．Mathematica による関数 f の負根を持つ場合と正根を持つ二つの場合の曲線のグラフと点線で表した直線 $y=x$ の同時表示を下に示す．それぞれの場合交点は一個しか無い事を確認されたい．

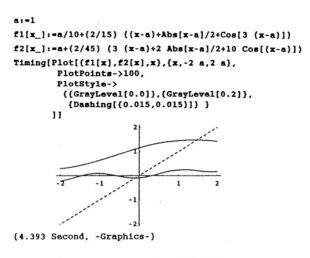

Mathematica 入出力 2

4．微 分
―大学入試問題の実微分から学部の複素微分迄―

―――― 問題 ――――

問題1． $f(x) = \dfrac{1}{e^x + 1}$ の第一次導関数 $f'(x)$ の値は？である．

(静岡理工科大学入学試験)

問題2． $x = \dfrac{e^t + e^{-t}}{2}$, $y = \dfrac{e^t - e^{-t}}{2}$ のとき，$\dfrac{dy}{dx}$ を x, y で表すと？となる．

(東北学院大学工部入学試験)

問題3． (ア) 余弦 cos の加法定理を書け．(イ) $\cos 2x$ を $\sin x$ の式で表せ．(ウ) 関数 $f(x)$ の $x=a$ における微分係数 $f'(a)$ の定義を書け．(エ) 上の結果と $\lim\limits_{x \to 0} \dfrac{\sin x}{x} = 1$ であることのみを用いて，$f(x) = \cos x$ の導関数を求めよ．(オ) $f(x) = \cos x$ ($\pi < x < 2\pi$) の逆関数を $g(x)$ とする．このとき，$g(x)$ の導関数を求めよ．

(富山医科歯科大学医学部前期日程試験)

問題4． $x = \sin t$, $y = \sin t + 2\cos t + 3\tan t$ のとき $\dfrac{dy}{dx}$ を x を用いて表すと？である．ただし，$0 \leq t < \dfrac{\pi}{2}$ とする．

(埼玉工業大学入学試験)

問題5． $f(x) = \log(\sin 4x) - \log(\sin 2x)$ のとき，$f'(x) = ?\tan ?x$ である．

(日本大学理工学部入学試験)

問題6． 関数 $f(x) = \sin(1 + \log x)$ を微分せよ．

(大阪工業大学入学試験)

問題7． (ア) $\dfrac{x}{\sqrt{x^2+1}}$ を微分せよ．(イ) 関数 $f(x)$ は微分可能とする．次の命題は正しいか？「$f(0) = 1$ とし，$x > 0$ のとき常に $f'(x) < 0$ であ

るとする．このとき，$f(a)<0$ となる正の数 a が存在する．」もし，正しければ証明し，正しくなければ反例をあげよ．

(津田塾大学学芸学部入学試験)

問題8． $g(x)=\log(\log(x))$ $(x>1)$ とする．$g(a)=0$ のとき，$\log(g'(a))=?$ である．

(東邦大学医学部入学試験)

問題9． $x>0$ で定義された関数 $y=x^{\sqrt{x}}$ を微分せよ．

(東京電気大学理工学部入学試験)

問題10． $f(x)$ は $x>0$ で定義された微分可能な関数で，どのような $x>0$, $y>0$ に対しても
$$f(xy)=f(x)+f(y) \tag{1}$$
が成立している．(ア) $f(1)$ を求めよ．(イ) $f\left(\dfrac{1}{x}\right)=-f(x)$ が成り立つことを示せ．(ウ) 導関数の定義に従って，$f(x)$ の導関数 $f'(x)$ を求めよ．ただし，$f'(1)=C$（C は定数）とする．(エ) $f(x)$ を求めよ．

(甲南大学理学部入学試験)

問題11． 2^x は $a_0 x^n + a_1 x^{n-1} + \cdots + a_n$ の様な整関数にならぬ事を示せ．

(新潟県高校教員採用試験)

連続性 数直線 R 上の，両端点を含まない，開区間 I 上で定義された実変数 x の関数 $f(x)$ がある．a を I の任意の点とする．任意の正数 ε に対して，正数 δ が有って，$|x-a|<\delta$ を満たす，I の点 x に対して
$$|f(x)-f(a)|<\varepsilon \tag{2}$$
が成立する時，関数 $f(x)$ は点 a で**連続**であると言う．

微分可能性 数直線 R 上の開区間 I 上で定義された関数 $f(x)$ は，I の点 a にて，
$$f'(a):=\lim_{h\to 0}\frac{f(a+h)-f(a)}{h} \tag{3}$$
の右辺の極限が存在する時，点 a で**微分可能**であると言い，この極限を**微分係数**と言い，左辺の様に記す．(3)式は，極限の定義より，任意の正数 ε に対して，正数 δ が有って，$0<|h|<\delta$ を満たす，$a+h$ が I に属する様な

任意の h に対して
$$\left|\frac{f(a+h)-f(a)}{h}-f'(a)\right|<\varepsilon \qquad (4)$$
が成立する事と同値である．ここで，
$$r(h):=\frac{f(a+h)-f(a)}{h}-f'(a) \qquad (5)$$
と置くと，$r(h)\to 0$ $(h\to 0)$ であって，上式(5)を移項，分母を払うと
$$f(a+h)=f(a)+f'(a)h+r(h)h, \qquad (6)$$
即ち，関数 $f(x)$ の点 a に於ける x の**差分**とも呼ばれる，**増分**（ましぶん）が h の時，関数の差分とも呼ばれる，増分 $f(a+h)-f(a)$ は h に比例する $f'(a)h$ プラス，0に収束する $r(h)\times h$ の意味で**高位の無限小**と呼ばれ，o(h) と書かれ，small oh h と発音される $r(h)h$ である．書き換えると，定数 A が有って，
$$f(a+h)=f(a)+Ah+\mathrm{o}(h) \qquad (7)$$
が成立する事が，$f(x)$ が a で微分可能な為の必要十分条件で，然もこの時，$f(a)$ を左辺に移項して，h で割った，**差分商** $\dfrac{f(a+h)-f(a)}{h}$ は，A プラス0に収束する $r(h)\times h$ の意味で o(h) と書かれた項を h で割った $\dfrac{\mathrm{o}(h)}{h}$ であるから，A プラス0に収束する関数×1と言う意味で o(1) と書かれる項であり，この極限は A である．一方，この差分商の極限は，定義式(3)より，微分係数 $f'(a)$ であり，極限の一意性より，$A=f'(a)$ が成立し，高位の無限小 o(h) を無視した時の差分 $f(a+h)-f(a)$ の h の係数こそ，微分係数 $f'(a)$ に他ならない．更に，(6)にて，$h\to 0$ の時 $f(a+h)-f(a)\to 0$，従って(2)が成立し，点 a で**微分可能ならば連続**である．定義域の各点で，連続や微分可能な関数を，単に，連続関数や微分可能関数と言う．

積の微分法　二つの関数 $y=u(x)$，$v(x)$ が点 a で微分可能であるとすると，(6)の筆法での
$$\begin{aligned}u(a+h)&=u(a)+u'(a)h+r_1(h)h,\\ v(a+h)&=v(a)+v'(a)h+r_2(h)h\end{aligned} \qquad (8)$$
の積を作り，展開して h を含まぬ項と，含む項に分け，更に後者を，$r_1(h)$,

$r_2(h)$ を含まぬ素直な h との積と含む項とに分け,
$u(a+h)v(a+h)$
$\quad = (u(a)+u'(a)h+r_1(h)h)(v(a)+v'(a)h+r_2(h)h)$
$\quad = u(a)v(a)+(u'(a)v(a)+u(a)v'(a))h+$
$\quad\quad ((v(a)+v'(a)h+r_2(h)h)r_1(h)h+(u(a)+u'(a)h+r_1(h)h)r_2(h)h.$ (9)

右辺最後の項は, 一見複雑であるが, 所詮 0 に収束する関数×h に過ぎぬので, $\mathrm{o}(h)$ と記す事が出来,

$$u(a+h)v(a+h) = u(a)v(a)+(u'(a)v(a)+u(a)v'(a))h+\mathrm{o}(h) \quad (10)$$

を得, h の係数 $u'(a)v(a)+u(a)v'(a)$ が, 差分商の極限, 微分係数に他ならぬので, 公式

$$(uv)'(a) = u'(a)v(a)+u(a)v'(a) \quad (11)$$

を得る.

合成関数の微分法 関数 $y=f(x)$ は点 a で微分可能, 関数 $x=g(t)$ は点 α で微分可能で, $a=g(\alpha)$ が成立するとき, 合成関数 $y=F(t):=f(g(t))$ を考察しよう. 関数 $x=g(t)$ が点 α で微分可能なので, t の差分とも呼ばれる, $k\to 0$ の時, $s(k)\to 0$ なる関数 $s(k)$ が有って, $g(\alpha+k)=g(\alpha)+g'(\alpha)k+s(k)k$ が成立する. 関数 $y=f(x)$ の点 a に於ける微分可能性より, (6)が成立して居るが, 点 α で微分可能な関数 $x=g(t)$ は点 α で連続なので, $h=g(\alpha+k)-g(\alpha)=g'(\alpha)k+s(k)k$ を代入して良く,

$F(\alpha+k) = f(g(\alpha+k)) = f(g(\alpha)+g'(\alpha)k+s(k)k) = f(a+h)$
$\quad = f(a)+f'(a)h+r(h)h = F(\alpha)+f'(a)(g'(\alpha)k+s(k)k)+r(h)h$
$\quad = F(\alpha)+g'(a)g'(\alpha)k+r(h)h+f'(a)s(k)k.$ (12)

$u(k):=r(h)h+f'(a)s(k)k=r(h)(g'(\alpha)k+s(k)k)+f'(a)s(k)k$ は 0 に収束する関数×k なる o(k) のタイプであるから,

$$F(\alpha+k) = F(\alpha)+f'(a)g'(\alpha)k+\mathrm{o}(k) \quad (13)$$

が成立し, k の係数が合成関数の微分係数で

$$F'(\alpha) = f'(a)g'(\alpha) \quad (14)$$

を得る.

逆関数の微分法 微分可能な関数 $f(x)$ の導関数 $f'(x)$ が, 閉区間 $I=[a,b]$ で定符号, 例えば正としよう. 後述の平均値の定理(34)より, 関数 $f(x)$

は I で増加である．$f(a)<y<f(b)$ を満たす任意の実数 y と，微分可能だから連続な関数 $f(x)$ に対して，実数の連続性公理より連結な，I の連続写像 f による像は連結で，数直線の連結集合は区間であり，区間は二点 $f(a)$，$f(b)$ を含めば，その中間の点 y も含むからと，学部数学科の数学，位相を解説，前節で証明した，中間値の定理より，連結な区間 I の点 x が有って，最初に与えた y は関数 f のこの点に於ける値であり，$y=f(x)$ が成立する．勿論 f は単調なのでこの様な x は一つしかない．$y=f(a)$ や $y=f(b)$ の時は，始めから値なので，$f(a) \leq y \leq f(b)$ を満たす任意の y に対して $a \leq x \leq b$ を満たす x が**一意的に存在**して $y=f(x)$ が成立すると，大学の先生の語法に免疫を付ける為，易しい事を態と難しく，衒学的に述べて置こう．この様に y に依って定まる x を，f を移項した形の $x=f^{-1}(y)$ で表す．ここで，x と y の役割を入れ替えた，$y=f^{-1}(x)$ （$f(a) \leq x \leq f(b)$）を，関数 f の**逆関数**と言う．勿論，又 f を移項した形の $x=f(y)$ が成立する．

さて，関数 $y=f^{-1}(x)$ （$f(a) \leq x \leq f(b)$）の点 $x=C$ に於ける微分可能性と微分係数を追求しよう．$f(a) \leq C \leq f(b)$ であるから，71頁の中間値の定理より，$a \leq c \leq b$ を満たす c が有って，C はその値 $C=f(c)$ である．逆関数 $y=f^{-1}(x)$ （$f(a) \leq x \leq f(b)$）の点 $x=C$ に於ける変数 x の増分を h とすると，逆関数値 y の増分 k は $k=f^{-1}(c+h)-f^{-1}(c)$ で与えられる．元の関数 $x=f(y)$ （$a \leq y \leq b$）は点 c で微分可能であるから，$y=c$ に於ける変数 y の増分 k に対して(6)の筆法で

$$f(c+k)=f(c)+(f'(c)+r(k))k \tag{15}$$

が成立している．ここで，$h:=f(c+k)-f(c)$ は，y を独立変数とした場合の点 $y=C$ に於ける y の，この場合は独立変数的な，増分 k に対応する，関数 $x=f(y)$ の値の，この場合は従属変数的な増分，こと，差分であり，両差分＝増分には近似的一次関係

$$h=(f'(c)+r(k))k \tag{16}$$

が成立している．任意に正数 $\varepsilon < \dfrac{1}{f'(c)}$ を取る．$r(k) \to 0$ （$k \to 0$）なので，正数 $\delta=\delta(\varepsilon)$ があって，$|k|<\delta$ の時，

$$\frac{1}{f'(c)}-\varepsilon < \frac{1}{f'(c)+r(k)} < \frac{1}{f'(c)}+\varepsilon, \tag{17}$$

即ち，
$$\frac{-f'(c)^2\varepsilon}{1+\varepsilon f'(c)} < r(k) < \frac{f'(c)^2\varepsilon}{1-\varepsilon f'(c)}, \qquad (18)$$
である．従って，
$$\frac{f'(c)}{1+\varepsilon f'(c)} < f'(c)+r(k) < \frac{f'(c)}{1-\varepsilon f'(c)}. \qquad (19)$$
$k>0$ の時は，この左辺と右辺に $k>0$ を掛けた
$$\frac{f'(c)k}{1+\varepsilon f'(c)} < h < \frac{f'(c)k}{1-\varepsilon f'(c)}. \qquad (20)$$
で $h>0$ は押さえられ，$k<0$ の時は $h<0$ は逆向きに押さえられる．両差分 k と h の対応は一対一であるから，$h\to 0$ の時，$k\to 0$，つまり，逆関数 f^{-1} の連続性を意味する．$k>0$ と $h>0$ は同値であるが，この時，三辺を $h>0$ で割り，移項すると，次の式は，これより逆算して(17)を設定して居るので，当然成立し，
$$\frac{1}{f'(c)} - \varepsilon < \frac{k}{h} < \frac{1}{f'(c)} + \varepsilon \qquad (21)$$
が成立し，$h<0$ の時も，逆向きの逆向きは元に戻り，上記(21)が成立する．さて，任意の正数 ε に対応する $\delta(\varepsilon)$ に対して，$h\to 0$ の時 $k\to 0$ であるから，正数 etaη が有って，$|h|<\eta$ の時，$|k|<\delta(\varepsilon)$ であり，これより(21)が成立し，次の左辺の極限が存在し，右辺に等しい：
$$(f^{-1})'(c) = \lim_{h\to 0} \frac{k}{h} = \frac{1}{f'(c)}. \qquad (22)$$

微分 変数 x の関数 y が微分可能であれば，各点 x での微分係数 $f'(x)$ は x の関数であり，導関数とよばれ，導関数を求める事を微分すると言い，差分商の極限を求める心で $\dfrac{dy}{dx}$ と分数で書く．そのメリットは，合成関数の微分法(14)や逆関数の微分法(22)が
$$\frac{dy}{dt} = \frac{dy}{dx}\frac{dx}{dt}, \quad \frac{dy}{dx} = \frac{1}{\frac{dx}{dy}} \qquad (23)$$
の様に，導関数を求める演算が，あたかも本当の割り算の様に，dx を約算出来たり，分子 dy を分母の分母に移項出来て，上記公式は全く暗記の必要の無い事である．

指数関数と対数関数の微分の公式　公式

$$\lim_{h \to 0} \frac{e^h - 1}{h} = 1 \tag{24}$$

が，e の定義式であるから，当然，

$$\lim_{h \to 0} \frac{e^{x+h} - e^x}{h} = e^x \lim_{h \to 0} \frac{e^h - 1}{h} = e^x, \text{ 即ち,}$$

$$\frac{d}{dx} e^x = e^x \tag{25}$$

を得る．又，$x = e^y$ の根 y を x の**対数関数**と呼び，$\log x$ と記すから，上記 (25)より，$\dfrac{dx}{dy} = \dfrac{de^y}{dy} = e^y = x$，と逆関数の微分の公式(22)より

$$\frac{d}{dx} \log x = \frac{dy}{dx} = \frac{1}{\dfrac{dx}{dy}} = \frac{1}{x}. \tag{26}$$

一般のベキの微分

a を定数とし，ベキ関数 $y = x^a$ を考察する．両辺の自然対数を取り，$\log y = a \log x$．合成関数 $y = e^u$，$u = a \log x$ と見なし，$\dfrac{dy}{du} = \dfrac{de^u}{du} = e^u$，$\dfrac{du}{dx} = a \dfrac{d}{dx} \log x = a \dfrac{1}{x}$ を準備し，合成関数微分法(14)を適用し，$\dfrac{dy}{dx} = \dfrac{dy}{du} \dfrac{du}{dx} = e^u a \dfrac{1}{x} = a \dfrac{x^a}{x} = a x^{a-1}$ なので，一般のベキの微分の公式

$$\frac{d}{dx} x^a = a x^{a-1} \tag{27}$$

を得る．

商の微分の公式

二つの関数 u，v の商は $u \times v^{-1}$ と考え，積の微分の公式(11)と合成関数の微分法の公式(14)を併用し，

$$\frac{d(uv^{-1})}{dx} = \frac{du}{dx} v^{-1} + u \frac{dv^{-1}}{dx} = \frac{du}{dx} v^{-1} + u \frac{dv^{-1}}{dv} \frac{dv}{dx}$$

$$= \frac{du}{dx} v^{-1} + u(-1) v^{-1-1} \frac{dv}{dx} = \frac{\dfrac{du}{dx} v - u \dfrac{dv}{dx}}{v^2},$$

即ち，

$$\frac{\mathrm{d}}{\mathrm{d}x}\frac{u}{v}=\frac{\frac{\mathrm{d}u}{\mathrm{d}x}v-u\frac{\mathrm{d}v}{\mathrm{d}x}}{v^2} \qquad (28)$$

を，一分間で得るムードを飲み込んで置けば，上の公式(28)は暗記の必要が無い．

問題1の解答． $u=\mathrm{e}^x+1$ の微分は，先ず，公式(25)より $\frac{\mathrm{d}u}{\mathrm{d}x}=\frac{\mathrm{d}}{\mathrm{d}x}\mathrm{e}^x+\frac{\mathrm{d}1}{\mathrm{d}x}=\mathrm{e}^x$．次に，合成関数の微分法(14)と(27)より，

$$\frac{\mathrm{d}}{\mathrm{d}x}\frac{1}{\mathrm{e}^x+1}=\frac{\mathrm{d}u^{-1}}{\mathrm{d}x}=\frac{\mathrm{d}u^{-1}}{\mathrm{d}u}\frac{\mathrm{d}u}{\mathrm{d}x}=\mathrm{e}^x(-1)u^{-1-1}=\frac{-\mathrm{e}^x}{(\mathrm{e}^x+1)^2}.$$

双曲関数の微分 **双曲余弦** の定義とその導関数は

$$\cosh t:=\frac{\mathrm{e}^t+\mathrm{e}^{-t}}{2},\ \frac{\mathrm{d}}{\mathrm{d}t}\cosh t=\frac{\mathrm{d}}{\mathrm{d}t}\frac{\mathrm{e}^t+\mathrm{e}^{-t}}{2}=\frac{\mathrm{e}^t-\mathrm{e}^{-t}}{2}=\sinh t \qquad (29)$$

で，**双曲正弦** の定義とその導関数は

$$\sinh t:=\frac{\mathrm{e}^t-\mathrm{e}^{-t}}{2},\ \frac{\mathrm{d}}{\mathrm{d}t}\sinh t=\frac{\mathrm{d}}{\mathrm{d}t}\frac{\mathrm{e}^t-\mathrm{e}^{-t}}{2}=\frac{\mathrm{e}^t+\mathrm{e}^{-t}}{2}=\cosh t \qquad (30)$$

であり，三角の時の様な符号の変化無しに，余弦と正弦が入れ替わるので，記憶に便利である．

問題2の解答． 先ず，$x=\cosh t$，$y=\sinh t$ は双曲である事を認識して上の(29)と(30)より，微分し，$\frac{\mathrm{d}}{\mathrm{d}t}x=\frac{\mathrm{d}}{\mathrm{d}t}\cosh t=\sinh t=y$，$\frac{\mathrm{d}}{\mathrm{d}t}y=\frac{\mathrm{d}}{\mathrm{d}t}\sinh t=\cosh t=x$．次に，通分ムードの，合成関数の微分法(14)と逆関数の微分法(23)より $\frac{\mathrm{d}y}{\mathrm{d}x}=\frac{\mathrm{d}y}{\mathrm{d}t}\frac{\mathrm{d}t}{\mathrm{d}x}=\frac{\frac{\mathrm{d}y}{\mathrm{d}t}}{\frac{\mathrm{d}x}{\mathrm{d}t}}=\frac{x}{y}$.

問題3の二とホの解答． (ア)の解答は256頁の(2)式．(イ)は $\cos 2x=1-2\sin^2 x$．前半で教育的に誘導されて居る事に忠実に従い，加法定理より差積の公式を得る道程を実行し，

$$\frac{f(x+h)-f(x)}{h}=\frac{\cos(x+h)-\cos(x)}{h}$$

$$=\frac{\cos\left(\left(x+\frac{h}{2}\right)+\frac{h}{2}\right)-\cos\left(\left(x+\frac{h}{2}\right)-\frac{h}{2}\right)}{h}$$

$$= -2\sin\left(x+\frac{h}{2}\right)\sin\frac{h}{2}\Big/h. \tag{31}$$

点 x に於ける微分係数の定義(3)より

$$\frac{\mathrm{d}}{\mathrm{d}x}f(x) = \lim_{h\to 0}\frac{f(x+h)-f(x)}{h} = -\frac{\lim_{h\to 0}\sin\left(x+\frac{h}{2}\right)}{\lim_{h\to 0}\dfrac{\sin\dfrac{h}{2}}{\dfrac{h}{2}}} = -\sin x. \tag{32}$$

ついでに，合成関数の微分法(14)より，

$$\frac{\mathrm{d}}{\mathrm{d}x}\sin x = \frac{\mathrm{d}}{\mathrm{d}x}\cos\left(x-\frac{\pi}{2}\right) = -\sin\left(x-\frac{\pi}{2}\right) = \cos x.$$

以下で用いる，三角関数の次の微分の公式を得た：

$$\frac{\mathrm{d}}{\mathrm{d}x}\sin x = \cos x, \quad \frac{\mathrm{d}}{\mathrm{d}x}\cos x = -\sin x. \tag{33}$$

$y=g(x)=f^{-1}(x)$ を x に付いて解き，$x=f(y)=\cos y$. $\pi<x<2\pi$ で $\sin y<0$ なので，公式(33)で微分して，$\dfrac{dx}{dy}=-\sin y=\sqrt{1-\cos^2 y}=\sqrt{1-x^2}$.

逆関数の微分法(23)より，ひっくり返して逆数を取り，$\dfrac{\mathrm{d}y}{\mathrm{d}x}=\dfrac{1}{\sqrt{1-x^2}}$.

今節も良問の，同職の出題者の比定を楽しみながら，解説して居る。

問題 4 の解答． 先ず，$\cos t=\sqrt{1-\sin^2 t}=\sqrt{1-x^2}$ を記憶に留め，商(28)と上記公式(33)より，

$$\frac{\mathrm{d}}{\mathrm{d}t}\tan t = \frac{\mathrm{d}}{\mathrm{d}t}\frac{\sin t}{\cos t} = \frac{\cos t\dfrac{\mathrm{d}}{\mathrm{d}t}\sin t - \sin t\dfrac{\mathrm{d}}{\mathrm{d}t}\cos t}{\cos^2 t}$$

$$= \frac{\cos t\cos t-(-\sin t)\sin t}{\cos^2 t} = \frac{1}{\cos^2 t} = \sec^2 t.$$

次に，

$$\frac{\mathrm{d}x}{\mathrm{d}t}=\cos t, \quad \frac{\mathrm{d}y}{\mathrm{d}t}=\cos t-2\sin t+3\frac{1}{\cos^2 t}.$$

問題 2 の要領で，後者を前者で割って，合成関数の微分法(14)を行い，

$$\frac{dy}{dx} = \frac{\cos t - 2\sin t + 3\dfrac{1}{\cos^2 t}}{\cos t} = 1 - 2\frac{\sin t}{\cos t} + 3\frac{1}{\cos^3 t}$$

$$= 1 - \frac{2x}{\sqrt{1-x^2}} + \frac{3}{(1-x^2)\sqrt{1-x^2}}.$$

問題5の解答． y は u の関数 $y = \log u$．その u は s の関数 $u = \sin s$．その s は x の関数 $s = 4x$ と置き，公式(26)，(33)，(27)等で微分し，$\dfrac{dy}{du} = \dfrac{1}{u}$，$\dfrac{du}{ds} = \cos s$，$\dfrac{ds}{dx} = 4$．これらの積を作ると，あたかも微分が割り算の様に，du，ds が約されて，$\dfrac{dy}{dx} = \dfrac{4\cos 4x}{\sin 4x}$ を得る．危険であり，入試では，暗算してはいけないが，今度は，暗算して，差を作り，倍角の公式で，所求の形の $\dfrac{d}{dx}f(x) = \dfrac{4\cos 4x}{\sin 4x} - \dfrac{2\cos 2x}{\sin 2x} = -2\tan 2x$ を得て，安心．

問題6の解答． 同様にして，正弦の中を(26)で微分し，(33)による正弦の微分余弦を掛けて，

$$\frac{d}{dx}f(x) = \frac{1}{x}\cos(1 + \log x).$$

問題7の解答． 積(11)と一般のベキ(27)の微分の公式を併用し，
$$(ア) = \frac{d}{dx}(x(x^2+1)^{-\frac{1}{2}}) = \frac{dx}{dx}(x^2+1)^{-\frac{1}{2}} + x\frac{d(x^2+1)^{-\frac{1}{2}}}{dx}$$

$$= (x^2+1)^{-\frac{1}{2}} + x \times 2x \times \left(-\frac{1}{2}\right)(x^2+1)^{-\frac{1}{2}-1} = \frac{1}{(x^2+1)\sqrt{x^2+1}}.$$ (イ)の反例の関数 $f(x) = \dfrac{1}{1+x^2}$ は微分可能，且つ，$f(0) = 1$，更に，$x > 0$ のとき常に $f'(x) = -\dfrac{2x}{(x^2+1)^2} < 0$ であるが，$x > 0$ のとき，常に $f(x) > 0$ である．

問題8の解答． $g(a) = \log(\log a) = 0$ より $\log a = 1$．更に $a = e$．これらを代入して

$$g'(a) = \frac{1}{a}\frac{1}{\log a} = \frac{1}{e}\frac{1}{1} = e^{-1}, \quad \log g'(a) = -1.$$

問題9の解答． 両辺の対数を取り，左辺の $\log y$ は y，その y は x の関数と

して合成関数の微分法を，右辺は積の微分を行い
$$\log y = \sqrt{x}\log x = x^{\frac{1}{2}}\log x, \quad \frac{1}{y}\frac{dy}{dx} = \frac{1}{2}x^{\frac{1}{2}-1}\log x + x^{\frac{1}{2}}\frac{1}{x}, \quad y' = \frac{\log x + 2}{2\sqrt{x}}x^{\sqrt{x}}.$$

問題10の解答． $x=y=1$ を(1)に代入して，$f(1)=f(1)+f(1)$ より $f(1)=0$．$y=\frac{1}{x}$ を代入して，$0=f(1)=f(x)+f\left(\frac{1}{x}\right)$ より $f\left(\frac{1}{x}\right)=-f(x)$．独立変数 x の差分が h の時の差分商を作る布石として，$xy=x+h$ より，$y=1+\frac{h}{x}$．この値の組に対する(1)の左辺マイナス右辺第一項が，従属変数の差分である事を認識しつつ，差分商を作り，1での微分係数に帰着させるには，$k=\frac{h}{x}$，$h=xk$ と置く必要があり，それから，極限移項し，
$$\frac{f(x+h)-f(x)}{h} = \frac{f(xy)-f(x)}{h} = \frac{f(y)}{h}$$
$$= \frac{f\left(1+\frac{h}{x}\right)}{h} = \frac{1}{x}\frac{f(1+k)-f(1)}{k} \to \frac{1}{x}f'(1) = \frac{C}{x}.$$
条件 $f(1)=0$ を満たす原始関数が**関数方程式(1)の解** $f(x)=C\log x$（C は任意定数）．

○────────○────────○

必要事項の復習 実変数 x の $[a,b]$ で微分可能な関数 $f(x)$ に対して，$0<\theta<1$ があって，**平均値の定理**
$$f(a+h)=f(a)+f'(a+\theta h)h \tag{34}$$
が成立する．これを一般化し，関数 f が n 回微分可能な時，$0\le k\le n$ に対する k 次の導関数 $f^{(k)}$ を用いると，177＋178＋188＋205頁で証明する

Taylor の定理 $0<\theta<1$ があって，
$$f(a+h)=\sum_{k=0}^{n-1}\frac{f^{(k)}(a)}{k!}h^k + \frac{f^{(n)}(a+\theta h)}{n!}h^n \tag{35}$$
を得る．

上の定理の延長として，実変数 x の関数 $f(x)$ が無限回微分可能，即ち，任意の自然数 k に対して，k 次の導関数 $f^{(k)}(x)$ が存在し，更に，例えば，局所的に $f^{(k)}(x)$ が k に無関係な上界を持つと言う様な，適当な条件の下で

は次の級数は収束し，Taylor 展開
$$f(a+h) = \sum_{k=0}^{\infty} \frac{f^{(k)}(a)}{k!} h^k \tag{36}$$
が出来る．

特に，自然対数の底 e に対する指数関数，e^x，三角関数 $\cos x$，$\sin x$ に対して，

指数関数の Taylor 展開
$$e^x = \sum_{k=0}^{\infty} \frac{x^k}{k!} = 1 + \frac{x}{1!} + \frac{x^2}{2!} + \cdots + \frac{x^n}{n!} + \cdots, \tag{37}$$

三対関数の Taylor 展開
$$\cos x = \sum_{k=0}^{\infty} (-1)^k \frac{x^{2k}}{(2k)!} = 1 - \frac{x^2}{2!} + \frac{x^4}{4!} - \cdots + (-1)^n \frac{x^{2n}}{(2n)!} + \cdots,$$
$$\sin x = \sum_{k=0}^{\infty} (-1)^k \frac{x^{2k+1}}{(2k+1)!} = x - \frac{x^3}{3!} + \frac{x^5}{5!} - \cdots + (-1)^n \frac{x^{2n+1}}{(2n+1)!} + \cdots \tag{38}$$

が全ての実数 x に対して成立する．x が実数の時にこの様に成立を証明した Taylor 級数を以って，x が複素数の時の指数や三角関数の定義式とする．そして，自乗したら -1 になる数を虚数単位と言い，i で表し，複素数と複素平面を高校で学び，次章で復習する．

整級数 a を複素定数，z を複素変数，$\{c_n ; n \geq 0\}$ を複素数列とする．級数
$$f(z) := \sum_{n=0}^{\infty} c_n (z-a)^n \tag{39}$$
を a を中心とする整級数と言う．四行下の固有名詞はフランス語なので，最後の子音 t は無音で，em は，江戸っ子の鼻に抜けたアンが巴里の発音で，ダランベールと発音し，de が liaison した形なので，やはり，貴族であるダランベールの公式を挙げる：

d'Alembert の公式 $\lim_{n \to \infty} \frac{|c_n|}{|c_{n+1}|}$ が存在する時，これを R と置けば，整級数 (39) は $|z-a| < R$ で絶対且つ広義一様収束し，$|z-a| > R$ で発散する．　　(40)

高校で学んだが，$|z-a| < R$ は，整級数の中心 a を中心とする半径 R の円で，公式(40)は $|z-a| < R$ が収束する最大の円なので，整級数(39)の**収束円**と呼ばれ，半径 R は**収束半径**と呼ばれる．

証明 極限 $R \geq 0$ が正の時のみ証明すれば良い．これは，収束の後述の様な一様性を得る為の常套手段であるが，極限 R より小さな任意の正数 ρ を取り，更に，R と ρ の平均値 r を取ると，勿論，$0 < \rho < r < R$ が成立し，r は極限 R より小さい．97頁の極限の定義(5)より，自然数 N があって，$n > N$ の時 $\dfrac{|c_n|}{|c_{n+1}|} > r$ が成立する．逆数を取り，$\dfrac{|c_{n+1}|}{|c_n|} < \dfrac{1}{r}$，数学的帰納法より，

$$|c_{n+1}| < |c_N|\left(\frac{1}{r}\right)^{n+1-N} \quad (n \geq N),$$

即ち，

$$|c_n| < |c_N|\left(\frac{1}{r}\right)^{n-N} \quad (n > N).$$

さて，閉円板 $|z-a| \leq \rho$ 内の任意の複素数 z を取ると，円板内の各点 z と無関係に一様に上の様に取られた自然数 N に対して，$n > N$ の時，整級数(39)の一般項の絶対値に対して，評価式

$$|c_n(z-a)^n| < |c_N|\left(\frac{1}{r}\right)^{n-N}|z-a|^n \leq |c_N|\rho^N\left(\frac{\rho}{r}\right)^{n-N} \quad (n > N),$$

大事な所を再記すると，

$$|c_n(z-a)^n| \leq c_N \rho^N \left(\frac{\rho}{r}\right)^{n-N} \quad (n > N) \tag{41}$$

が成立する．複素変数 z を含む(41)の左辺が，右辺の複素変数 z を含まぬ，公比 $\dfrac{\rho}{r}$ が1よりも小さい（実はこうなる様に最初に $0 < \rho < r < R$ を設定したのであるが）ので収束する等比級数で押さえられて，任意の正数 ε に対して，更に大きな自然数 $N' > N$ を取れば，$n > m \geq N'$ の時

$$\sum_{k=m+1}^{k=n} |c_k(z-a)^k| \leq \sum_{k=m+1}^{k=n} |c_N|\rho^N\left(\frac{\rho}{r}\right)^{k-N} \leq |c_N|\rho^N\left(\frac{\rho}{r}\right)^{N'-N} < \varepsilon \quad (n > N), \tag{42}$$

が成立し，325頁で解説する **Cauchy の収束判定法** より，級数(39)は一般項の絶対値を一般項とする級数が収束し，然も，任意の ε に対する，上記自然数 N' の取り方は，閉円板 $|z-a| \leq \rho$ 内の任意の複素数 z に無関係に取れる．この状態を，級数(39)は閉円板 $|z-a| \leq \rho$ にて**絶対且つ狭義一様収束**すると

言い，更に，閉円板$|z-a|\leq\rho$も収束円$|z-a|<R$内に任意に取っている事から，開円板$|z-a|<R$にて**絶対且つ広義一様収束**すると言う．この様に評価式(41)より，一様収束性を導く手法を，**Weierstrassワイエルシュトラスの M-判定法**と言う．

収束円の外側の$|z-a|>R$を満たす点zに対しては，上とは全て，不等号を逆にして，論じれば十分で，$|z-a|$とRの平均rに対して，自然数Nが有って，$n>N$の時$\frac{|c_n|}{|c_{n+1}|}>r$が成立する．上の議論を蒸し返し，これより，

$$|c_n(z-a)^n|\geq |c_N|r^N\left(\frac{|z-a|}{r}\right)^{n-N} \quad (n>N), \tag{43}$$

が導かれ，右辺は公比が1より大きな等比数列なので，$n\to\infty$の時，右辺$\to\infty$．すると左辺も$\to\infty$．一般項の絶対値が無限大に発散する，級数は，同じく319頁の問題4より，収束しない． q.e.d.

収束円周$|z-a|=R$上では，$c_n=n^{-s}$の時は，公式(40)による収束半径$=1$であるが，収束円周上の点，$z=a+1$では，325頁の不等式(16)を減少関数$f(x)=x^{-s}$と対応する数列$a_k=n^{-s}$に適用すると$s>1$の時は収束し，$s\leq 1$の時は発散し，収束する場合と発散する場合の二つの case がある．

整級数の複素微分可能性　上記整級数の収束半径Rは0の場合も，有限な正数の場合も，$+\infty$の場合もあるが，ここでは$0<R\leq +\infty$の場合を考える．収束円板内の任意の点zを取る．$|z-a|<R$であるから，$0<\delta<R-|z-a|$を満たす任意の正数δを取り固定する．$0<|h|<\delta$を満たす任意の複素数hを取ると，複素数に対する三角不等式より$|z+h-a|\leq|z-a|+|h|<|z-a|+\delta<R$が成立し，点$z+h$も収束円板内に有り，関数$f$の値$f(z+h)$が定義される．ここで，実変数の場合の全くの猿真似をし，差分商の極限を考えよう．zが実変数で，(39)が有限和であれば，$\sum c_n(z-a)^n$の微分は，公式(27)より，$\sum nc_n(z-a)^{n-1}$であるが，$n=0$に対する項は0なので，$n=1$からの和を考え，これが差分商の極限である事を証明しよう．然も，この場合の隣接二項の比の極限も，

$$\lim_{n\to\infty}\frac{|nc_n|}{|(n+1)c_{n+1}|}=\lim_{n\to\infty}\frac{|c_n|}{|c_{n+1}|}\lim_{n\to\infty}\frac{n}{n+1}=R \tag{44}$$

4. 微分

なので，極限に比定されつつある整級数の収束半径も変わらない．

ここで，正数 α と自然数 n に対する，実変数 $t>0$ の n 次関数 $g(t)=(t+\alpha)^n$ と $k=2$ に対して Taylor の定理(35)を適用すると，$g'(t)=n(t+\alpha)^{n-1}$, $g''(t)=n(n-1)(t+\alpha)^{n-2}$ なので，$0<s<t$ が有って，

$$g(t)=g(0)+g'(0)t+\frac{g''(s)}{2}t^2=\alpha^n+n\alpha^{n-1}t+\frac{n(n-1)}{2}(s+\alpha)^{n-2}t^2 \quad (45)$$

が成立する．$0<s<t$ なので，下の(48)を得る時に用いる不等式

$$\frac{(\alpha+t)^n-\alpha^n}{t}-n\alpha^{n-1}<\frac{n(n-1)}{2}(\alpha+t)^{n-2}t\leq n^2(\alpha+t)^{n-2}t \quad (46)$$

の準備を終える．さて，差分商と導関数に比定したい整級数の差を二項定理と上の不等式(46)で評価し，絶対値を取って複素数に対する三角不等式を適用し，

$$\left|\frac{f(z+h)-f(z)}{h}-\sum_{n=1}^{\infty}nc_n(z-a)^{n-1}\right|$$

$$=\left|\sum_{n=2}^{\infty}c_n\left(\frac{(z+h-a)^n-(z-a)^n}{h}-n(z-a)^{n-1}\right)\right|$$

$$=\left|\sum_{n=2}^{\infty}c_n\left(\frac{n(n-1)}{2!}(z-a)^{n-2}h+\frac{n(n-1)(n-2)}{3!}(z-a)^{n-3}h^2+\cdots+h^{n-1}\right)\right|$$

$$\leq\sum_{n=2}^{\infty}|c_n|\left(\frac{n(n-1)}{2!}|z-a||h|^{n-2}+\frac{n(n-1)(n-2)}{3!}|z-a|^{n-3}|h|^2+\right.$$

$$\left.\cdots+|h|^{n-1}\right) \quad (47)$$

を得る．ここで，上の計算にて，c_n, $z-a$, h の換りに $|c_n|$, $|z-a|$, $|h|$ を考慮して，上の計算の逆を辿り，最後に(46)を適用すると，

$$\left|\frac{f(z+h)-f(z)}{h}-\sum_{n=1}^{\infty}nc_n(z-a)^{n-1}\right|$$

$$\leq\sum_{n=2}^{\infty}|c_n|\left(\frac{n(n-1)}{2!}|z-a|^{n-2}|h|+\frac{n(n-1)(n-2)}{3!}|z-a|^{n-3}|h|^2+\right.$$

$$\left.\cdots+|h|^{n-1}\right)$$

$$=\sum_{n=2}^{\infty}|c_n|\left(\frac{(|z-a|+|h|)^n-|z-a|^n}{|h|}-n|z-a|^{n-1}\right)$$

$$\leq \sum_{n=2}^{\infty} |h| n^2 |c_n| (|z-a|+|h|)^{n-2} \qquad (48)$$

に達するので, $|h| \leq \delta$ を考慮に入れて,

$$\left| \frac{f(z+h)-f(z)}{h} - \sum_{n=2}^{\infty} nc_n(z-a)^{n-1} \right| \leq |h| \sum_{n=2}^{\infty} n^2 |c_n| (|z-a|+\delta)^{n-2} \qquad (49)$$

を得る. (49)の右辺は, $n^2|c_n|$ を係数とする整級数のダランベールの公式を適用しての収束半径も同じく R なので, 定数×$|h|$ の形であり, $|h| \to 0$ の時, z に付いて一様に 0 に収束する. かくして, 整級数(39)に対しては, 収束円内の各点 z に対して, 差分商の極限

$$\lim_{h \to 0} \frac{f(z+h)-f(z)}{h} = \sum_{n=1}^{\infty} nc_n(z-a)^{n-1} \qquad (50)$$

が z に付いて広義一様に存在する. この時, 複素変数 z の関数 $f(z)$ は $|z-a|<R$ で**複素微分可能**であると言う. この様にして得た公式

$$\frac{d}{dz} \sum_{n=0}^{\infty} c_n(z-a)^n = \sum_{n=1}^{\infty} nc_n(z-a)^{n-1} \qquad (51)$$

を**項別微分の公式**と言う. 上の式(51)は証明が長くなったが, 良く眺めると, 極く当たり前の公式で暗記の必要が無い. この暗記の必要が殆ど無いのが, 複素変数の複素数値関数の理論, 略して, **関数論**の特色である. 上の議論を繰り返すと, 整級数で定義される, 複素変数 z の関数 $f(z)$ は任意の階級の k 次の導関数が k 回の項別微分に依って得られる:

$$\frac{d^k}{dz^k} \sum_{n=0}^{\infty} c_n(z-a)^n = \sum_{n=k}^{\infty} n(n-1)\cdots(n-k+1) c_n(z-a)^{n-k}. \qquad (52)$$

特に, z に中心の値 a を代入すると, 右辺の $(z-a)^{n-k}$ は $n=k$ の時以外は 0 になるので, $c_k = \dfrac{f^k(a)}{k!}$ を得, 結果的に整級数(39)は, Taylor 級数

$$f(z) = \sum_{k=0}^{\infty} \frac{f^k(a)}{k!} (z-a)^k \qquad (53)$$

に他ならない. 収束半径 ∞ の整級数で定義される関数を**整関数**と言う. ダランベールの公式より, 指数関数, 三角関数, 双曲関数は整関数であり, x が複素変数の時のこれらの定義式(37), (38), (29), (30)を項別微分すると, $\dfrac{x^k}{k!}$ の導関数は $k \dfrac{x^{k-1}}{k!} = \dfrac{x^{k-1}}{(k-1)!}$ で, $\sum$ の k 番目が, 一つ前の $k-1$ 番目に移っ

4. 微分

たり，余弦と正弦が，負号を付けて入れ替わったりで，今節復習した，高校並びに大学 junior の公式(25)，(33)，(29)，(30)のそれを得る．

問題11の解答． **整関数**たる指数関数 $g(z):=2^z=\mathrm{e}^{z\log 2}$ の任意の k 次の導関数は $g^{(k)}(z)=(\log 2)^k \mathrm{e}^{z\log 2}$, $g^{(k)}(0)=(\log 2)^k \neq 0$ なので，Taylor 級数(53)は有限項で終わる事無く，高校で**整式**と呼ばれる，多項式で与えられる**関数**とは成らない．

第 3 章
複素数

1. 指数法則としてのド・モアブルの定理
― 複素解析学では，指数，三角，双曲関数は姉妹である ―

問題

問題1. $\dfrac{13.6+7.86i}{1+3i}$ を計算せよ．

(石川島播磨重工採用試験)

問題2. $z=1+\sqrt{3}\,i$ の $\operatorname{Re}\dfrac{1}{z}$ と $\operatorname{Im}(-iz^3)$ を求めよ．

(浜松ホトニクス採用試験)

問題3. $\dfrac{1+i}{1-i}-\dfrac{1-i}{1+i}$ を計算せよ．

(ヤマハ発動機採用試験)

問題4. $\alpha=1+i$, $\beta=4-i$ の $\alpha\beta$, $\dfrac{\alpha}{\beta}$ を計算せよ．

(チノ製作採用試験)

問題5. ド・モアブルの公式について述べよ．

(浜松ホトニクス採用試験)

問題6. $\cos3\theta+i\sin3\theta=(\cos\theta+i\sin\theta)^3$ を証明せよ．

(ディーゼル機器採用試験)

問題7. $x+\dfrac{1}{x}=2\cos\theta$ の時 $x^n+\dfrac{1}{x^n}$ を計算せよ．

(岐阜県中学教員採用試験)

問題8. 複素数 z は $z+\dfrac{1}{z}=2\cos\theta$ $(0°\le\theta\le180°)$ を満たすとする．z を求めよ．自然数 n に対して $z^n+\dfrac{1}{z^n}$ を $\cos n\theta$ を用いて表せ．また，$\theta=9°$ のとき，$\left(z^5+\dfrac{1}{z^5}\right)^3$ を求めよ．

(九州工業大学前期日程入学試験)

問題9. $x+\dfrac{1}{x}=2\cos\dfrac{\pi}{8}$ の時 $x^8+\dfrac{1}{x^8}$ を計算せよ．

（京三製作採用試験）

問題10. n を自然数，$0°<\theta<180°$，$z=\cos\theta+i\sin\theta$ とする．ただし，i は虚数単位を表す．このとき $1-z$ の逆数 $(1-z)^{-1}$ を求めよ．

$$(1-z)(1+z+\cdots+z^n)=1-z^{n+1} \tag{1}$$

を利用して

$$1+\cos\theta+\cos 2\theta+\cdots+\cos n\theta=\frac{\sin\frac{n+1}{2}\theta\cos\frac{n}{2}\theta}{\sin\frac{1}{2}\theta}, \tag{2}$$

$$\sin\theta+\sin 2\theta+\cdots+\sin n\theta=\frac{\sin\frac{n+1}{2}\theta\sin\frac{n}{2}\theta}{\sin\frac{1}{2}\theta} \tag{3}$$

であることを示せ．

（京都教育大学前期日程入学試験）

問題11. n を自然数，$0°<\theta<180°$，

$$I=\begin{pmatrix} 1 & 0 \\ 0 & 1 \end{pmatrix},\ A=\begin{pmatrix} \cos\theta & -\sin\theta \\ \sin\theta & \cos\theta \end{pmatrix} \tag{4}$$

とする．(2)と(3)を示せ．

（京都教育大学前期日程入学試験）

第七章第二節の予習

中国の高校と日本の大学低学年における極限の定義 a を実数，a_n を実数列とする．任意の正数 ϵ に対して，自然数 N があって，$n\geq N$ の時，$|a_n-a|<\epsilon$，即ち，

$$a-\epsilon<a_n-a<a+\epsilon\ (n\geq N) \tag{5}$$

が成立する時，実数 a を数列 a_n の極限と言う．

Cauchy 列 実数列 a_n は，任意の正数 ϵ に対して，自然数 N があって，任意の m，$n\geq N$ について，

$$|a_m-a_n|<\epsilon \tag{6}$$

が成立する時，Cauchy（コーシー）列と呼ばれる．

Cauchyの公理 Cauchy列は収束する．

Cauchyの収束判定法 級数 $\sum_{k=1}^{\infty} a_k$ が収束する為の必要十分条件は，任意の正数 ϵ に対して，自然数 N があって，$m > n \geq N$ の時
$$|a_{n+1} + a_{n+2} + \cdots + a_m| < \epsilon \tag{7}$$
が成立する事である．

第七章第二節では，以上を公理論的に学ぶ．第二章第二節では，「高校で学んだ範囲では，指数は急増化，三角は -1 と 1 の間を周期 2π で振動する関数で，全く対照的に理解したが，大学の学部の専門基礎科目として複素解析を学ぶ複素数の世界では，指数，三角，及び理工学部で重宝される双曲関数は姉妹である」と述べた．今節では，定義と証明に基付いて，その事を解説しよう．74/75頁等で執拗に，「我々が学び教える科学は西欧の学問である．この西欧は一神教のキリスト教・ユダヤ文明である．論理法並びに図式に則り，中世の Sorbonne 大学の神学者は，聖書を基に論理を展開し，神学論争を行なった．その聖書を公理で，置き換え，弁証法的に論理を展開するのが近代的な数学である．」と述べて来た．それらの公理の中で，今節の問題に直接絡むのは上の Cauchy の公理である．

複素数 自乗したら -1 になる数を**虚数単位**と言い，i で表す．即ち，
$$\mathrm{i} := \sqrt{-1}. \tag{8}$$
実数 x, y に対して，$z = x + \mathrm{i}y$ と表される z を**複素数**と言い，x を z の**実部**，y を z の**虚部**と言う．複素数 $\bar{z} = x - \mathrm{i}y$ を $z = x + \mathrm{i}y$ の**共役（きょうやく）複素数**と言い，数学では z の上に bar を付けて，量子力学では $*$ を付けて表す．記号や術語の使用法で著者の帰属意識が判明する．

複素数全体の集合を C で表す．各複素数 $z = x + \mathrm{i}y$ に平面上の点 (x, y) を対応させると複素数全体の集合 C との間に一対一の対応が付くので，この複素数全体の集合 C は平面上の点全体の集合，即ち，平面と同一視され，関数論では**複素平面** complex plane，高校の教科書では複素数平面と言う．実数全体の集合 R は直線と同一視されるので，高数でご存じの様に，数直線と呼ばれるが，複素数平面はその延長である．数直線は一次元であり，複

素平面は二次元であり，複素数の議論は二次元の議論である．猶，日本の幾何学者や中国の関数論学者は高数同様，complex number plane と呼ぶ．フランス語では droite complexe 複素直線と言うので，何れが国際的かは即断しがたく，著者の帰属意識による．著者は函数論分科会に帰属する心で，複素平面と書く．

記号は実数と全く同じ

$$|z| := \sqrt{x^2 + y^2} \tag{9}$$

を複素数 z の**絶対値**と言う．これは，二次元のベクトル (x, y) のノルム，こと，大きさと同じである．従って，ピタゴラスの定理より，これは数零に対応する原点と数 $z = x + iy$ に対応する平面上の点 (x, y) との距離を表す．複素数の加，減，乗法は，あたかも i が実数を表す文字であるかの様に，気軽に対処すればよい．只，i^2 が出たら，不渡りに成らぬ内に直ぐに，-1 に換えねばならないのと，$z = x + iy$ の $w = u + iv \neq 0$ による除法だけは，分母分子に分母 $w = u + iv \neq 0$ の共役複素数 $\bar{w} = u - iv \neq 0$ を掛けて

$$\frac{z}{w} = \frac{x + iy}{u + iv} = \frac{(x + iy)(u - iv)}{(u + iv)(u - iv)} = \frac{xu + iyu - ixv - i^2 yv}{uu + iuv - iuv - i^2 vv}$$

$$= \frac{xu + yv}{u^2 + v^2} + i \frac{-xv + yu}{u^2 + v^2} \tag{10}$$

の様に計算する事だけを覚えて置けば良い，複素解析学は暗記から解放された全く気楽な学問である．

問題1の解答． 分母 $1 + 3i$ の共役複素数 $1 - 3i$ を分母子に掛けて，分母を実数化する事と i^2 が現れたら，時宜を逸せずに，素早く -1 で置き換える事以外は，あたかも i が実数を表す文字であるかの様に気楽に計算し，

$$\frac{13.6 + 7.86i}{1 + 3i} = \frac{(13.6 + 7.86i)(1 - 3i)}{(1 + 3i)(1 - 3i)}$$

$$= \frac{13.6 + 7.86i - 13.6 \times 3i - 7.86 \times 3i^2}{1^2 - 3^2 i^2}$$

$$= \frac{37.18 - 32.94i}{10} = 3.718 - 3.294i. \tag{11}$$

著者は良く天元5五に角を打ち両取りを掛ければ，香車を取れた上に攻防に強力な馬が作れ圧勝なのに，余りにも下品と他の上品な手を楽しんで，時宜を逸して負ける事がしばしばである．i^2 は素早く -1 で置き換えましょう．

問題2の解答. 分母 $1+\sqrt{3}\,\mathrm{i}$ の共役複素数 $1-\sqrt{3}\,\mathrm{i}$ を分母子に掛けて，分母を実数化し，

$$\frac{1}{z}=\frac{1}{1+\sqrt{3}\,\mathrm{i}}=\frac{1-\sqrt{3}\,\mathrm{i}}{(1+\sqrt{3}\,\mathrm{i})(1-\sqrt{3}\,\mathrm{i})}=\frac{1-\sqrt{3}\,\mathrm{i}}{1^2-\sqrt{3}^2\mathrm{i}^2}=\frac{1-\sqrt{3}\,\mathrm{i}}{4},$$

$$\mathrm{Re}\frac{1}{z}=\frac{1}{4}. \tag{12}$$

$$-\mathrm{i}(z^3)=-\mathrm{i}(1+\sqrt{3}\,\mathrm{i})^3=-\mathrm{i}(1+3\sqrt{3}\,\mathrm{i}+3(\sqrt{3}\,\mathrm{i})^2+(\sqrt{3}\,\mathrm{i})^3)$$
$$=-\mathrm{i}(1+3\sqrt{3}\,\mathrm{i}+3\times3\times(-1)+3\sqrt{3}\times(-1)\mathrm{i})=8\mathrm{i},\ \mathrm{Im}=8. \tag{13}$$

問題3の解答. 今度は通分すると，自然に分母の実数化が出来，

$$\frac{1+\mathrm{i}}{1-\mathrm{i}}-\frac{1-\mathrm{i}}{1+\mathrm{i}}=\frac{(1+\mathrm{i})(1+\mathrm{i})}{(1-\mathrm{i})(1+\mathrm{i})}-\frac{(1-\mathrm{i})(1-\mathrm{i})}{(1+\mathrm{i})(1-\mathrm{i})}$$
$$=\frac{(1+\mathrm{i})^2-(1-\mathrm{i})^2}{2}=\frac{(1+\mathrm{i}+(1-\mathrm{i}))(1+\mathrm{i}-(1-\mathrm{i}))}{2}=2\mathrm{i}. \tag{14}$$

問題4の解答. 掛け算は i をあたかも実数を表す文字であるかの様に，

$$\alpha\beta=(1+\mathrm{i})(4-\mathrm{i})=4+4\mathrm{i}-\mathrm{i}-\mathrm{i}^2=5+3\mathrm{i}. \tag{15}$$

割り算は分母の共役複素数 $4+i$ を分母子に掛けて，分母を実数化し，

$$\frac{\alpha}{\beta}=\frac{1+\mathrm{i}}{4-\mathrm{i}}=\frac{(1+\mathrm{i})(4+\mathrm{i})}{(4-\mathrm{i})(4+\mathrm{i})}=\frac{4+4\mathrm{i}+\mathrm{i}+\mathrm{i}^2}{4^2-\mathrm{i}^2}=\frac{3+5\mathrm{i}}{17}. \tag{16}$$

複素数列 中国の高校数学書の筆法を借りると，自然数全体の集合 N から複素数全体の集合 C への写像を**複素数列**と言い，自然数 $n\in N$ に対する値を a_n と書き，**一般項**と言う．

更に，a_n を複素数列，a を複素数とする．任意の正数 ϵ に対して，自然数 N があって，$n\geq N$ の時，

$$|a_n-a|<\epsilon \tag{17}$$

が成立する時，複素数 a を複素数列 a_n の**極限**と言う．絶対値が，(9)で定義される複素数の絶対値を表すだけで，第七章第二節で学ぶ実数列の場合と，形式は全く同じである．各 n に対する値は，第 n 項 a_n は複素数であるから，その実部を α_n，虚部を β_n，更に，極限値に比定される複素数 a の実部を α，虚部を β とすると，等式

$$a_n-a=(\alpha_n+\mathrm{i}\beta_n)-(\alpha+\mathrm{i}\beta)=(\alpha_n-\alpha)+\mathrm{i}(\beta_n-\beta),$$

$$|a_n - a| = \sqrt{(\alpha_n - \alpha)^2 + (\beta_n - \beta)^2} \tag{18}$$

が成立するので,不等式
$$|\alpha_n - \alpha|, \ |\beta_n - \beta| \leq |a_n - a| = \sqrt{(\alpha_n - \alpha)^2 + (\beta_n - \beta)^2} \leq |\alpha_n - \alpha| + |\beta_n - \beta| \tag{19}$$

を得,高数の感覚だと,挟み撃ちの原理より,ϵ-N 法を教条主義的に使っても,定義(17)より,公式
$$a_n \longrightarrow a \Longleftrightarrow |a_n - a| \longrightarrow 0 \Longleftrightarrow$$
$$\alpha_n \longrightarrow \alpha \quad \text{且つ} \quad \beta_n \longrightarrow \beta \tag{20}$$

を得るので,二次元的に,実部と虚部の収束を同時に確かめれば十分で,然も複素数の絶対値は(19)や下の(22)の様に能率的に,これを自然に行っているので,結局,今迄学んだ実数列の極限に帰着され,然もこの事を意識しないで,実数的に行って良い.

Cauchy 列の定義も冒頭に与えた実数列の場合(6)と全く同様である.上に同じく,等式
$$a_m - a_n = (\alpha_m + i\beta_m) - (\alpha_n + i\beta_n) = (\alpha_m - \alpha_n) + i(\beta_m - \beta_n),$$
$$|a_m - a_n| = \sqrt{(\alpha_m - \alpha_n)^2 + (\beta_m - \beta_n)^2} \tag{21}$$

が成立するので,不等式
$$|\alpha_m - \alpha_n|, \ |\beta_m - \beta_n| \leq |a_m - a_n|$$
$$= \sqrt{(\alpha_m - \alpha_n)^2 + (\beta_m - \beta_n)^2} \leq |\alpha_m - \alpha_n| + |\beta_m - \beta_n| \tag{22}$$

を得,公式

数列 a_n が Cauchy 列 $\Longleftrightarrow$ 実部の数列 α_n と虚部の数列 β_n が同時に Cauchy 列 $\tag{23}$

を得るので,やはり実部と虚部を吟味すれば十分である.この様に複素数列の議論は高校で学んだ実数列の議論を,絶対値は複素数のそれ(9)を表す事を,人から尋ねられたときに思い出すだけで十分であるが,今節の我々の標的は数列の第 n 部分和 S_n のなす数列の極限としての級数の和である.

級数の和 複素数列 a_n の第 1 項 a_1 から第 n 項迄の和
$S_n := \sum_{k=1}^{n} a_k := a_1 + a_2 + \cdots + a_n$ の為す複素数列が複素数 S に収束する時,

級数は**収束**すると言い，S を**和**と言い，
$$\sum_{k=1}^{\infty} a_k = S \tag{24}$$
と書く．すると，数列 S_n は複素数の収束列であり，三角不等式と収束 $S_n \longrightarrow S \Longleftrightarrow |S_n - S| \longrightarrow 0$ より $|S_m - S_n| \leq |S_m - S| + |S_n - S| \longrightarrow 0$ を得るので，Cauchy列であり，任意の正数 ϵ に対して，自然数 N があって，$m > n \geq N$ の時 $|S_m - S_n| < \epsilon$ が成立する．これを，より丁寧に記すと，$|S_m - S_n| = |(a_1 + a_2 + \cdots + a_n + a_{n+1} + a_{n+2} + \cdots + a_m) - (a_1 + a_2 + \cdots + a_n)| = |a_{n+1} + a_{n+2} + \cdots + a_m| < \epsilon$ が成立する．逆に，これが成立すれば，数列 S_n は，実部と虚部のなす数列が実数のCauchy列であり，実数の連続性公理の一つCauchyの公理より，収束列である．従って，次の級数の収束判定法を得る：

Cauchyの収束判定法 級数 $\sum_{k=1}^{\infty} a_k$ が収束する為の必要十分条件は，任意の正数 ϵ に対して，自然数 N があって，$m > n \geq N$ の時
$$|a_{n+1} + a_{n+2} + \cdots + a_m| < \epsilon \tag{25}$$
が成立する事である．要するに実数の場合と全く同じである．ここに，数学の普遍性，抽象性があり，聖書を公理で置き換えた，上述に片鱗が現れている公理体系と併せて，数学が，今，日本経済をどん底に陥れている global standard の西欧文明を最も良く具現している．

優級数 未知なる物の追求が学問である．数学も，文字通り，学問の一つであり，未知なる定理を国際会議で発表し，雑誌に掲載するのが数学者の商売である．然し，分からぬ物は，逆立ちしても分からない．分かった物に，必死に手懸かりを求めて，分かる様努力せねばならない．級数に関して，関連する重要な手段として優級数がある．

複素数列 a_n と実数列 b_n があって
$$|a_n| \leq b_n \quad (n \geq 1) \tag{26}$$
が成立する時，級数 $\sum_{k=1}^{\infty} b_k$ を $\sum_{k=1}^{\infty} a_k$ の**優級数**，級数 $\sum_{k=1}^{\infty} a_k$ を級数 $\sum_{k=1}^{\infty} b_k$ の**劣級数**と言う．

$\sum_{k=1}^{\infty}|a_k|$ が収束する級数は**絶対収束**するという．

Weierstrass の M-判定法　優級数 $\sum_{k=1}^{\infty}b_k$ が収束すれば，劣級数 $\sum_{k=1}^{\infty}a_k$ も絶対収束する．

証明　直ちに，Cauchy test を行うと，複素数に対する三角不等式より
$$|a_{n+1}+a_{n+2}+\cdots+a_m| \leq |a_{n+1}|+|a_{n+2}|+\cdots+|a_m| \leq b_{n+1}+b_{n+2}+\cdots+b_m. \quad (27)$$
級数 $\sum_{k=1}^{\infty}b_k$ は収束して居るので，任意の正数 ϵ に対して，自然数 N があって，$m>n\geq N$ の時 $b_{n+1}+b_{n+2}+\cdots+b_m<\epsilon$ が成立する．すると，上の不等式(27)より，$m>n\geq N$ の時 $|a_{n+1}+a_{n+2}+\cdots+a_m|<\epsilon$ が成立し，Cauchy の収束判定法(25)より，劣級数 $\sum_{k=1}^{\infty}a_k$ も収束するが，不等式(27)より，その絶対値の級数 $\sum_{k=1}^{\infty}|a_k|$ に対しても $m>n\geq N$ の時，$|a_{n+1}|+|a_{n+2}|+\cdots+|a_m|<\epsilon$ が成立し，やはり Cauchy の収束判定法(25)より級数 $\sum_{k=1}^{\infty}|a_k|$ は収束する．

q. e. d.

この様な評価を majoration と言い，majoration を駆使して，未知なる物を既知なる物に帰着させて，新たな結果を得る，創造的な解析学の極意である，ワイエルシュトラスの M-判定法の M はその頭文字に由来する．

絶対収束級数の無条件収束性　さて，級数 $\sum_{k=1}^{\infty}a_k$ が絶対収束して居るとし，その和を s としよう．級数 $\sum_{k=1}^{\infty}a_k$ の和の順序を任意に替えて，それを級数 $\sum_{k=1}^{\infty}c_k$ としよう．任意の正数 ϵ に対して，級数 $\sum_{k=1}^{\infty}|a_k|$ は収束しているから，自然数 N があって，この絶対値項級数の第 n 部分和とその極限である，級数の和との差は，極限の定義より，番号 n が十分大きく $n\geq N$ であれば，最初に任意に小さく指定された正数 ϵ よりも小さく，
$$\sum_{k=1}^{\infty}|a_k|-\sum_{k=1}^{n}|a_k|=|a_{n+1}|+|a_{n+2}|+\cdots<\epsilon \quad (28)$$
が成立している．新たな級数 $\sum_{k=1}^{\infty}c_k$ の第 k 項 c_k は元の級数の何番目かなので，$\nu(k)$ 番目とする．対応 $k\to\nu(k)$ は自然数全体の集合 N から自分自身

N の上への一対一対応, いわゆる全単射であるから, その逆写像を $k \to \mu(k)$ とする. 自然数 N に対する, 集合 $\{1, 2, \cdots, N\}$ を, 自然数 N より大きな自然数 N' に対する, 集合 $\{1, 2, \cdots, N'\}$ の写像 ν による像集合 $\{\nu(1), \nu(2), \cdots, \nu(N')\}$ が含む為の条件を求めよう. 後者は, 前者と違い, 順序も小さい方からの順序の通りでなく, 然も, 飛び飛びの集合である. 包含関係, $\{1, 2, \cdots, N\} \subset \{\nu(1), \nu(2), \cdots, \nu(N')\}$ が成立する為の必要十分条件は, 全単射写像 μ に依る像に付いても, 同じ包含関係 $\{\mu(1), \mu(2), \cdots, \mu(N)\} \subset \{\mu(\nu(1)), \mu(\nu(2)), \cdots, \mu(\nu(N'))\}$ が成立する事である. 写像 μ は写像 ν の逆写像であるから, 全ての自然数 k に対して $\mu(\nu(k))=k$ が成立し, 求める必要十分条件は包含関係 $\{\mu(1), \mu(2), \cdots, \mu(N)\} \subset \{1, 2, \cdots, N'\}$ が成立する事である. 大変諄いが, ここが本論の要であるので, 繰り返すが, $\mu(1), \mu(2), \cdots, \mu(N)$ は小さい方からの順では無いので最大値を取り, 求める自然数 N' として,

$$N' := \max\{\mu(1), \mu(2), \cdots, \mu(N)\} \tag{29}$$

と置けば, この条件は満たされている.

さて, 天下った任意に小さく指定された正数 ϵ に対応して(28)が成立する様に取った十分大きな整数 N に対して, (29)で更に大きな自然数 $N' > N$ を定め, これより大きな (猶, 大学の講義や上品な教科書, 論文の類では, 一番気になる, 大きい等という, はしたない事は言わないし, 書かない. だから, 学生には分からなくなる.), 任意の自然数 $n > N'$ に対して, 更に大きく $m > \max\{\nu(k) ; 1 \leq k \leq n\}$ を満たす任意の自然数 m を取れば, 集合 $\{c_1, c_2, \cdots, c_n\}$ は集合 $\{a_{\nu(1)}, a_{\nu(2)}, \cdots, a_{\nu(n)}\}$ に他ならないから, 集合 $\{a_1, a_2, \cdots, a_m\}$ に含まれる. 集合 $\{a_1, a_2, \cdots, a_m\}$ を全集合と見ての, 補集合的な考察をする. その際重要なのは, 小さい集合の補集合の方が大きい集合の補集合より大きい事であり,

$$\left|\sum_{k=1}^{m} a_k - \sum_{k=1}^{n} c_k\right| = \left|\sum_{k=1}^{m} a_k - \sum_{k=1}^{n} a_{\nu(k)}\right|$$
$$= |\sum\{a_k ; k \in \{1, 2, \cdots, m\} - \{\nu(1), \nu(2), \cdots, \nu(n)\}\}| \leq$$
$$\sum\{|a_k| ; k \in \{1, 2, \cdots, m\} - \{\nu(1), \nu(2), \cdots, \nu(n)\}\} \leq$$
$$\sum\{|a_k| ; k \in \{1, 2, \cdots, m\} - \{\nu(1), \nu(2), \cdots, \nu(N')\}\} \leq$$

1. 指数法則としてのド・モアブルの定理

$$\sum\{|a_k|\ ;\ k\in\{1,\ 2,\ \cdots,\ m\}-\{1,\ 2,\ \cdots,\ N\}\}$$
$$\leq \sum_{k=N+1}^{m}|a_k|\leq \sum_{k=N+1}^{\infty}|a_k|<\epsilon \tag{30}$$

を得る．m は $m>\max\{\nu(k)\ ;\ 1\leq k\leq n\}$ を満たせば任意であるから，$m\to\infty$ とすると，等号を伴う不等式

$$|\sum_{k=1}^{\infty}a_k-\sum_{k=1}^{n}c_k|\leq\epsilon\quad(n\geq N') \tag{31}$$

を得る．かくして，数列の収束の定義(17)より

絶対収束級数の無条件収束性

$$\sum_{k=1}^{\infty}a_k=任意の集め方\sum_{k=1}^{\infty}c_k \tag{32}$$

を得る．ウィスキーは強すぎて，ワインやビールしか飲めないが，「何物も足さず，何物も引かず」なる CM は大好きである．というのは，将に，サントリーのコマーシャルの様に，重複無く，漏れなく，集めれば，絶対収束級数に限っては，どの様に集めても良いのである．前近代的数学は，この知識無しに勝手に，無条件収束させ，偶然絶対収束している時，多くの有用な公式を導き出し，大成功したが，絶対収束はしないが収束する，**条件収束**と呼ばれる級数に付いて，多くの矛盾に行き当たった．その反省より，近代的公理論的数学が生まれた．日本は多神教であるから，絶対神は存在せず，公理を聖書に見立てた，公理論的展開は，和算には無かった．然し，不思議と，西欧数学の様な矛盾に行き当たらなかったのは，専ら，天元術の文字式の計算にて，綴術，即ち，Taylor 級数を用いた数値解析を援用し，数値解を求めたからである．

複素変数の指数・三角・双曲関数の定義　55頁(15)で導いた実変数に対する指数関数の Taylor 展開を，複素変数 z に対する指数関数の定義式とする：

$$\mathrm{e}^z=\sum_{k=0}^{\infty}\frac{z^k}{k!}=1+\frac{1}{1!}z+\frac{1}{2!}z^2+\frac{1}{3!}z^3+\cdots+\frac{1}{k!}z^k+\cdots \tag{33}$$

一般項の絶対値を一般項とする級数は，実数 $|z|$ に対する Taylor 展開に他ならないから，収束するので，級数(33)は全ての複素数 z に対して絶対収束，従って(32)より無条件収束する．

　57頁(25)，58頁(26)に依拠，**余弦関数 $\cos z$** と **正弦関数 $\sin z$** を級数

$$\cos z = \sum_{k=0}^{\infty}(-1)^k \frac{z^{2k}}{(2k)!} = 1 - \frac{z^2}{2!} + \frac{z^4}{4!} + \cdots + (-1)^n \frac{z^{2n}}{(2n)!} + \cdots, \quad (34)$$

$$\sin z = \sum_{k=0}^{\infty}(-1)^k \frac{z^{2k+1}}{(2k+1)!} = z - \frac{z^3}{3!} + \frac{z^5}{5!} + \cdots + (-1)^n \frac{z^{2n+1}}{(2n+1)!} + \cdots \quad (35)$$

で定義する．これらの一般項の絶対値を一般項とする級数は実数$|z|$に対する指数関数の Taylor 展開の，それぞれ，偶数，奇数次の項に他ならないから，収束するので，級数(34), (35)は全ての複素数zに対して絶対収束，従って(32)より無条件収束する．

指数の法則 z, wを複素数とする．指数関数の定義式より，次の中辺を得るが，絶対収束して居るので，無条件収束であり，これを$j+k=n$なる項を，次式右辺のように纏めて活弧で括り，そのnを0から∞迄集めると，漏れなく重複無く集めているので，

$$e^z e^w = \left(\sum_{j=0}^{\infty}\frac{z^j}{j!}\right)\left(\sum_{k=0}^{\infty}\frac{w^k}{k!}\right) = \sum_{n=0}^{\infty}\frac{1}{n!}\left(\sum_{j+k=n}\frac{n!}{j!k!}z^j w^k\right) \quad (36)$$

の右辺に至るが，ここで二項定理を適応すると，括弧の中は$(z+w)^n$なので，複素数$z+w$に対して，定義式(33)を適用すると，次の**指数の法則**を得る：

$$e^z e^w = \sum_{n=0}^{\infty}\frac{1}{n!}(z+w)^n = e^{z+w}. \quad (37)$$

オイラーの公式 任意の複素数zに対し，izを定義式(33)のzの所に代入する．無条件収束であるから，偶数ベキと奇数ベキに分けて集めると，偶数ベキは$i^{2m}=(-1)^m$なので，もはや，iは含まず，これとは対照的に奇数ベキは，$i^{2m+1}=(-1)^m i$なのでiを含むから，定義式(34), (35)より

$$\begin{aligned}
e^{iz} &= \sum_{k=0}^{\infty}\frac{i^k z^k}{k!} = \sum_{m=0}^{\infty}\frac{i^{2m}z^{2m}}{(2m)!} + i\sum_{m=0}^{\infty}\frac{i^{2m+1}z^{2m+1}}{(2m+1)!} \\
&= \sum_{m=0}^{\infty}\frac{(-1)^m z^{2m}}{(2m)!} + i\sum_{m=0}^{\infty}\frac{(-1)^m z^{2m+1}}{(2m+1)!} \\
&= \left(1 - \frac{z^2}{2!} + \cdots + (-1)^m \frac{z^{2m}}{(2m)!} + \cdots\right) \\
&\quad + i\left(z - \frac{z^3}{3!} + \cdots (-1)^m \frac{z^{2m+1}}{(2m+1)!} + \cdots\right) \\
&= \cos z + i\sin z \quad (38)
\end{aligned}$$

が成立するから，

1. 指数法則としてのド・モアブルの定理

オイラー Euler の公式　　$e^{iz} = \cos z + i\sin z$　　　　　　　　　　　　　　(39)

を得る．

又，双曲余弦と正弦を

$$\cosh z = \frac{e^z + e^{-z}}{2}, \quad \sinh z = \frac{e^z - e^{-z}}{2} \tag{40}$$

で定義すると，(33)より，これらは，それぞれ，z の偶，奇のベキより成る偶，奇関数である．

指数・三角・双曲関数は姉妹　　余弦は偶，正弦は奇関数であるから，(39)の z の所に $-z$ を代入し，

$$e^{-iz} = \cos z - i\sin z \tag{41}$$

(39)と(41)を足して 2 で割り，(39)から(41)を引き 2i で割り，

$$\cos z = \frac{e^{iz} + e^{-iz}}{2}, \quad \sin z = \frac{e^{iz} - e^{-iz}}{2i}. \tag{42}$$

双曲余弦 hyperbolic cosine と 正弦 hyperbolic sine の定義式(40)に iz を代入し，(42)を考慮に入れると，真の三角と双曲三角の間には

$$\cos z = \cosh(iz), \quad \sin z = \frac{\sinh(iz)}{i} \tag{43}$$

なる姉妹関係がある事が分かる．

de Moivre の公式　　オイラーの公式(39)を自然数の n 乗すると指数の法則(37)より，当然，$(\cos z + i\sin z)^n = (e^{iz})^n = e^{inz} = \cos nz + i\sin nz$ が成立する．特に，z として角を表す，θ を採用した場合の，次の公式をド・モアブルの公式という：

ド・モアブルの公式

$$(\cos\theta + i\sin\theta)^n = \cos n\theta + i\sin n\theta. \tag{44}$$

指数関数と三角関数は似て居るけれども，少し違い，58頁で紹介した，香椎線での悪そうの会話が鋭く指摘する様に，結果的に三角関数の計算の方が楽ではない．その三角関数の計算を，この様に，オイラーの公式(42)にて三角を指数化して，より楽に計算し，(39)にて，又三角に戻し，最終結果を得るのが，大学の junior でなく senior な，理工学部の学生の求められる数学的腕力である．一方，de Moivre はフランス語であり，de は英語の of に対応し，貴族の名で有る事を明示し，梶原の景季の様に，領土 Moivre の前に付けられ

る．Moivre の発音は mwavr であるから，ムワヴルの方がより近い．我々の学ぶ学問は一神教キリスト教・ユダヤ文明のそれであるから，仏独語を避けて学問としての解析学は講じられない．

問題5，6，7，8，9の解説 問題5，6は既に解説した．問題7，8，9に付いては，方程式右辺の余弦を公式(42)にて指数化し，$x+x^{-1}=e^{i\theta}+e^{-i\theta}$．敏感な人は，一見して二根 $x=e^{i\theta}$，$e^{-i\theta}$ を得るが，几帳面な人は，二次方程式にして因数分解し，$x^2-(e^{i\theta}+e^{-i\theta})x+e^{i\theta}e^{-i\theta}=(x-e^{i\theta})(x-e^{-i\theta})=0$ として上記二根を求めるであろう．すると指数の法則(37)と公式(42)より解答 $x^n+x^{-n}=e^{in\theta}+e^{-in\theta}=2\cos n\theta$ を得る．

問題10，11の解説 余弦，正弦の問題が出たら，その連れ合いの正弦，余弦の問題を作り，正弦問題に i を掛けて余弦問題に加え，オイラーの公式(39)を用いて，指数化し，計算の末，(39)を用いて，実部を余弦，虚部を正弦問題の解答とするのが，senior な工学部学生の嗜みである．本問が，誘導無しに解ける高校生は，定跡・定石を教える事もなく只々手合わせだけさせるに等しい，受験勉強で青春を空費すること無く，存在しない飛び級で直ちに工学部に入学すべきである．以上の趣旨で，(2)，(3)で与えられた余弦，正弦問題を I，J とし，定跡通りに $I+iJ$ を作り，(39)で三角を指数化し，指数の法則にて，初項が1，公比が複素数 $e^{i\theta}$ で項数が $n+1$ の等比級数である事を把握し，適切な教育的配慮に依る(1)で与えられている，実数の場合と全く同じ等比級数の和の公式を適用し，その結果を三角に戻し易い様に，分母分子に $e^{-i\frac{1}{2}\theta}$ を掛けると，公式(42)により分母の指数が正弦化出来る．この段階で実部と虚部に分けて，差積・和積の公式を適用して高数らしくし，実部を I とすると(2)，虚部を J とすると(3)を得る：

$$I+iJ=1+(\cos\theta+i\sin\theta)+(\cos 2\theta+i\sin 2\theta)+\cdots+(\cos n\theta+i\sin n\theta)$$
$$=1+e^{i\theta}+e^{i2\theta}+\cdots+e^{in\theta}=1+e^{i\theta}+(e^{i\theta})^2+\cdots+(e^{i\theta})^n$$
$$=\frac{e^{i(n+1)\theta}-1}{e^{i\theta}-1}=\frac{e^{i\left(n+\frac{1}{2}\right)\theta}-e^{-i\frac{1}{2}\theta}}{e^{i\frac{1}{2}\theta}-e^{-i\frac{1}{2}\theta}}$$

$$=\frac{\cos\left(n+\frac{1}{2}\right)\theta+i\sin\left(n+\frac{1}{2}\right)\theta-\left(\cos\frac{1}{2}\theta-i\sin\frac{1}{2}\theta\right)}{2i\sin\frac{1}{2}\theta}$$

$$=\frac{\sin\left(n+\frac{1}{2}\right)\theta+\sin\frac{1}{2}\theta}{2\sin\frac{1}{2}\theta}+i\frac{-\cos\left(n+\frac{1}{2}\right)\theta+\cos\frac{1}{2}\theta}{2\sin\frac{1}{2}\theta}$$

$$=\frac{\sin\frac{n+1}{2}\theta\cos\frac{n}{2}\theta}{\sin\frac{1}{2}\theta}+i\frac{\sin\frac{n+1}{2}\theta\sin\frac{n}{2}\theta}{\sin\frac{1}{2}\theta}. \tag{45}$$

絶対値1の複素数の為す乗法群 $e^{i\theta}$ と(4)のAで与えられる行列の為す乗法群は共に乗法が角 θ の回転を与える同型な群なので，問題11の成立は，大学の教員に取っては，眺めた瞬間に当たり前であるが，全く同様に出来る．複素数 $e^{i\theta}$ と(4)のAとは字数が一桁違うが，同じ内容を与える．複素数は，出来るだけ小さな物に，出来るだけ大きな情報量を担わせる事を追求する，21世紀に最もふさわしい数学である．高数のカリキュラムに復活したのも当然であろう．それにしても，京都教育大の出題は，共に今目的で，最も大学数学的である．

2. 複素数の極形式 —高数の複素数平面の学部的復習—

――― 問題 ―――

問題1. (ア) 0でない2つの複素数 z_1, z_2 の絶対値と偏角をそれぞれ r_1, r_2 および θ_1, θ_2 とする．このとき，積 $z_1 z_2$ の絶対値と偏角は $r_1 r_2$ および $\theta_1 + \theta_2$ であることを示せ．(イ) $z^3 = 1$ を満たすすべての複素数 z を極形式で表し，それらを複素数平面上に図示せよ．

(滋賀大学教育学部前期日程試験)

問題2. $z^4 + 4 = 0$ を解き，その解を複素数平面上の点で表せ．

(全日本空輸採用試験)

問題3. 複素数 $a = -\dfrac{\sqrt{6}}{2} + \dfrac{3\sqrt{2}}{2}i$ の絶対値 $|a|$ と偏角 $\arg a$ は？ 又，$a^7 = \alpha + \beta i$ とすると，α は？

(拓殖大学工学部入学試験)

問題4. (ア) $1+i$, $1+\sqrt{3}i$ を極形式で表せ．
(イ) $\dfrac{1+\sqrt{3}i}{1+i}$ を極形式で表せ．(ウ) $\left(\dfrac{1+\sqrt{3}i}{1+i}\right)^{12}$ を求めよ．

(九州東海大学工学部入学試験)

問題5. 次の複素数を，$x+iy$（x, y は実数，i は虚数単位）の形に示せ．

(ア) $\dfrac{i}{1+i}$ 　　　　　(イ) $(1+i)^4 + (1-i)^4$

(ウ) $(\sqrt{3}+i)^5$ 　　　　(エ) $\left(\dfrac{1-\sqrt{3}i}{\sqrt{2}}\right)^{10}$

(山梨大学工・教育学部前期日程試験)

問題6. i を虚数単位とする．

$$\dfrac{2+\sqrt{3}-i}{2+\sqrt{3}+i} = ?\sqrt{3} + ?i, \tag{1}$$

2. 複素数の極形式

$$\left(\frac{2+\sqrt{3}-\mathrm{i}}{2+\sqrt{3}+\mathrm{i}}\right)^3 = ?\,\mathrm{i}, \tag{2}$$

$$\left(\frac{2+\sqrt{3}-\mathrm{i}}{2+\sqrt{3}+\mathrm{i}}\right)^{1997} = ?\sqrt{3} + ?. \tag{3}$$

(上智大学経済・法学部入学試験)

問題 7. $\triangle ABC$ において，$\angle A = 15°$ のとき，$(\cos A + \mathrm{i}\sin A)^2$ の値は？，複素数

$$\frac{(\cos B + \mathrm{i}\sin B)(\cos C + \mathrm{i}\sin C)}{(\cos A + \mathrm{i}\sin A)} \tag{4}$$

の値は？

(愛知工業大学工学部入学試験)

問題 8. 複素平面内で $-1-\mathrm{i}$ を $\sqrt{3}-\mathrm{i}\sqrt{3}$ の周りに $-60°$ 回転させた値を求めよ．

(同志社大学工学部入学試験)

問題 9. 二つの複素数 $\alpha = -\dfrac{1}{2} + \dfrac{\sqrt{3}}{2}\mathrm{i},\ \beta = -\dfrac{1}{2} - \dfrac{\sqrt{3}}{2}\mathrm{i}$ がある．以下の問いに答えよ．(ア) $\alpha,\ \beta$ 及び 1 を解に持つ 3 次方程式を求めよ．(イ) α^5 を計算せよ．(ウ) 複素数平面上で，点 β を中心として，α を時計回りに $135°$ 回転させたときの点を表す複素数 γ を求めよ．

(豊橋技術科学大学工学部前期日程試験)

問題 10. 複素数 $\alpha,\ \beta,\ \gamma$ は複素平面上の正三角形の頂点を表すとする．(ア) $\dfrac{\gamma - \alpha}{\beta - \alpha}$ を求めよ．(イ) α が実軸上の正の部分を動き，β が虚軸上の正の部分を動くとき，γ の存在する範囲を図示せよ．

(鹿児島大学理系・教育学部前期日程試験)

問題 11. 複素数平面上に 3 点 $A(z_1),\ B(z_2),\ C(z_3)$ があり，

$$\frac{z_2 - z_1}{z_3 - z_1} = \frac{\sqrt{3}+1}{2}(\sqrt{3}+\mathrm{i}) \tag{5}$$

が成り立つとき，次の問いに答えよ．(ア) $\angle BAC$ を求めよ．(イ) $\left(\dfrac{z_3 - z_1}{z_2 - z_1}\right)^6$ を求めよ．(ウ) $\angle BCA$ を求めよ．

(和歌山大学教育・経済学部前期日程試験)

問題12. 複素数平面の相異なる3点 z_1, z_2, z_3 が
$$(z_2-z_1)^2+(z_3-z_2)^2+(z_1-z_3)^2=0 \tag{6}$$
を満たすならば z_1, z_2, z_3 は正三角形の頂点である事を示せ.

（山形大学医学部前期日程試験）

問題13. 複素平面の3点 z_1, z_2, z_3 を頂点とする三角形が正三角形であるための必要十分条件は $z_1^2+z_2^2+z_3^2-z_1z_2-z_2z_3-z_3z_1=0$ が成立することであることを示せ.

（石川県中・高等学校教員採用試験）

前節の復習

関数 f を k 回微分して得られる k 次の導関数 $f^{(k)}$ を用いると，$0<\theta<1$ があって，

Taylor の定理
$$f(a+h)=\sum_{k=0}^{n-1}\frac{f^{(k)}(a)}{k!}h^k+\frac{f^{(n)}(a+\theta h)}{n!}h^n \tag{7}$$

が成立する．適当な条件の下では次の級数は収束し，上の定理で $n\to\infty$ として良く

Taylor 展開 $\quad f(a+h)=\sum_{k=0}^{\infty}\frac{f^{(k)}(a)}{k!}h^k \tag{8}$

特に，自然対数の底 e に対する指数関数，$f(x):=e^x$ に対して，

指数関数の Taylor 展開
$$e^x=\sum_{k=0}^{\infty}\frac{1}{k!}x^k=1+\frac{x}{1!}+\frac{x^2}{2!}+\cdots+\frac{x^n}{n!}+\cdots, \tag{9}$$

更に，余弦関数 $\cos x$ と正弦関数 $\sin x$ に対して

余弦関数の Taylor 展開
$$\cos x=\sum_{k=0}^{\infty}(-1)^k\frac{x^{2k}}{(2k)!}=1-\frac{x^2}{2!}+\frac{x^4}{4!}+\cdots+(-1)^n\frac{x^{2n}}{(2n)!}+\cdots, \tag{10}$$

正弦関数の Taylor 展開
$$\sin x=\sum_{k=0}^{\infty}(-1)^k\frac{x^{2k+1}}{(2k+1)!}=x-\frac{x^3}{3!}+\frac{x^5}{5!}+\cdots+(-1)^n\frac{x^{2n+1}}{(2n+1)!}+\cdots \tag{11}$$

を得，x が実数の時にこの様に成立を証明した Taylor 級数を以って，x が複素数の時の指数や三角関数の定義式とした．実際，Fortran 等の**コンピュータ**言語ではこれで以って指数や三角関数の数値を返している．

第16回歴史文学賞受賞作，鳴海　風著「円周率を計算した男」の主人公，建部賢弘は1722年の綴術算経にて整級数展開を始めとする和算に於ける級数論を樹立したが，$(\sin^{-1}x)^2$ の Taylor 展開（1685-1731）を，西欧の Bernoulli の15年前に与え，π^2 の**級数**

$$\pi^2 = 9\left(1 + \frac{1^2}{3\cdot 4} + \frac{1^2\cdot 2^2}{3\cdot 4\cdot 5\cdot 6} + \frac{1^2\cdot 2^2\cdot 3^2}{3\cdot 4\cdot 5\cdot 6\cdot 7\cdot 8} + \cdots\right) \tag{12}$$

で正確な円周率の公式を与え，円理を究めて居る．この受賞作を名古屋大学情報工学教室の三井教授より教えて頂いた．この機会に三井教授に深く感謝すると共に，日本数学会の若手賞に名を冠されているこの先哲に更なる敬意を表し，更に日本数学会建部賢弘賞を受賞した若手の数学者より Fields 賞受賞者が輩出する事を念じ，拙シリーズを執筆して居る．江戸時代のこの様な日本の数学の蓄積が他のアジヤ諸国より早く日本を近代化させ，（必然的に帝国主義の道を歩ませ，近隣諸国に迷惑をお掛けし）たと信じている．

自乗したら -1 になる数を**虚数単位**と言い，i で表す．即ち，

$$\mathrm{i} := \sqrt{-1}. \tag{13}$$

絶対収束，従って，無条件収束して居る，上の指数関数の展開(9)にて，x の所に純虚数 ix を代入し，偶数ベキと奇数ベキに分けて和を取ると

オイラー Euler の公式　　$\mathrm{e}^{\mathrm{i}x} = \cos x + \mathrm{i}\,\sin x.$ 　　(14)

に達する．

de Moivre の公式　　オイラーの公式(14)を自然数の n 乗すると指数の法則より，当然，

$$(\cos z + \mathrm{i}\,\sin z)^n = (\mathrm{e}^{\mathrm{i}z})^n = \mathrm{e}^{\mathrm{i}nz} = \cos nz + \mathrm{i}\,\sin nz \tag{15}$$

が成立する．特に，z として角を表す，θ を採用した場合の，次の公式をド・モアブルの公式という：

ド・モアブルの公式

$$(\cos\theta + \mathrm{i}\,\sin\theta)^n = \cos n\theta + \mathrm{i}\,\sin n\theta. \tag{16}$$

洋算では，ISAAC 卿 Newton 以来，数学は産業革命を推進して来たので，

勿論指数関数を駆使し，特に複素解析では前節でも解説した様に，指数，三角，双曲関数を姉妹視して，三角を計算の楽な指数に読み替えて理工学の計算を行って居る．役に立たぬと思われている学問を奨励して，幕府に他意の無いことを示すのが各藩の奨励の目的で有ったが為，工業と無関係に発達した和算では，指数関数を知らなかったが，久留米藩有馬の殿様は，和算の大家で，不思議と(16)の右辺の性質を良く知っていて，円分体論を展開している．丁度飛車角落ちの将棋宜しく，高数で指数関数としての認識を欠如して，指数の法則(16)を行わせるのと同じ，高数のこの様な和算的制約が面白いが，エリート高校生は須く，ド・モアブルの公式(16)を，理工学部入学後2年のsenior な大学生同様，純虚数に対する，指数の法則と認識して欲しい．

複素数　実数 x, y に対して，$z=x+iy$ と表される数 z を**複素数**と言い，x を z の**実部**，y を z の**虚部**と言う．複素数 $\bar{z}=x-iy$ を $z=x+iy$ の**共役複素数**と言い，数学では z の上に bar を付けて，量子力学では右肩に * を付けて表す．記号や述語の使用法で著者の帰属意識が判明する．

複素数全体の集合を **C** で表す．各複素数 $z=x+iy$ に平面上の点 (x, y) を対応させると複素数全体の集合 **C** との間に一対一の対応が付くので，点 (x, y) と書く換わりに点 $z=x+iy$ と複素数の儘記し，複素数を平面上の点と同一視する．この様に，複素数全体の集合 **C** は平面上の点全体の集合，即ち，平面と同一視され，関数論では**複素平面** complex plane，高校の教科書では複素数平面と言う．z は三位一体論宜しく，複素数としての z，平面上の点としての z，位置ベクトルとしての z の三態を持ち，適宜，使い分けると，大変便利である．次頁図1を参照されたい．

記号は実数と全く同じ
$$|z| := \sqrt{x^2+y^2}$$
$$= 原点 0 と複素数 z が表す点との距離 \tag{17}$$

を複素数 z の**絶対値**と言う．これは，二次元のベクトル (x, y) のノルム，こと，大きさと同じである．従って，ピタゴラスの定理より，これは数零に対応する原点と数 $z=x+iy$ に対応する平面上の点 (x, y) との距離を表す．高校の数学Cの極座標 (r, θ) の筆法に於ける動径 r である．その筆法での偏角を θ とする．

2. 複素数の極形式

偏角 arg$z$＝実軸と有向線分 $0z$ のなす角 θ
（2π の整数 k 倍を加える任意性有り，無限多価関数），

$$\tan \arg z = \frac{y}{x}. \tag{18}$$

図1の直角三角形 $x0z$ に余弦と正弦の定義式を適用すると，複素数 $z=x+\mathrm{i}y$ に対応する平面上の点 (x, y) の座標に付いては $x=r\cos\theta$, $y=r\sin\theta$ が成立するから，これを $z=x+\mathrm{i}y$ に代入して，

$$z = r(\cos\theta + \mathrm{i}\sin\theta) \tag{19}$$

を得るが，これで終われば，高校生又は junior な大学生である．これに，オイラーの公式(14)を代入して

$$z = r\mathrm{e}^{\mathrm{i}\theta} \tag{20}$$

と表すのが，senior な理工学部学生の嗜みである．上の(20)を複素数 z の**極形式**と言う．junior な(19)と senior な(20)の右辺同士は，字数にして，13対4，一桁の差があるが，(20)は指数の法則を使えと言わんばかりの表記法であり，乗法と除法に真価を発揮する．これに対して，ベクトル的表記法 $z=x+\mathrm{i}y$ は加法と減法に有用である．我々が，学び始めている，複素解析学は，小さな物に大きな情報量を担わせる，宇宙に優しい，down sizing な，21世紀に相応しい数学である．

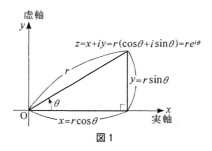

図1

問題1の解答． (ア) 複素数 z_1, z_2 の極形式(20)は，$z_1 = r_1 \mathrm{e}^{\mathrm{i}\theta_1}$, $z_2 = r_2 \mathrm{e}^{\mathrm{i}\theta_2}$ であり，指数の法則により乗・除法を行うと

$$z_1 z_2 = r_1 \mathrm{e}^{\mathrm{i}\theta_1} r_2 \mathrm{e}^{\mathrm{i}\theta_2} = r_1 r_2 \mathrm{e}^{\mathrm{i}(\theta_1+\theta_2)} \tag{21}$$

であり，

$$|z_1 z_2| = r_1 r_2, \quad \arg(z_1 z_2) = \theta_1 + \theta_2, \tag{22}$$

$$\frac{z_1}{z_2} = \frac{r_1 \mathrm{e}^{\mathrm{i}\theta_1}}{r_2 \mathrm{e}^{\mathrm{i}\theta_2}} = \frac{r_1}{r_2} \mathrm{e}^{\mathrm{i}(\theta_1 - \theta_2)} \tag{23}$$

なので，

$$\left|\frac{z_1}{z_2}\right| = \frac{r_1}{r_2}, \quad \arg\frac{z_1}{z_2} = \theta_1 - \theta_2 \tag{24}$$

である．

(ｲ)　$z^3 = 1$ の様な方程式を**二項方程式**と言う．その解法，更に一般にベキ根や対数の問題攻略の要（かなめ）は，右辺，この場合は 1 を極形式で表す際，偏角は一般の角で表し，指数の法則を駆使する事にある．と言っても，後者は自然に使うのであり，前者は実軸，即ち x 軸上の正の点 1 の偏角は 0 であるが，これを気張って（かごんま鹿児島の方言？）$2k\pi$ と一般の角で表し，極形式を $1\mathrm{e}^{2k\pi\mathrm{i}}$ で表す事が肝要である．求める複素数を $z = r\mathrm{e}^{\mathrm{i}\theta}$ とする．$z^3 = (r\mathrm{e}^{\mathrm{i}\theta})^3 = r^3 \mathrm{e}^{\mathrm{i}3\theta}$ なので，これが極形式を $1\mathrm{e}^{2k\pi\mathrm{i}}$ とする複素数に等しい為の必要十分条件は，絶対値が $1\mathrm{e}^{2k\pi\mathrm{i}}$ の絶対値 1 に等しく，$r^3 = 1$，更に偏角 3θ が $1\mathrm{e}^{2k\pi\mathrm{i}}$ の偏角 $2k\pi$ に等しく，$3\theta = 2k\pi$，即ち，$\theta = \dfrac{2k\pi}{3}$ が成立する事であり，3 根（こん）$z_k = \mathrm{e}^{\frac{2k\pi}{3}\mathrm{i}}(k=0,\ 1,\ 2)$ を得る．勿論，全ての整数 k に対する z_k は全て 3 次方程式 $z^3 = 1$ の根であるが，3 個以外は全て重複して居る．

一般の二項方程式の根　極力普遍化する西欧文明の属性に従い，自然数 n と複素数 a に対する，一般の二項方程式 $z^n = a$ の根を求めよう．複素数 a の極形式を

$$a = |a|\mathrm{e}^{(\alpha + 2k\pi)\mathrm{i}} \tag{25}$$

としよう．ここに無限多価の偏角の内で角 α は負でない最小な角とする．勿論，k は任意の整数を表す．求める複素数を $z = r\mathrm{e}^{\mathrm{i}\theta}$ とする．$z^n = (r\mathrm{e}^{\mathrm{i}(\theta + 2k\pi)})^n = r^n \mathrm{e}^{\mathrm{i}n\theta}$ なので，この $z^n = r^n \mathrm{e}^{\mathrm{i}n\theta}$ が極形式を $|a|\mathrm{e}^{(\alpha + 2k\pi)\mathrm{i}}$ とする複素数に等しい為の必要十分条件は，絶対値 r^n が $|a|$ に等しく，$r^n = |a|$，更に偏角 $n\theta$ が一般の角で表されている $\alpha + 2k\pi$ に等しく，$\theta = \dfrac{\alpha + 2k\pi}{n}$ が成立する事であり，n 根

2. 複素数の極形式

$$z_k = \sqrt[n]{|a|}\, e^{\frac{\alpha+2k\pi}{n}i} \quad (k=0,\ 1,\ 2,\cdots,\ n-1) \tag{26}$$

を得る．勿論，全ての整数 k に対して n 次方程式 $z^n=1$ の根であるが，下の図の様に，$k=0,\ 1,\ 2,\cdots,\ n-1$ に対する n 個の $z_0,\ z_1,\cdots,\ z_{n-1}$ 以外は，例えば z_n が z_0 に重なる様に全て重複して居る．(26)の z_k の絶対値は全て $|a|$ の n 乗根であるから，数 0 に対応する原点と複素数 z_k に対応する点 z_k との距離が一定の数 $|a|$ の n 乗根であり，全て，原点を中心とし，半径が $|a|$ の n 乗根の円周上にある．その，偏角が非負で最小の意味で，最初の点が z_0 であり，次々と偏角を $\dfrac{2\pi}{n}$ だけ増やして得られる点が，$z_1,\ z_2,\cdots,\ z_{n-1}$ であり，2π は円周全体の円周角であり，その n 分の1の $\dfrac{2\pi}{n}$ は円周を n 等分する角なので，$z_0,\ z_1,\cdots,\ z_{n-1}$ は，原点を中心とする，半径 $|a|$ の n 乗根の円周上を偏角が $\dfrac{\alpha}{n}$ から出発して，円周を n 等分する分点である．和算では，指数関数の概念は無いが，この様な円分体論を駆使して，久留米の有馬の殿様は和算を展開して居る．

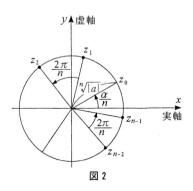

図2

問題2の解答． 二項方程式 $z^4=-4$ の右辺 -4 は実軸上の負の部分にあり，原点からの距離は 4 なので，絶対値は 4 である．実軸の負の部分が実軸の正の部分と為す最小の正の角は $180°$ 弧度法で π であり，一般の偏角は $(2k+1)\pi$ であり，複素数 -4 の極形式は $-4=4e^{(2k+1)\pi i}$ であり，公式(26)を暗記する事

なく,指数の法則で $z^4=4\mathrm{e}^{(2k+1)\pi i}$ を自然に解き,根 $z_k=\sqrt{2}\,\mathrm{e}^{\frac{(2k+1)\pi}{4}i}$. $\cos\frac{\pi}{4}=\sin\frac{\pi}{4}=\frac{1}{\sqrt{2}}$ とオイラーの法則(14)より,$z_0=1+\mathrm{i}$,$z_1=-1+\mathrm{i}$,$z_2=-1-\mathrm{i}$,$z_3=1-\mathrm{i}$.原点を中心とし,半径 $\sqrt{2}$ の円周を,偏角が $45°=\frac{\pi}{4}$ の点から始まって4等分する分点が求める4根であり,複素数平面上の点で表す事は上の図2を参照されよ.

問題3の解答. 複素数 $a\mathrm{i}$ の絶対値 $|a|$ は,ピタゴラス的公式(17)より

$$|a|=\sqrt{\left(-\frac{\sqrt{6}}{2}\right)^2+\left(\frac{3\sqrt{2}}{2}\right)^2}=\sqrt{\frac{\sqrt{6}^2}{4}+9\frac{\sqrt{2}^2}{4}}=\sqrt{6} \tag{27}$$

は第二象限の点であり,偏角 $\arg a$ の正接は公式(18)より

$$\tan\arg a=\frac{\frac{3\sqrt{2}}{2}}{-\frac{\sqrt{6}}{2}}=-\sqrt{3}=\tan\left(\frac{\pi}{2}+\frac{\pi}{6}\right),\ \arg a=\frac{2\pi}{3} \tag{28}$$

なので,オイラーの公式(14)より,

$$\mathrm{e}^{4\pi\mathrm{i}}=\cos(4\pi)+\mathrm{i}\sin(4\pi)=1,$$
$$\mathrm{e}^{\frac{2\pi}{3}\mathrm{i}}=\cos\frac{2\pi}{3}+\mathrm{i}\sin\frac{2\pi}{3}=-\frac{1}{2}+\frac{\sqrt{3}}{2}\mathrm{i}$$

であり,指数の法則と併用し

$$a:=-\frac{\sqrt{6}}{2}+\frac{3\sqrt{2}}{2}\mathrm{i}=\sqrt{6}\,\mathrm{e}^{\frac{2\pi}{3}\mathrm{i}} \tag{29}$$

を7乗して,

$$a^7=(\sqrt{6}\,\mathrm{e}^{\frac{2\pi}{3}\mathrm{i}})^7=\sqrt{6}^{\,7}\mathrm{e}^{\frac{14\pi}{3}\mathrm{i}}=6^3\sqrt{6}\,\mathrm{e}^{\left(4\pi+\frac{2\pi}{3}\right)\mathrm{i}}=6^3\sqrt{6}\,\mathrm{e}^{4\pi\mathrm{i}}\mathrm{e}^{\frac{2\pi}{3}\mathrm{i}}$$
$$=216\sqrt{6}\,\mathrm{e}^{\frac{2\pi}{3}\mathrm{i}}=216\sqrt{6}\left(-\frac{1}{2}+\frac{\sqrt{3}}{2}\mathrm{i}\right)$$

の実部 $\alpha=216\sqrt{6}\left(-\frac{1}{2}\right)=-108\sqrt{6}$.

問題4の解答. 問題2で扱った様に $1+\mathrm{i}=\sqrt{2}\,\mathrm{e}^{\frac{\pi}{4}\mathrm{i}}$.

分子の絶対値は $\sqrt{1^2+\sqrt{3}^{\,2}}=\sqrt{2^2}=2$,$\sqrt{3}$ は $60°=\frac{\pi}{3}$ の正接であるから,$1+\sqrt{3}\,\mathrm{i}=2\mathrm{e}^{\frac{\pi}{3}\mathrm{i}}$.最後に,指数の法則を駆使して

2. 複素数の極形式

$$\left(\frac{1+\sqrt{3}\,i}{1+i}\right)^{12} = \left(\frac{2e^{\frac{\pi}{3}i}}{\sqrt{2}\,e^{\frac{\pi}{4}i}}\right)^{12} = (\sqrt{2}\,e^{(\frac{\pi}{3}-\frac{\pi}{4})i})^{12} = (\sqrt{2})^{2\times 6}(e^{\frac{\pi}{12}i})^{12} = 2^6 e^{\pi i}$$
$$= 64(\cos\pi + i\,\sin\pi) = -64$$

と計算するのが合格後2年の senior な学生である.

問題5の解答. 面倒なので,一挙に葬るべく,関係する複素数を,全て極形式で表すと,

$i = e^{\frac{\pi}{2}i}$, $1-i = \sqrt{2}\,e^{-\frac{\pi}{4}i}$, $1+i = \sqrt{2}\,e^{\frac{\pi}{4}i}$,

$\sqrt{3}+i = 2e^{\frac{\pi}{6}i}$, $1-\sqrt{3}\,i = 2e^{-\frac{\pi}{3}i}$ なので,指数の法則を自然に用い,

$$\frac{i}{1-i} + \frac{1-i}{i} = \frac{e^{\frac{\pi}{2}i}}{\sqrt{2}\,e^{-\frac{\pi}{4}i}} + \frac{\sqrt{2}\,e^{-\frac{\pi}{4}i}}{e^{\frac{\pi}{2}i}} = \frac{1}{\sqrt{2}}e^{(\frac{\pi}{2}+\frac{\pi}{4})i} + \sqrt{2}\,e^{(-\frac{\pi}{4}-\frac{\pi}{2})i}$$

$$= \frac{1}{\sqrt{2}}e^{\frac{3\pi}{4}i} + \sqrt{2}\,e^{-\frac{3\pi}{4}i}$$

$$= \frac{1}{\sqrt{2}}\left(-\frac{1}{\sqrt{2}} + \frac{1}{\sqrt{2}}i\right) + \sqrt{2}\left(-\frac{1}{\sqrt{2}} - \frac{1}{\sqrt{2}}i\right)$$

$$= -\frac{3}{2} - \frac{1}{2}i$$

とするのは,誰が見ても阿呆で,将棋や碁で,定跡や定石を倣い始めは極端に弱くなるのが,これに近いが,

$$(1+i)^4 + (1-i)^4 = (\sqrt{2}\,e^{\frac{\pi}{4}i})^4 + (\sqrt{2}\,e^{-\frac{\pi}{4}i})^4 = 4e^{\pi i} + 4e^{-\pi i} = 8\cos\pi = -8,$$

$$(\sqrt{3}+i)^5 = (2e^{\frac{\pi}{6}i})^5 = 32e^{\frac{5\pi}{6}i} = 32\left(\cos\frac{5\pi}{6} + i\,\sin\frac{5\pi}{6}\right) = 32\left(-\frac{\sqrt{3}}{2} + i\frac{1}{2}\right)$$

$$= -16\sqrt{3} + 16i,$$

$$\left(\frac{1-\sqrt{3}\,i}{\sqrt{2}}\right)^{10} = \left(\frac{2e^{-\frac{\pi}{3}i}}{\sqrt{2}}\right)^{10} = 2^5 e^{-\frac{10\pi}{3}i} = 32\left(\cos\frac{10\pi}{3} - i\,\sin\frac{10\pi}{3}\right)$$

$$= 32\frac{-1+\sqrt{3}\,i}{2} = -16 + 16\sqrt{3}\,i$$

に至り,極形式と指数の法則の駆使は真価を発揮する.

問題6の解答. 先ず(1)式右辺分母・子の偏角を求めるべく $\tan\theta = \dfrac{1}{2+\sqrt{3}}$ なる第一象限の角 θ を設定する.(1)の分母・子の絶対値は等しく,これを

r とすると極形式は $2+\sqrt{3}-i=re^{-i\theta}$, $2+\sqrt{3}+i=re^{i\theta}$, 商は指数の法則より自然に導かれ,

$$\frac{2+\sqrt{3}-i}{2+\sqrt{3}+i}=\frac{re^{-i\theta}}{re^{i\theta}}=e^{-2i\theta}.$$

ここで, 自然に正接の倍角の公式を用いる事に気付き,

$$\tan(2\theta)=\frac{2\tan\theta}{1-\tan^2\theta}=\frac{\dfrac{2}{2+\sqrt{3}}}{1-\left(\dfrac{1}{2+\sqrt{3}}\right)^2}=\frac{2(2+\sqrt{3})}{(2+\sqrt{3})^2-1}$$

$$=\frac{4+2\sqrt{3}}{6+4\sqrt{3}}=\frac{2(2+\sqrt{3})}{2\sqrt{3}(2+\sqrt{3})}=\frac{1}{\sqrt{3}}$$

なので, $2\theta=\dfrac{\pi}{6}$, $\theta=\dfrac{\pi}{12}$. すると, 最初の商

$$\frac{2+\sqrt{3}-i}{2+\sqrt{3}+i}=e^{-2i\theta}=e^{-\frac{\pi}{6}i}=\cos\frac{\pi}{6}-i\sin\frac{\pi}{6}=\frac{\sqrt{3}}{2}-\frac{1}{2}i,$$

$$\left(\frac{2+\sqrt{3}-i}{2+\sqrt{3}+i}\right)^3=(e^{-\frac{\pi}{6}i})^3=e^{-\frac{\pi}{2}i}=\cos\frac{\pi}{2}-i\sin\frac{\pi}{2}=-i,$$

更に, 次数が高くなる程指数の法則は真価を発揮し, 敵は幾万有りとても の精神一到

$$(e^{-\frac{\pi}{6}i})^{1997}=e^{-\frac{1997\pi}{6}i}=\cos\frac{1997\pi}{6}-i\sin\frac{1997\pi}{6}.$$

所で1997は入試の年度1997に因むが, $\dfrac{1997\pi}{6}=167\times 2\pi-\dfrac{7\pi}{6}$ が憎く,

$$(e^{-\frac{\pi}{6}i})^{1997}=\cos\frac{7\pi}{6}+i\sin\frac{7\pi}{6}=-\frac{\sqrt{3}}{2}-\frac{1}{2}i$$

何事か成らざらん！. 猶, 九州産業大学は偏角が $\dfrac{2\pi}{5}$ なる 1 の原始 5 乗根を誘導的に出題しており, この辺りが極形式のトップモードであるが, 本問同様誘導が無くても, 拙シリーズで解説している工学部学生の計算力では閃き無しに正解に達する. さも無くば, 本問の入試問題正解の様な閃きを要し, 著者の様な凡人の為せる技では無い. この普遍性こそ Anglo Saxon Standard 西欧文明の精髄である. 西南の役同様, 任意に徴兵しても, 精鋭の大統領親衛隊を粉砕出来る.

2. 複素数の極形式

角と複素数の差の商 旧制帝大入試に備える（と書いたが旧制高校生は，栄華の巷を低く見るエリートなので，医学部以外は殆ど無試験でした．その帝大医学部入試の伝統を踏まえ今尚，ワンランク上として医学部入試に出題されるので，医学部受験生に本書は必須．勿論，まえがきで解説した様に，本シリーズの大学学部的解法は，本問の様な，難関校・学部では大歓迎を記す事を忘れると序文で紹介した高校の先生の読者の不安を醸すであろう），旧制高校以来の伝統を踏まえ，図3の3個の複素数 z_1, z_2, z_3 が表す複素平面上の点を頂点とする三角形 $\triangle z_1 z_2 z_3$ の頂角 $\angle z_1 z_2 z_3$ を論じよう．複素数 z_1,

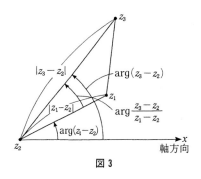

図3

z_2, z_3 は平面上の点を表すから，原点を始点とし点 z_1, z_2, z_3 を終点とする有向線分の表す位置ベクトルと同一視出来る．この観点で，複素平面上の点 z_1, z_2, z_3 を実際に眺めると，複素数 $z_1 - z_2$, $z_3 - z_2$ は点 z_2 を共通の始点とし，2点 z_1, z_3 を終点とする有向線分の表す2ベクトルである．その線分 $z_2 z_1$, 線分 $z_2 z_3$ の大きさこそ，ベクトルのノルムであり，複素数として絶対値 $|z_1 - z_2|$, $|z_3 - z_2|$ である．有向線分 $z_2 z_1$ 及び有向線分 $z_2 z_3$ と正の実軸の為す角こそ，偏角 $\arg(z_1 - z_2)$ 及び偏角 $\arg(z_3 - z_2)$ であり，従って，頂角 $\angle z_1 z_2 z_3 =$（有向線分 $z_2 z_3$ と正の実軸の為す角）－（有向線分 $z_2 z_1$ と正の実軸の為す角）＝偏角 $\arg(z_3 - z_2) -$ 偏角 $\arg(z_1 - z_2)$ を得るが，更に商の偏角の公式(24)より

$$頂角 \ \angle z_1 z_2 z_3 = \arg \frac{z_3 - z_2}{z_1 - z_2} \tag{30}$$

に達する．これが，複素数で初等幾何学を行う要であり，旧制中学以来初等

幾何こそ数学的思考力を養う形式陶冶に最適と信じる人々によって入試に出題されて来たので，古典的出題者に対応する方策として，是非，修めて欲しい．

問題 7 の解答． オイラーの公式(14)と指数の法則より，
$$(\cos A + i\sin A)^2 = (e^{\frac{\pi}{12}i})^2 = e^{\frac{\pi}{6}i} = \cos\frac{\pi}{6} + i\sin\frac{\pi}{6} = \frac{\sqrt{3}}{2} + \frac{1}{2}i.$$
三角形の内角の和は二直角に等しいから，$A+B+C=\pi$, $B+C=\pi-A$. さて，
$$\frac{(\cos B + i\sin B)(\cos C + i\sin C)}{\cos A + i\sin A}$$
$$= \frac{e^{Bi}e^{Ci}}{e^{Ai}} = e^{(B+C-A)i} = e^{(\pi-2A)i} = e^{\pi i}e^{-2Ai}$$
$$= (\cos\pi + i\sin\pi)\left(\cos\frac{\pi}{6} - i\sin\frac{\pi}{6}\right) = -\frac{\sqrt{3}}{2} + \frac{1}{2}i.$$

問題 8 の解答． 複素数 a に $e^{\alpha i}$ を掛ける事は幾何学的には，位置ベクトル a を正の向きに角 α だけ回転する事を意味するから，求める複素数を z とすると，
$$z - (\sqrt{3} - i\sqrt{3}) = e^{-\frac{\pi}{3}i}(-1 - i - (\sqrt{3} - i\sqrt{3})), \quad z = 1 + i.$$

問題 9 の解答． 3根を条件反射的に極形式で表し，
$$1 = e^{0i}, \quad \alpha = -\frac{1}{2} + \frac{\sqrt{3}}{2}i = e^{\frac{2\pi}{3}i}, \quad \beta = -\frac{1}{2} - \frac{\sqrt{3}}{2}i = e^{\frac{4\pi}{3}i}$$
を得るので，これは問題 1 の(イ)の $z^3=1$ の 3 根である事に気付か無くても，
$$\alpha + \beta = \left(-\frac{1}{2} + \frac{\sqrt{3}}{2}i\right) + \left(-\frac{1}{2} - \frac{\sqrt{3}}{2}i\right) = -1,$$
$$\alpha\beta = e^{\frac{2\pi}{3}i}e^{\frac{4\pi}{3}i} = e^{\frac{6\pi}{3}i} = e^{2\pi i} = \cos 2\pi + i\sin 2\pi = 1$$
なので，剰余定理より，求める 3 次方程式は $(z-1)(z-\alpha)(z-\beta)=0$, 即ち，
$$z^3 - (1+\alpha+\beta)z^2 + (\alpha+\beta+\alpha\beta)z - \alpha\beta = z^3 - 1 = 0$$
である．指数の法則は，指数が大きい程歓迎し，
$$\alpha^5 = (e^{\frac{2\pi}{3}i})^5 = e^{\frac{10\pi}{3}i} = \cos\frac{10\pi}{3} + i\sin\frac{10\pi}{3} = -\frac{1}{2} - \frac{\sqrt{3}}{2}i.$$
前問同様，

2. 複素数の極形式

$$\gamma - \beta = e^{-\left(\pi + \frac{\pi}{4}\right)i}(\alpha - \beta), \quad \gamma = \frac{\sqrt{6}-1}{2} - \frac{\sqrt{6}+\sqrt{3}}{2}i.$$

この手の出題も、トップモードである。

問題10一部の解答. 正三角形である為の必要十分条件は、三辺が等しいか、三頂角が等しいかの何れかが成立する事、を想起すれば十分で、前者は、$|\gamma - \alpha| = |\beta - \alpha| = |\gamma - \beta|$、後者は、$\angle\beta\alpha\gamma = \angle\alpha\gamma\beta = \angle\gamma\beta\alpha$ で、公式(30)より、

$$\arg\frac{\gamma-\alpha}{\beta-\alpha} = \arg\frac{\beta-\gamma}{\alpha-\gamma} = \arg\frac{\gamma-\beta}{\alpha-\beta}$$

である。さて、複素数 $\dfrac{\gamma-\alpha}{\beta-\alpha}$ の絶対値は $\gamma-\alpha$ と $\beta-\alpha$ の絶対値の商であるが、上に見た正三角形の三辺は等しいとの条件より、等しい者の商であるその商は1である。その偏角 $\arg\dfrac{\gamma-\alpha}{\beta-\alpha}$ は $\pm\dfrac{\pi}{3}$ であり、その極形式は

$$\frac{\gamma-\alpha}{\beta-\alpha} = e^{\pm\frac{\pi}{3}i} = \frac{1}{2} \pm \frac{\sqrt{3}}{2}i.$$

残りは等角写像132頁で論じる。

問題11一部の解答. 極形式

$$\frac{z_2 - z_1}{z_3 - z_1} = (\sqrt{3}+1)e^{\frac{\pi}{6}i}$$

と公式(30)より、

$$\angle BAC = \arg\frac{z_3-z_1}{z_2-z_1} = \left|-\arg\frac{z_2-z_1}{z_3-z_1}\right| = \frac{\pi}{6} = 30°.$$

後は指数の法則は指数の高い方を歓迎し、

$$\left(\frac{z_3-z_1}{z_2-z_1}\right)^6 = ((\sqrt{3}+1)e^{\frac{\pi}{6}i})^{-6} = (\sqrt{3}+1)^{-6}e^{\pi i} = -\frac{13}{4} + \frac{15\sqrt{3}}{8}.$$

問題12, 13の解答. $\triangle z_1 z_2 z_3$ がこの向きに捻れ無く正三角形とする。公式(30)より $\arg\dfrac{z_3-z_2}{z_1-z_2}$ は正三角形の一頂角 $\angle z_1 z_2 z_3 = \pm\dfrac{\pi}{3}$ に等しく、z_1, z_2, z_3 の差の絶対値は三等辺長に等しいので、その比は1であるので、

$$\frac{z_3-z_2}{z_1-z_2} = \frac{z_2-z_1}{z_3-z_1} = \frac{z_1-z_3}{z_2-z_3}, \tag{31}$$

通分して

$$(z_3-z_2)(z_3-z_1)=(z_2-z_1)(z_1-z_2),$$
$$(z_1-z_3)(z_3-z_1)=(z_2-z_1)(z_2-z_3), \qquad (32)$$

展開して一つの式

$$z_1^2+z_2^2+z_3^2-z_1z_2-z_2z_3-z_3z_1=0 \qquad (33)$$

に達する．逆に(33)が成立すれば，(32)が成立し，三頂角が等しく，正三角形である．勿論，(6)の左辺を展開すると(33)式の左辺の2倍であり，(6)式と(33)式は同値な正三角形成必要十分条件である．

3．等角写像 ―大学入試にみる関数論的出題―

――― 問題 ―――

問題1． a, b を正の数とし，xy 平面上の2点 $A(a, 0)$ および $B(0, b)$ を頂点とする正三角形を ABC とする．ただし，C は第1象限の点とする．

(ア) 3角形 ABC が正方形 $D := \{(x, y) | 0 \leq x \leq 1, 0 \leq y \leq 1\}$ に含まれるような点 (a, b) の範囲を求めよ．

(イ) (a, b) がアの範囲を動くとき，3角形 ABC の面積 S が最大となるような (a, b) を求めよ．また，そのときの S の値を求めよ．

(東京大学理科前期日程試験)

問題2． 複素数 α, β, γ は複素平面上の正三角形の頂点を表すとする．

(ア) $\dfrac{\gamma - \alpha}{\beta - \alpha}$ を求めよ．

(イ) α が実軸上の正の部分を動き，β が虚軸上の正の部分を動くとき，γ の存在する範囲を図示せよ．

(鹿児島大学理系・教育学部前期日程試験再掲)

問題3． 複素数平面において，点 z に関する次の条件を考える：「原点と異なる点 a を中心として点 z を角 θ だけ回転させると，移った点の絶対値が a の絶対値の $\dfrac{1}{2}$ になる．」

(ア) $a = i$，$\theta = \dfrac{\pi}{2}$ のとき，上の条件を満す点 z の全体はどんな図形となるか．

(イ) (a, θ) を一組固定したとき，上の条件を満す点 z の全体はどんな図形となるか．

(ウ) a が実軸上にあるとき，(イ)の図形が虚軸に接するときの θ を求めよ．ただし，$0 \leq \theta < 2\pi$ とする．

(九州大学文理全学部前期日程試験)

問題4. z は $|z-2| \leq 1$ をみたす複素数，a は $0 \leq a \leq 2$ をみたす実数とする．さらに $w = iaz$ とする．ただし i は虚数単位である．

(ア) 複素数平面において w の存在範囲を図示せよ．

(イ) w の偏角の範囲を求めよ．

(法政大学法学部入学試験)

問題5.
$$z_1 = 1, \quad z_{n+1} = 2\left(\frac{1}{\sqrt{6}} + \frac{i}{\sqrt{n}}\right) z_n \quad (n=1,\ 2,\ 3,\ \cdots) \tag{1}$$

で定義される複素数列 $\{z_n\}$，について次の問に答えよ．

(ア) z_n の絶対値 $|z_n|$ が最大になるような n をすべて求めよ．

(イ) z_n の偏角 $\arg z_n$ を次の条件を満たすように定める．

$$\arg z_1 = 0, \quad 0 \leq \arg z_{n+1} - \arg z_n < 2\pi \quad (n=1,\ 2,\ 3,\ \cdots) \tag{2}$$

このとき，$\arg z_n > \pi$ となるような最小の n を求めよ．さらに $n \to \infty$ のとき $\arg z_n \to \infty$ となることを示せ．

(浜松医科大学前期日程試験)

問題6. 複素数 z に対して，O を原点とする座標空間上の点 P を
$$P\left(\frac{z+\bar{z}}{|z|^2+1},\ \frac{-i(z-\bar{z})}{|z|^2+1},\ \frac{|z|^2-1}{|z|^2+1}\right) \tag{3}$$

で定める．また，定数 α は絶対値が 1 の複素数であるとし，空間内に点

$$A\left(\frac{\alpha+\bar{\alpha}}{2},\ \frac{-i(\alpha-\alpha)}{2},\ \frac{|z|^2-1}{|z|^2+1}\right)$$

をとる．ただし，i は虚数単位である．

(ア) ベクトルの大きさは 1 であることを示せ．

(イ) w を $-\dfrac{1}{\bar{\alpha}}$ でない複素数とし，

$$z = \frac{w-\alpha}{\bar{\alpha}w+1} \tag{4}$$

とする．w の絶対値が 1 ならば，z は
$$|z+\alpha| = |z-\alpha| \tag{5}$$

を満たすことを示せ．
(ウ) 複素平面上 z の描く図形を図示せよ．
(エ) (5)を満たす z に対して，$\overrightarrow{OP}$ と $\overrightarrow{OA}$ は垂直であることを示せ．
(岡山大学理系学部・経済・教育学部前期日程試験)

問題7． 複素数 z を与えたとき，複素数 w は
$$w = \frac{z+p}{qz+r} \tag{6}$$
で定まるものとする．ただし，p, q, r は複素数の定数である．$z=0$, i, $-i$ のとき w はそれぞれ $w=1$, -1, 0 となる．
(ア) p, q, r を求めよ．
(イ) $|w|=1$ を満たすような z の集合を複素数平面上に図示せよ．
(横浜国立大学工学部前期日程試験)

問題8． i は虚数単位を表す．z がすべての実数を動くとき，等式
$$w = \frac{-3+(1+z)i}{z+i} \tag{7}$$
で $w=u+iv$ は複素平面上でどのような図形を描くか図示せよ．この w の絶対値 $|w|$ の最大値と最小値を求めよ．
(三重大学医・工学部前期日程試験)

問題9． 複素数 z に対し，
$$w = \frac{z+1}{z-2} \tag{8}$$
とおく．このとき，次の問に答えよ：
(ア) 複素数平面で，複素数 z を表す点が虚軸上にある為の条件を z, $\bar{z}$ を用いて表せ．
(イ) 複素数平面で，複素数 z を表す点が虚軸上を動くとき，複素数 w を表す点はどんな図形を描くか．
(長崎総合大学入学試験)

前節迄の必要事項の復習

関数 f が n 回微分可能な時，$0 \leq k \leq n$ に対する k 次の導関数 $f^{(k)}$ を用い

ると，177＋178＋188＋205頁で証明する，

Taylor の定理 $0<\theta<1$ があって，

$$f(a+h) = \sum_{k=0}^{n-1} \frac{f^{(k)}(a)}{k!} h^k + \frac{f^{(n)}(a+\theta h)}{n!} h^n \tag{9}$$

が成立する．

その延長として，実変数 x の関数 $f(x)$ が無限回微分可能，即ち，任意の自然数 k に対して，k 次の導関数 $f^{(k)}(x)$ が存在し，更に，例えば，局所的に $f^{(k)}(x)$ が k に無関係な上界を持つと言う様な，適当な条件の下では次の級数は収束し，**Taylor** 展開

$$f(a+h) = \sum_{k=0}^{\infty} \frac{f^{(k)}(a)}{k!} h^k \tag{10}$$

が出来る．

自乗したら -1 になる数を**虚数単位**と言い，i で表す．即ち，

$$\mathrm{i} := \sqrt{-1}. \tag{11}$$

実数 x, y と虚数単位 i を用いて，$z = x + \mathrm{i}y$ と表される数 z を**複素数**と言い，x をその**実部**，y をその**虚部**という．変数 z が実数の時は，上の要領で成立を証明できる，**自然対数の底** e に対する**指数関数**，e^z，**三角関数** $\cos z$，$\sin z$ に対する，上記 Taylor 級数(10)は，z が，直ぐ上に述べた，複素変数の時も，88/89頁で示した130頁のダランベールの公式(19)より，**収束半径 ∞ で**，**整関数**を与えるので，変数 z が複素数の時は，

指数関数の定義式

$$\mathrm{e}^z = \sum_{k=0}^{\infty} \frac{z^k}{k!} = 1 + \frac{z}{1!} + \frac{z^2}{2!} + \cdots + \frac{z^n}{n!} + \cdots, \tag{12}$$

余弦関数の定義式

$$\cos z = \sum_{k=0}^{\infty} (-1)^k \frac{z^{2k}}{(2k)!} = 1 - \frac{z^2}{2!} + \frac{z^4}{4!} + \cdots + (-1)^n \frac{z^{2n}}{(2n)!} + \cdots, \tag{13}$$

正弦関数の定義式

$$\sin z = \sum_{k=0}^{\infty} (-1)^k \frac{z^{2k+1}}{(2k+1)!} = z - \frac{z^3}{3!} + \frac{z^5}{5!} + \cdots + (-1)^n \frac{z^{2n+1}}{(2n+1)!} + \cdots \tag{14}$$

を定義式とする．

絶対収束，従って，無条件収束して居る，上の指数関数の展開(12)にて，z の所に $\mathrm{i}z$ を代入し，偶数ベキと奇数ベキに分けて和を取ると

3. 等角写像

オイラー Euler の公式
$$e^{iz} = \cos z + i \sin z. \tag{15}$$
に達する.

de Moivre の公式 z が複素数の時に成立するオイラーの公式(15)に角を表す $z = \theta$ を代入し,自然数の n 乗すると指数の法則より,ド・モアブルの公式
$$(\cos\theta + i \sin\theta)^n = (e^{i\theta})^n = e^{in\theta} = \cos n\theta + i \sin n\theta \tag{16}$$
が成立する.

複素平面 複素数全体の集合を C で表す.各複素数 $z = x + iy$ に平面上の点 (x, y) を対応させると複素数全体の集合 C と平面との間に一対一の対応が付くので,点 (x, y) と書く換わりに点 $z = x + iy$ と複素数の儘記し,複素数を平面上の点と同一視する.この様に,複素数全体の集合 C は平面上の点全体の集合,即ち,平面と同一視され,関数論では**複素平面** complex plane,高校の教科書では複素数平面と言う.我々の学ぶ数学は西欧の一神教キリスト教・ユダヤ文明の神髄であり,いわゆる,Global Standard は多様な価値を認めない Anglo Saxon Standard である.三つの価値観の並立は許されない.z は,複素数としての z,平面上の点としての z,位置ベクトルとしての z の三態を持ち,父と子と精霊を同じ物の異なる表現と見る,三位一体論的に,同じ物 z の異なる表現と理解する事が肝要である.

複素数 $z = x + iy$ に対応する平面上の点 (x, y) に対する,高校の数学 C の極座標 (r, θ) の筆法に於ける**動径** $r = \sqrt{x^2 + y^2}$ **は複素数** $z = x + iy$ **の絶対値**でもある.その筆法での (x, y) の偏角 θ は複素数 $z = x + iy$ の**偏角**でもある.この時,複素数 $z = x + iy$ に対応する平面上の点 (x, y) の座標に対する $x = r\cos\theta$, $y = r\sin\theta$ と(15)より,複素数 $z = x + iy$ の**極形式**,
$$z = re^{i\theta} \tag{17}$$
が導かれ,乗法と除法に真価を発揮する.

整級数 a を複素定数,z を複素変数,$\{c_n ; n \geq 0\}$ を複素数列とする.級数
$$f(z) := \sum_{n=0}^{\infty} c_n (z-a)^n \tag{18}$$
を a を中心とする整級数と言う.次に,**ダランベールの公式**を挙げる:

d'Alembert の公式　収束半径 $R = \lim_{n \to \infty} \frac{|c_n|}{|c_{n+1}|}$ が存在する時，整級数(18)は $|z-a| < R$ で絶対且つ広義一様収束し，$|z-a| > R$ で発散する． (19)

然も，係数 c_n に n の多項式程度を掛けても，収束半径は変わらず，(18)は，任意の階数 k 回，**複素項別微分可能**で，

$$\frac{d^k}{d^k z} \sum_{n=0}^{\infty} c_n(z-a)^n = \sum_{n=k}^{\infty} n(n-1)\cdots(n-k+1) c_n (z-a)^{n-k} \tag{20}$$

が成立する．

　複素平面の領域 D で定義される複素数値関数は，D の各点 a の適当な近傍 $|z-a| < R$ で収束する整級数で表される時，**解析関数** analytic function と言う．又，複素微分可能な時，**正則関数** reguler 又は holomorphic function と言う．90〜92頁で学んだ複素微分可能性より，上記定義で，解析関数は正則関数である．長征的証明を要するが，逆も成立し，**正則性は解析性と同値**である．複素微分の定義は，形式的には，実変数の場合の定義と同じであり，従って実の場合の公式，四則演算の公式，合成関数の微分法，逆関数の微分法等が，証明と共に，複素変数の場合にも成立する．上の(20)から，多項式は複素微分可能であり，従って，有理関数も，分母が 0 にならない領域で，微分可能，即ち，正則である．此処迄が復習で，以下は新修である．

合同変換と相似変換　h を複素定数，z を複素変数とし，z を w に写す変換

$$w = z + h \tag{21}$$

を考察する．複素数 h, z を，原点を始点とする位置ベクトルと考えると，その和 $z+h$ は，z, 0, h, $z+h$ を頂点とする，平行四辺形の 0 と向かい合った頂点であるから，ベクトルとしての z と h の和であり，点 z の h だけ

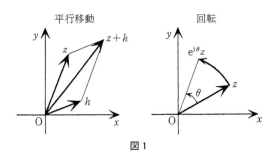

図1

3. 等角写像

の**平行移動**を意味する．

θ を弧度法による角を表す実定数，z を複素変数とし，z を w に写す変換

$$w = e^{\theta i} z \tag{22}$$

を考察する．z の偏角に更に角 θ を加えたのが，w の偏角だから，(22)を眺めた瞬間に，変換(22)は角 θ だけの回転である事を悟る．複素解析に初心な高校生も，オイラーの公式に留意し，w と z を $w = u + iv$, $z = x + iy$ の様に実部 u, x 虚部 v, y で表すと，丁度，角 θ だけの**回転**

$$u = x\cos\theta - y\sin\theta, \quad v = x\sin\theta + y\cos\theta \tag{23}$$

である事を知る．(22)対(23)は，字数にして6対27字，一桁の相違があるが，それ以上に，眺めた瞬間に深い内容が分かる，複素解析を学びつつある．以上の(21)と(22)は図形の位置は変えても，図形の形は元より大きさも変えない**合同変換**である．これに反し，一般の複素定数 a を掛ける変換 $w = az$ は，a を極形式 $a = |a|e^{i\arg a}$ で表す時，$w_1 = e^{i\arg a}z$ は角 $\arg a$ だけの回転であるが，変換 $w_2 = |a|w_1$ は，ベクトル w_1 のスカラー $|a|$ 倍なので，$|a| < 1$ の時は縮小，$|a| > 1$ の時は拡大で，共に合同変換ではない．$|a| = 1$ の時のみ，恒等変換，つまり，動かさないので，合同変換に属する．$w = az$ はこれらの合成である．かくして，複素定数 a を掛けて，複素定数 b を加える，変換

$$w = az + b \tag{24}$$

は角 $\arg a$ だけの回転の後に $|a|$ 倍の拡大縮小を行い，更に，b だけ平行移動させた変換で，図形の位置と大きさは変えるが，図形の形は変えない**相似変換**である．$|a| = 1$ の時のみ，合同変換に属するが，相似変換に包摂される．

問題1の解説． (イ) $A = a$, $B = bi$, $C = x + yi$ と点を，複素数視すると，正三角形をなすとの条件より，線分 $A - B$ を $60° = \dfrac{\pi}{3}$ 回転した物が線分 $C - B$ である．ここで，三位一体論的に，線分を複素数と見ると，$60°$ の回転は，オイラーの公式(15)を参照した，

$$e^{\frac{\pi}{3}i} = \cos\frac{\pi}{3} + i\sin\frac{\pi}{3} = \frac{1 + \sqrt{3}\,i}{2}$$

を z に掛けた $\theta = \dfrac{\pi}{3}$ の時の変換(22)だから，$C - B = e^{\frac{\pi}{3}i}(A - B)$．$x, y$ に付

いて解き
$$x = \frac{a+\sqrt{3}b}{2}, \quad y = \frac{\sqrt{3}a+b}{2}$$
を得，この様に時間を節約し，残りの普通の数学に，誤り無き様，十分な時間を懸けられる．旺文社がこの様に複素数を利用しての解答時間節約を勧めているのは，東大合格の為，将に意有るべし！

問題2の解説． 同じく，$\gamma - \alpha = e^{\pm\frac{\pi}{3}i}(\beta - \alpha)$．これに $\alpha = $ 実数 a，$\beta = $ 純虚数 bi を代入した後は普通の数学である．

問題3の解答．「　」の中の，a を中心として点 z を角 θ だけ回転させる事は，線分 az を角 θ だけ回転させる事であるから，得られる点 z' は，$z' - a = e^{i\theta}(z-a)$ で与えられ，「　」の中の条件は，上の式と $|z'| = \frac{|a|}{2}$ の連立である．前者は，$z' = a + e^{i\theta}(z-a)$ なので，z の係数 $e^{i\theta}$ が絶対値 $=1$ の一次式で与えられ，$z \to z'$ は合同変換であり，像が $|z'| = \frac{|a|}{2}$ なる，中心 0，半径 $\frac{|a|}{2}$ の円で有れば，原像も半径 $\frac{|a|}{2}$ が変わらぬ円で，中心だけは，$z'=0$ を z で解いた，$e^{i\theta}(z-a) = -a$，$z-a = -ae^{-i\theta}$，オイラーの公式(15)より，中心 $z = a(1-\cos\theta + i\sin\theta)$，高数的式で表すと，円 $|z - a(1-\cos\theta+i\sin\theta)| = \frac{|a|}{2}$．$a=i$，$\theta = \frac{\pi}{2}$ なる特別な場合は，中心 $-1+i$，半径 $\frac{1}{2}$ の円．読者は，絵を描けば納得頂くが，一般の場合の中心の実部が丁度半径 $\frac{|a|}{2}$ に一致する事が円が虚軸に接する為の必要十分条件で，a が実数の時は，$|a(1-\cos\theta)| = \frac{|a|}{2}$，即ち，$\cos\theta = \frac{1}{2}$，$\theta = \frac{\pi}{3}$ or $\theta = \frac{5\pi}{3}$．

問題4の解答． $a=0$ の時は $w=$ 定数 0 で，像は一点 0 で trivial，面白くないので，$a>0$ の時を考える．一次式 $w=iaz$ は，$i = e^{i\frac{\pi}{2}}$ の偏角 $\frac{\pi}{2}$，つまり，直角の回転と z の係数 ia の絶対値 $a<1$ の時は縮小，$a>1$ の時は拡大の合成で，相似変換．$a=1$ の時のみは，回転のみの合同変換であり，何れの場合も，境界を含む，閉円板 $|z-2| \le 1$ を閉円板に写す．その中心は，元の中

心 $z=2$ の像 $w=2ia$ であり,半径は,元の半径 1 に,縮小又は拡大率である,z の係数 ia の絶対値 a を掛けた,a であるので,像の閉円板は $|w-2ia| \leq a$. 読者は,絵を描くと納得出来るが,虚軸上の点 $2ia$ を中心とし,虚軸と点 ia, $3ia$ で交わる円とその内部である.求める範囲は,a が 0 から 2 迄動く時,$a=0$ の時の原点のみの点円から出発し,中心は虚軸上を上に移動しながら,半径が a と共に大きくなりつつ,$a=2$ で最大の円に達し,終了する.閉円板の合併で,虚軸上の点 $2i$ を中心とし,虚軸と点 i, $3i$ で交わる上記最大半径の円とその内部及び,原点を中心とし,原点からの径が,この円に接する点 $\sqrt{3}+3i$ から $-\sqrt{3}+3i$ に向かう扇形の周及び内部の合併であり,$\sqrt{3}+3i$, $-\sqrt{3}+3i$ の偏角が求める,最小と最大な偏角で,偏角の範囲は $\dfrac{\pi}{3}=60°\leq \arg w \leq \dfrac{5\pi}{6}=120°$.

問題 5 の解答. 隣接二項の比 $2\left(\dfrac{1}{\sqrt{6}}+\dfrac{1}{\sqrt{n}}i\right)$ の偏角は $\theta_n := \tan^{-1}\dfrac{\sqrt{6}}{\sqrt{n}}$,極形式は $\sqrt{\dfrac{1}{6}+\dfrac{1}{n}}e^{i\theta_n}$. 目標の比 $\dfrac{|z_{n+1}|}{|z_n|}=2\sqrt{\dfrac{1}{6}+\dfrac{1}{n}}$ は $n<12$ の時 1 よりも大きく,$|z_n|$ は増加状態,$n=12$ の時 1 で最大を与え,$n>12$ の時,1 より小さく減少状態.よって,$n=12, 13$ の時の $|z_{12}|=|z_{13}|$ が最大.

$$z_n = z_1 \dfrac{z_2}{z_1}\dfrac{z_3}{z_2}\cdots\dfrac{z_n}{z_{n-1}}$$

$$= 2^{n-1}\sqrt{\dfrac{1}{6}+\dfrac{1}{1}}e^{i\theta_1}\sqrt{\dfrac{1}{6}+\dfrac{1}{2}}e^{i\theta_2}\sqrt{\dfrac{1}{6}+\dfrac{1}{3}}e^{i\theta_3}\cdots\sqrt{\dfrac{1}{6}+\dfrac{1}{n-1}}e^{i\theta_{n-1}}$$

$$= 2^{n-1}\sqrt{\dfrac{1}{6}+\dfrac{1}{1}}\sqrt{\dfrac{1}{6}+\dfrac{1}{2}}\sqrt{\dfrac{1}{6}+\dfrac{1}{3}}\cdots\sqrt{\dfrac{1}{6}+\dfrac{1}{n-1}}e^{i(\theta_1+\theta_2+\theta_3+\cdots+\theta_{n-1})}.$$

求めるのは

$$\sum_{k=1}^{n-1}\theta_k = \sum_{k=1}^{n-1}\tan^{-1}\dfrac{\sqrt{6}}{\sqrt{k}}$$

が π より大である最小の n なので,小さい順に,次々と調べる.$n=1$ の時は,1 の偏角は 0 で駄目.$n=2$ の時は

$$\tan^{-1}\dfrac{\sqrt{6}}{\sqrt{1}}<\dfrac{\pi}{2}$$

で駄目.$n=3$ の時の

$$\arg z_3 = \tan^{-1}\frac{\sqrt{6}}{\sqrt{1}} + \tan^{-1}\frac{\sqrt{6}}{\sqrt{2}}$$

は正接の加法定理より，

$$\tan(\arg z_3) = \frac{\sqrt{6}+\sqrt{3}}{1-\sqrt{6}\sqrt{3}}$$

は計算しなくてもマイナスで第二象限の角で駄目．$n=4$ の時の $\arg z_4 = \arg z_3 = \theta_3$ は正接の加法定理より，

$$\tan(\arg z_4) = \tan(\arg z_3 + \theta_3) = \frac{\tan(\arg z_3) + \tan\theta_3}{1 - \tan(\arg z_3)\tan\theta_3}$$

であるが，$\tan(\arg z_3)$ は上に見た様に負なので，分母は正，分子第 1 項は負だが，その絶対値 $\frac{7\sqrt{3}+4\sqrt{6}}{17} = 1.28\cdots$ よりも第 2 項 $\sqrt{2} = 1.41\cdots$ の方が少し大きいので，やはり，正．分母と分子が共に正なので，$\tan(\arg z_4)$ は正である．然も，第二象限の角 $\arg z_3$ に $\frac{\pi}{3} = \tan^{-1}\sqrt{3}$ よりも小さな $\theta_3 = \tan^{-1}\sqrt{2}$ を加えたに過ぎないので，確実に第 3 象限の角であり，$\arg z_4 > \pi$．求める最小の n は 4 である．

最後に，

$$\arg z_{n+1} - \arg z_n = \arg\frac{z_{n+1}}{z_n} = \theta_n = \tan^{-1}\frac{\sqrt{6}}{\sqrt{n}}$$

であるが，$\frac{\sqrt{6}}{\sqrt{n}} \leq \sqrt{6}$，$\sqrt{6}^2 + 1 = 7$ である事を認識しつつ，$0 < x < \sqrt{6}$ の時，

$$\left(\tan^{-1}x - \frac{x}{7}\right)' = \frac{1}{x^2+1} - \frac{1}{7} > \frac{1}{7} - \frac{1}{7} = 0 \quad (0 < x < \sqrt{6})$$

なので，関数 $\tan^{-1}x - \frac{x}{7}$ は増加関数，然も，$x=0$ で 0 なので，$0 < x < \sqrt{6}$ では，$\tan^{-1}x - \frac{x}{7} > 0$．これを念頭に入れると，

$$\arg z_{k+1} - \arg z_k = \arg\frac{z_{k+1}}{z_k} = \theta_k = \tan^{-1}\frac{\sqrt{6}}{\sqrt{k}} > \frac{\sqrt{6}}{7\sqrt{k}} > \int_k^{k+1}\frac{\sqrt{6}}{7\sqrt{x}}dx.$$

$k=1, 2, \cdots, n-1$ を代入し，辺々相加えると，$n \to \infty$ の時，

3. 等角写像

$$\arg z_n - \arg z_1 > \int_1^n \frac{\sqrt{6}}{7\sqrt{x}} dx = \frac{2\sqrt{6}}{7}(\sqrt{n}-1) \to +\infty.$$

従って，$n\to$の時，$\arg z_n \to +\infty$．

　旺文社の，虚部が負なる条件に $\sin x < x$ を用いる解答の方が閃きを要するが，平易である．それでも，本問が出来る高・予備校生には筑豊の方言で，お主遣るのう！と言いたい．大学 junior で数学の講義を受けている一般学生よりもレベルは上で，コンピュータを駆使して医療を行う21世紀の医学者は兎も角，数学者にも向いて居る．医学部受験高校生は，須く本書を，購読，先ず数学を学ぶべきである．猶，121頁で述べた様に，数学で受験生を選別するのは，旧帝大医学部以来の医学界の伝統であり，個々の医大を論じているのでも，その善し悪しを論じているのでも無く，現状を分析して居るに過ぎ無い．今，気付いたが，高数の円周と円を，学部の関数論では，**円**と**円板**と言う．述語は帰属意識に依存するので，レベルの高い大学を受験する本書高校生読者は，拙文の通りの入試解答で良い．大学の，然も学部の，数学に通じていると認知されるだけであり，マイナスに成る筈が無い．そうで無い場合でも却って純粋な数学者の比率は多く，教育系大学を含めて，数学教育の専門家でない限り，出題・採点者は，十年毎に目まぐるしく変わる，指導要領に無垢な，純粋な数学者であり，受験生が他大学の公開講座を受けたと思われるからと言って，マイナスに評価する筈がない．名大や九大等多くの大学，及び多変数関数論等多くの日本数学会の研究 groups は後継者の養成を目指して，毎年高校生に対する公開講座を開き，受講生の中から，大学院に進学する者が出る事を期待している．現に，その中の高女の流れを汲む高校より，推薦入学した女子は，修士一年で，学振の博士特別研究生に合格，その結果，修士は一年で博士に飛び入学，博士は二年で期限短縮で学位取得，学振研究員として，Hamburg 大・東大で研究，三年の期限終了の三月，妊娠六ヶ月の身を，上智大助手に採用された．異教徒ながら，叡慮満ち満ち給う聖母御マリヤに感謝すると共に，エリート女子高校生には，男女差別がこの様に全く無い，数学界に身を投じられる様，お勧めする．この様可能性を如実に示す答案を，重点化により大学院の学生定員が三倍増した大学の，高数には純真無垢な純粋の数学者がマイナスに評価する筈がない．教育系大

学でも，大学院教育に力点を移しつつあり，全く同じ！

問題6の解説． これぞ将に，局所コンパクトで，非コンパクトな位相空間の一点コンパクト化の具体例である．複素平面上の点 z，即ち，複素数 $z := x + iy$ に対し

$$\xi := \frac{z + \bar{z}}{|z|^2 + 1}, \quad \eta := \frac{-i(z - \bar{z})}{|z|^2 + 1}, \quad \zeta := \frac{|z|^2 - 1}{|z|^2 + 1} \tag{25}$$

を成分とする $\xi\eta\zeta$（発音は xi eta zeta）空間上の点 $P := (\xi, \eta, \zeta)$ を対応させる写像 $z \to P$ を考察すると，

$$\xi^2 + \eta^2 + \zeta^2 = \left(\frac{z+\bar{z}}{|z|^2+1}\right)^2 + \left(\frac{-i(z-\bar{z})}{|z|^2+1}\right)^2 + \left(\frac{|z|^2-1}{|z|^2+1}\right)^2$$

$$= \left(\frac{2x}{x^2+y^2+1}\right)^2 + \left(\frac{2y}{x^2+y^2+1}\right)^2 + \left(\frac{x^2+y^2-1}{x^2+y^2+1}\right)^2$$

$$= \frac{4(x^2+y^2) + (x^2+y^2-1)^2}{(x^2+y^2+1)^2} = 1 \tag{26}$$

が成立し，点 P は $\xi\eta\zeta$ 空間 $\mathbf{R}^3$ の原点を中心，半径を1とする**単位球面**

$$\mathbf{P} := \{(\xi, \eta, \zeta) \in \mathbf{R}^3 ; \xi^2 + \eta^2 + \zeta^2 = 1\} \tag{27}$$

上にある．(25)にて $|z| \to \infty$ とすると，ξ, η の分子は共に，$2|z|$ で押さえられるので，$\xi, \eta \to 0$ であるが，分母分子共に $|z|$ の2乗のオーダーの $\zeta \to 1$．そこで，単位球面上の点 $N := (0, 0, 1)$ を**北極**，$S := (0, 0, -1)$ を**南極**と呼ぶ事にする．ζ の作り方(25)より，複素平面上の単位円 $|z|=1$ の点 z は全て，$\xi\eta$ 平面，即ち，$\zeta=0$ 上の点 $(\xi, \eta, 0)$ に写り，然も，著しいのは，$\xi=x$，$\eta=y$ が成立し，$\xi\eta$ 平面を xy 平面，即ち，複素平面と同一視すれば，単位球面と，$\xi\eta$ 平面との切り口が，将に，複素平面の単位円と一致する．更に，単位開円板 $|z|<1$ は，南半球 $\eta<0$ に，単位開円板の外部 $|z|>1$ は北半球 $\eta>0$ に写る．

逆に，北極でない球面上の点 $(\xi, \eta, \zeta) \in \mathbf{P} - \{N\}$ に対して，複素数

$$z = \frac{\xi + i\eta}{1 - \zeta} \tag{28}$$

の写像(25)による像は点 (ξ, η, ζ) に戻る．この様に，写像(25)と(28)は，複素平面 $\mathbf{C}$ から，単位球面から北極を除いた $\mathbf{P} - \{N\}$ の上への一対一連続な写像とその連続な逆写像の組である．理学部数学科で学ぶ位相数学の述語を

3. 等角写像

用いると，複素平面 **C** と単位球面から北極を除いた **P**−{*N*} は位相同型で，位相数学の立場では同一視出来る．初等幾何学的には，複素数 $z=x+iy$ の平面を上述の様に，ξ, η 軸を実，虚軸と見て，$\xi\eta\zeta$ 空間の中の $\xi\eta$ 平面 $\zeta=0$ と見ると，

$$x : y : -1 = \xi : \eta : \zeta - 1 \qquad (29)$$

なる関係があるから，3 点 $(x, y, 0)$，(ξ, η, ζ)，N は同一直線上にあり，図 2 に示す様に北極 N からの射影関係にある．これを**立体射影** stereographic projection と言う．関数論では，**P** を**リーマン Riemann 球面**と言い，代数幾何では**1 次元の複素射影空間**と言う．

敗戦直後はアイスキャンデーであったが，少し後に，進化したアイスボンボンと言うのがあって，ゴムの Riemann 球面の内部に凍った甘い汁が入れてあって，北極 N を爪楊枝でつつくと，北極 N を除かれた球面は破れて平面的になり，中のアイスが吸える状態である．この破れて平面的になったゴムを無限に引き延ばすと複素平面への対応(25), (28)になると，アイスボンボンの実物を持参して，数学科の学生に説いて来た．

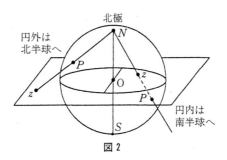

図 2

複素平面に ∞ と書く**無限遠点**を導入し，$|z|\to\infty$ の状態を，無限遠点に近付くと考え，更に複素数体＝複素平面 **C**, に無限遠点を付加した $\overline{\mathbf{C}} := \mathbf{C} \cup \{\infty\}$ を**拡張された複素平面**と称し，任意の複素数 a, $b \neq 0$ に対して，演算

$$a + \infty = \infty + a = \infty, \quad b \times \infty = \infty \times b = \infty \qquad (30)$$

を定義すると，非常に便利である．実数の連続性公理は，数直線上，もはや

空席が無い事を主張しており，その自乗の複素平面にも，もはや空席は無い筈であるが，点が無限に遠のく時，仮想的に無限遠点に近付くと考えると，便利である．仏教でもキリスト教でも，凡そ合理的な宗教にて，教祖は地獄の存在等，述べては，居ないが，ダンテ神曲の様に，地獄を，善男善女に絵解きし，悪い事をしたら，地獄に行くからするな，良い事をしたら，極楽に行くからせよ，と解けば悪人が減り，善人が増えるなら，大いに結構である．それでも効き目が無い時の死刑制度も，和歌山無差別毒殺事件を考えると，同様であろう．しかし，地獄・極楽と同様に無限遠点を考えよ，と説くのは，学問では無い．偶像崇拝を禁止する Anglo Saxon＝Global 文明では，これでは，数学に成らぬので，上記対応(25)，(28)にて，拡張された複素平面 $\overline{\mathbf{C}}$ を Riemann 球面 $\mathbf{P}$ と同一視する．その際，無限遠点 ∞ には北極 N を対応させると，$\overline{\mathbf{C}}$ と $\mathbf{P}$ とは位相同型となり，偶像崇拝を禁止する，Global＝Anglo Saxon Standard に叶い，目出度し目出度しである．キリスト教・ユダヤ文明である事を忘れては，数学がその精華である，西欧文明を論じる事は出来ない．

等角写像 xy 平面の一点 (α, β) にて滑らかな 2 曲線 γ_1, γ_2 の接線の為す角 θ を，点 (α, β) に於ける 2 曲線 γ_1, γ_2 の為す角と言う．2 曲線 γ_1, γ_2 を方程式 $y=y_1(x)$, $y=y_2(x)$ で表す時，x 軸と接線の為す角 θ_1, θ_2 の正接は，$y'_1(\alpha)$, $y'_2(\alpha)$ で表されるから，2 曲線 γ_1, γ_2 の為す角 θ は

$$\tan\theta = \tan(\theta_1-\theta_2) = \frac{\tan\theta_1-\tan\theta_2}{1+\tan\theta_1\tan\theta_2} = \frac{y'_1(\alpha)-y'_2(\alpha)}{1+y'_1(\alpha)y'_2(\alpha)}. \tag{31}$$

複素平面の領域 D にて，130頁の意味で，**正則，即ち**，D の各点で**複素微分可能**な関数 $f(z)$ で，D の各点 z で複素微分係数 $f'(z)$ が 0 にならない物を考察する．関数 $f(z)$ は D の各点 a で複素微分係数であるから，$w=f(z)=f(a)+f'(a)(z-a)+o(|z-a|)$ と表され，高位の無限小 $o(|z-a|)$ を度外視すれば，一次式 $w=f(a)+f'(a)(z-a)$ と同じである．この一次式は，既に学んだ様に，相似変換であるから，2 曲線 γ_1, γ_2 の為す角と，その像曲線 $f(\gamma_1)$, $f(\gamma_2)$ の為す角を向き迄込めて同じくする．一方，これらの角は公式(31)より，一次の微分係数にしか依存せず，高位の無限小の部分には無関係であるから，結論として，写像 $w=f(z)$ は 2 曲線 γ_1, γ_2 の為す

3. 等角写像

角を向き迄込めて不変する．従って，微分係数が 0 にならない正則関数を**等角写像**である，又は，等角に写像する，と言う．

一次変換 a, b, c, d を $ad-bc \neq 0$ を満たす複素定数とする時，関数

$$w = f(z) = \frac{az+b}{cz+d}, \quad f'(z) = \frac{ad-bc}{(cz+d)^2} \neq 0 \tag{32}$$

を**一次変換**と言う．90〜92頁で学んだ様に，整級数，従って，多項式は複素微分可能であり，その商たる有理関数も複素微分可能であるから，一次変換 (32) も正則で，上に見た様に等角写像を為す．更に，以下に説明する様な，円円対応である．

分母が無ければ，相似変換なので，円を円に，直線を直線に写す．分母がある $c \neq 0$ の時，(32) の右辺の割り算を実行すれば

$$w = f(z) = \frac{a}{c} - \frac{\dfrac{ad-bc}{c^2}}{z + \dfrac{d}{c}} \tag{33}$$

であり，一次式と**反転**と呼ばれる $w = \dfrac{1}{z}$ の合成なので，この反転を考察すれば十分である．

点 a を中心とする，半径 r の円の方程式は $|z-a| = r$．自乗し，$(z-a)(\bar{z}-\bar{a}) = r^2$．整理すると

$$A z\bar{z} + \bar{B} z + B \bar{z} + C = 0, \quad (A \geq 0, \ C \text{ 実数}, \ |B|^2 - AC > 0). \tag{34}$$

ここで $A > 0$ だが，**直線も，無限遠点 ∞ を通る円**，乃至，半径 ∞ の円，と考え，$A = 0$ の場合も包摂すると，大変便利である．その反転による像を求めるべく，$z = \dfrac{1}{w}$ を代入すると，同じタイプの $C w\bar{w} + B w + \bar{B} \bar{w} + A = 0$ で，直線を円の仲間に入れると，やはり円である．従って，次の有用な基本事項を得る：

$$\text{一次変換は円円対応の等角写像である．} \tag{35}$$

問題 7 の解答． 与えられた条件より，$p = r = i$，$q = -3$ であり，式の形より z 平面の虚軸の像は w 平面の実軸である．w 平面でその実軸と $w = -1, 1$ で直交する円 $|w| = 1$ の原像は z 平面で $z = i, 0$ で虚軸と直交する円である．

読者が絵を描くと，理解頂けるが，この円は，中心 $\frac{i}{2}$，半径 $\frac{1}{2}$ の原点で実軸に接する円 $\left|z-\frac{i}{2}\right|=\frac{1}{2}$ である．**高級な学問をすればする程，計算しなくて答えが出る．**旺文社が説く様に，これで解答時間を稼ぎ，難関大学や医学部に合格しましょう．

問題 8 の解説． 実軸は，分子で i との積をなす $z+1$ を 0 にする -1 及び 0，∞ を通る円であり，これらの像点は，少し計算すると，

$$\frac{-3}{-1+i}=\frac{3(1+i)}{(1+i)(1-i)}=\frac{3}{2}+\frac{3}{2}i,\quad \frac{-3+i}{i}=3+i,$$

及び z の係数の商 3i であり，読者には絵を描いて理解頂きたいが，この三点を通る円は，中心 $\frac{3}{2}+3i$，半径 $\frac{3}{2}$ の 3i で虚軸に接する円

$$\left|w-\left(\frac{3}{2}+3i\right)\right|=\frac{3}{2}$$

である．

問題 9 の解答． 複素数 z の虚部は $z+\bar{z}$ 割る 2 なので，虚軸は $z+\bar{z}=0$ であるが，この誘導に従わずに行く．先ず，実軸と虚軸は，夫々，∞，-1，2 と ∞，0，i の 3 点の組を通る ∞ で直交する円と見ると，像は，像点 1，0，∞ と 1，$-\frac{1}{2}$，及びもう一点を通る円で，前者は ∞ を通る円なので，1，

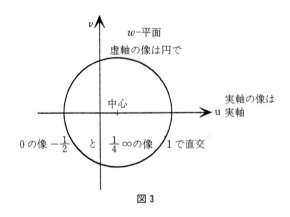

図 3

0 を結ぶ直線つまり実軸で,後者とは ∞ の像 1 で直交している.後者だけを考えては分り辛いが,この事より,実軸との交点 $-\dfrac{1}{2}, 1$ を結ぶ線分が円に直交するから,直径であり,その中点 $\dfrac{1}{4}$ が円の中心で,半径は $\dfrac{1}{4}-\left(-\dfrac{1}{2}\right)=\dfrac{3}{4}$ であり,求める像は円 $\left|w-\dfrac{1}{4}\right|=\dfrac{3}{4}$ である.

4. 等角写像続論
―大学入試に見る関数論的出題続論―

---**問題**---

問題1. 複素数平面において,複素数 z が表す点 P が点 $2i$ を中心とする半径 1 の円 C をえがくとき
$$w = f(z) := (3-4i)z + 1 \tag{1}$$
を満たす.点 w が表す複素数 Q は,中心が？＋？i,半径が？の円を描く.

(大阪電気通信大学工学部入学試験)

問題2. 複素数 z は
$$\left| \frac{z-2}{z-1} \right| = 2 \tag{2}$$
を満たす.

(ア) 複素数平面上で,z の表す点を $P(x, y)$ とする.点 P からそれぞれ点 $A(2, 0)$, $B(1, 0)$ に引いた線分 PA と BP の比を求めると,PA の長さ：BP の長さ＝？である.また点 P はどの様な図形上にあるか.図形の方程式を求め,図示せよ.

(イ)
$$w = h(z) := \frac{z-1}{z} \tag{3}$$
とおく.w の表す点を $Q(x, y)$ とする.点 Q はどの様な図形上にあるか.図形の方程式を求め,図示せよ.

(慶応大学経済学部入学試験)

問題3. 複素数 z, w について,
$$w = f(z) := \frac{z-1}{z+2} \tag{4}$$
とし,複素平面上で点 w が方程式 $|w|=2$ で表される円周 C 上を動くならば $z = x+iy$ ($i^2 = -1$)；x, y は方程式？で表される曲線の上を動く.

4. 等角写像統論

(日本獣医畜産大学入学試験)

問題 4． 複素数 z に対して，O を原点とする座標空間上の点 P を

$$P\left(\frac{z+\bar{z}}{|z|^2+1},\ \frac{-\mathrm{i}(z-\bar{z})}{|z|^2+1},\ \frac{|z|^2-1}{|z|^2+1}\right) \tag{5}$$

で定める．また，定数 α は絶対値が 1 の複素数であるとし，空間内に点 $A\left(\dfrac{\alpha+\bar{\alpha}}{2},\ \dfrac{-\mathrm{i}(\alpha-\bar{\alpha})}{2},\ 0\right)$ をとる．ただし，i は虚数単位である．

(ア) ベクトルの $\overrightarrow{OP}$ の大きさは 1 であることを示せ．

(イ) w を $-\alpha$ でない複素数とし，

$$z=\frac{w-\alpha}{\bar{\alpha}w+1} \tag{6}$$

とする．w の絶対値が 1 ならば，z は

$$|z+\alpha|=|z-\alpha| \tag{7}$$

を満たすことを示せ．

(ウ) 複素平面上 z の描く図形を図示せよ．

(エ) (7)を満たす z に対して，$\overrightarrow{OP}$ と $\overrightarrow{OA}$ は垂直であることを示せ．

(岡山大学理系学部・経済・教育学部前期日程試験再掲)

問題 5． 0 でない複素数 z に対して

$$w=f(z):=z^2-\frac{1}{z^2} \tag{8}$$

の実部が正になるような z の範囲を複素数平面で図示せよ．

(北海道大学文系学部前期日程試験)

承前 FUJITU 飛翔98 No.33の23頁にて，佐藤勝彦，東大教授が**宇宙創成**に付いて「…宇宙一無からの創世のシナリオは，主にイギリスの車椅子の天才物理学者スティーブ・ホーキングらの研究成果によるものです：

　無からの宇宙のシナリオはこうです．宇宙の種は**虚数時間の世界**で発生します．虚数とは自乗するとマイナスになる数を指します．虚数空間の世界とはどのようなものか，まったく想像がつきませんが，虚数時間の中で生まれた種宇宙は，通常時間では実時間，すなわちわれわれの宇宙には来られないのですが，半導体の世界でよく見られるトンネル効果によって実時間の世界

に現れてしまうというものです．…」と記して居られる．第六章第三節では，微分方程式の解法に欠かせない複素数を，化学・物理・力学・電気学の反応・減衰・振動を通じて学ぶが，宇宙科学では，よりスケールの大きい，より過激な話となる．この様に 1 と虚数単位 i より生成される複素数の知識は，実用並びに理論科学・工学の遂行にて欠かせない重要な要素である．実は数年前の，忙中閑ありの正月，愚息が愛読する筒井康隆，その新聞連載小説に虚数の世界の虎が現れたのに触発されたのか，宇宙方程式の時間を，複素変数にすると，当然の事ながら，別の宇宙への分岐も論じられる事に気付いたが，人に話すと精神異常と誤解乃至真に理解されるのを恐れると共に，自分で自身のSF乃至筒井康隆的精神構造に疑念を持って居たので，その頃既に天才によって唱えられて居た事を知り，ほっとして居る．同時にこれは日暮れて猶明るい筆者から，未来の有る若い読者への忠告であるが，人の為さぬ荒唐無稽と思われる事への取り組みに後込みする様では，ノーベル賞やフィールズ賞の受賞はおぼつかない．以下はホーキングと無関係である．

丁度，連休明け 6 日発送書籍の到着日の今日 5 月 8 日 Book 宮前（宮は新羅の姫でお里の近隣 rival の三韓征伐と号し，豊・日向等よりも水軍を集め，遙か遠くの大和を東征した，神話の神武天皇で無く実在の，神功皇后を祀った香椎宮）より，注文中の「私立大編　全国大学入試問題正解　数学　'99」（旺文社）の入荷の電話があったので早速購入し，論語の学而時習之の精神で，新しい問題集も参照して前節の一次変換の復習・とやはり大学理工学部の関数論で学ぶ鏡像に付いて予習を行う．

前節迄の復習　自乗したら -1 になる数を，**虚数単位**と言い，立体小文字 i で表す．即ち，$i := \sqrt{-1}$．更に，実数 x, y と虚数単位 i を用いて，$z = x + iy$ と表される数 z を，飛翔の様な虚数ではなく，**複素数**と言い，x をその**実部**，y をその**虚部**という．変数 z が実数の時は，57/58頁で成立を証明できる，自然対数の底 e に対する指数関数，e^z，三角関数 $\cos z$, $\sin z$ に対する，下記 Taylor 級数を，z が，直ぐ上に述べた複素変数の時は，106頁同様に定義式として下に記すと，92頁で示した様に収束半径 ∞ の**整関数**としての

指数関数の定義式

$$e^z = \sum_{k=0}^{\infty} \frac{z^k}{k!} = 1 + \frac{z^2}{1!} + \frac{z^2}{2!} + \cdots + \frac{z^n}{n!} + \cdots, \qquad (9)$$

余弦関数の定義式
$$\cos z = \sum_{k=0}^{\infty} (-1)^k \frac{z^{2k}}{(2k)!} = 1 - \frac{z^2}{2!} + \frac{z^4}{4!} + \cdots + (-1)^n \frac{z^{2n}}{(2n)!} + \cdots, \qquad (10)$$

正弦関数の定義式
$$\sin z = \sum_{k=0}^{\infty} (-1)^k \frac{z^{2k+1}}{(2k+1)!} = z - \frac{z^3}{3!} + \frac{z^5}{5!} + \cdots + (-1)^n \frac{z^{2n+1}}{(2n+1)!} + \cdots \qquad (11)$$

に達する．絶対収束，従って，無条件収束して居る，上の指数関数の展開(9)より

オイラー Euler の公式 $\quad e^{iz} = \cos z + i \sin z,$ $\qquad (12)$

更に，指数の法則としての**ド・モアブル**の公式
$$(\cos\theta + i \sin\theta)^n = (e^{i\theta})^n = e^{in\theta} = \cos n\theta + i \sin n\theta \qquad (13)$$
が成立する．

複素平面 複素数全体の集合を太文字 **C** で表し，各複素数 $z = x + iy$ に平面上の点 (x, y) を対応させると複素数全体の集合 **C** との間に一対一の対応が付くので，点 (x, y) と書く換わりに点 $z = x + iy$ と複素数の儘記し，複素数を平面上の点と同一視する．この様に，複素数全体の集合 **C** は平面上の点全体の集合，即ち，平面と同一視され，関数論では**複素平面**complex plane，高校の教科書では複素数平面という．複素数 $z = x + iy$ に対応する平面上の点 (x, y) に対する，高校の数学Cの極座標 (r, θ) の筆法に於ける動径 $r = \sqrt{x^2 + y^2}$ は複素数 $z = x + iy$ の**絶対値**でもある．その筆法での (x, y) の偏角 θ は複素数 $z = x + iy$ の**偏角**でもある．この時，複素数 $z = x + iy$ に対応する平面上の点 (x, y) の座標に対する $x = r\cos\theta$, $y = r\sin\theta$ とオイラーの公式(12)より指数関数で表示の，複素数 $z = x + iy$ の**極形式**，
$$z = re^{i\theta} \qquad (14)$$
が導かれ，**乗法と除法に真価を発揮**する．

合同変換と相似変換 h を複素定数，z を複素変数とし，z を w に写す変換
$$w = z + h \qquad (15)$$
は点 z の h だけの**平行移動**を与える．θ を弧度法による角を表す実定数，z を複素変数とすると，z を $w = u + iv$ に写す変換

$$w = e^{\theta i} z \tag{16}$$

は角 θ だけの**回転**

$$u = x\cos\theta - y\sin\theta, \quad v = x\sin\theta + y\cos\theta \tag{17}$$

を与え，更に，複素数 a を掛けて，複素定数 b を加える，変換

$$w = az + b \tag{18}$$

は角 $\arg a$ だけの**回転の後に** $|a|$ **倍の拡大縮小**を行い，更に，b だけ**平行移動させた相似変換**を与える．

問題1の解答 分母の無い，一次式 $f(z)$ は(18)の様な相似変換，詳しくは，その z の係数 $3-4i$ の絶対値 $\sqrt{3^2+(-4)^2}=5$ なので，偏角 $-\tan^{-1}\dfrac{4}{3}$ だけの回転の後5倍に拡大し，1 だけ平行移動した相似変換であり，半径が，1 の5倍の5は $f(z)$ を眺めた瞬間に分かる．中心は真面目に中心値を代入した $f(2i) = 2i(3-4i) + 1 = 6i - 8i^2 + 1 = 9 + 6i$.

等角写像 複素平面の領域 D にて，130頁の意味で，正則，即ち，D の各点で複素微分可能な関数 $f(z)$ で，しかも D の各点 z で複素微分係数 $f'(z)$ が 0 にならない物を考察する．関数 $f(z)$ は D の各点 a で複素微分係数であるから，$w = f(z) = f(a) + f'(a)(z-a) + o(|z-a|)$ と表され，**高位の無限小** $o(|z-a|)$ を**度外視すれば，一次式** $w = f(a) + f'(a)(z-a)$ **と同じ**である．この一次式は，既に学んだ様に，相似変換であるから，2曲線 γ_1, γ_2 の為す角と，その像曲線 $f(\gamma_1)$, $f(\gamma_2)$ の為す角を向き迄込めて同じくする．一方，これらの角は138頁の公式(31)より，一次の微分係数にしか依存せず，高位の無限小の部分には無関係であるから，結論として，写像 $w = f(z)$ は，一次式同様，2曲線 γ_1, γ_2 の為す角を向き迄込めて不変する．従って，微分係数が 0 にならない正則関数は，**等角写像**である，又は，等角に写像する，と言う．

一次変換 a, b, c, d を $ad - bc \neq 0$ を満たす複素定数とする時，関数

$$w = f(z) = \frac{az+b}{cz+d}, \quad f'(z) = \frac{ad-bc}{(cz+d)^2} \neq 0 \tag{19}$$

を**一次変換**と言う．前節で学んだ様に，整級数，従って，多項式は複素微分可能であり，その商たる有理関数も複素微分可能であるから，一次変換(19)も正則で，上に見た様に等角写像を為す．更に，以下に説明する様な，円円対

応である．

　分母が無ければ，相似変換なので，円を円に，直線を直線に写す．分母がある $c \neq 0$ の時，(19)の右辺の割り算を実行すれば

$$w = f(z) = \frac{a}{c} - \frac{\frac{ad-bc}{c^2}}{z + \frac{d}{c}} \tag{20}$$

であり，一次式と**反転**と呼ばれる $w = \frac{1}{z}$ の合成なので，この反転を考察すれば十分である．

　点 a を中心とする，半径 r の円の方程式は $|z-a| = r$．自乗し，$(z-a)\overline{z-a} = r^2$，整理すると

$$Az\bar{z} + \bar{B}z + B\bar{z} + C = 0, \quad (A \geq 0,\ C \text{ 実数},\ |B|^2 - AC > 0) \tag{21}$$

ここで $A > 0$ だが，**直線も，無限遠点 ∞ を通る円**，乃至，半径 ∞ の円，と考える，$A = 0$ の場合も包摂すると，大変便利である．その反転による像を求めるべく，$z = \frac{1}{w}$ を代入すると，同じタイプの $Cw\bar{w} + Bw + \bar{B}\bar{w} + A = 0$ で，直線を円の仲間に入れると，やはり，円である．従って，次の有用な基本事項を得る：

$$\text{一次変換は円円対応の等角写像である．} \tag{22}$$

問題 2 の解答 (ア) 比の $|z-2| : |z-1|$ は式(2)を眺めた瞬間に $2:1$，w 平面にて円 $C := \{w \in \mathbb{C}\,;\,|w| = 2\}$ は二点 $w = -2, 2$ にて実軸に直交する円であり，この一次変換

$$w = f(z) := \frac{z-2}{z-1} \tag{23}$$

は(22)で前節の復習をした様に，等角な円円対応であるから，これによる円 C の原像 $f^{-1}(C)$ は，直線も仲間に含む，円である．逆写像を求める為，(23)の分母を払い，$wz - w = z - 2$，z に付いて解き，逆写像

$$z = g(w) := f^{-1}(w) = \frac{w-2}{w-1} \tag{24}$$

を得る．実軸と円 $C := \{w \in \mathbb{C}\,;\,|w| = 2\}$ が直交する二点 $-2, 2$ の原像を求めると $g(-2) = \frac{-2-2}{-2-1} = \frac{4}{3}$，$g(2) = \frac{-2-2}{-2-1} = 0$．$w$ 平面の実軸をこの二

点 $w=-2, 2$ の他に点 1 を通る円と把握すると,点 1 の原像は(24)の分母が 0 になるので $g(1)=\infty$ であり,無限遠点を通る円 $g(C)$ は直線である.上記二つの実数 $g(-2)$, $g(2)$ を通る直線は,同じく実軸である.すると,w 平面で実軸に二点 $w=-2, 2$ で直交する円 C の原像 $g(C)$ は二点 $0, \frac{4}{3}$ で実軸に直交する円で,この二点を結ぶ線分が直径なので,その中点が中心 $\frac{2}{3}$ であり,その長さの半分 $\frac{2}{3}$ が半径であるから,原像 $g(C)$ の方程式は $\left|z-\frac{2}{3}\right|=\frac{2}{3}$ であり,高数的には $\left(x-\frac{2}{3}\right)^2+y^2=\frac{4}{9}$.

(イ) 別の一次変換(3)でも z が実数ならば w も実数であるから,実軸に直交する上述の円 $g(C)=\left\{z\in C ; \left|z-\frac{2}{3}\right|=\frac{2}{3}\right\}$ を実軸に直交する円 $h(g(C))$ に写す.その交点は(3)に $z=0, \frac{4}{3}$ を代入すると $w=\infty, \frac{1}{4}$ であるから,$h(g(C))$ は実軸と点 $w=\frac{1}{4}$ で直交する,虚軸に平行な直線 $x=\frac{1}{4}$.

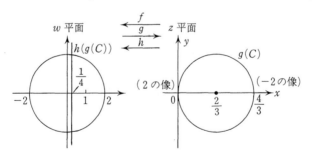

問題 3 の解答 前問同様円 C を二点 $w=-2, 2$ にて実軸に直交する円と捉える.(4)の分母を払い,$wz+2w=z-1$,z に付いて解き,逆写像は
$$z=g(w):=\frac{-2w-1}{w-1}. \tag{25}$$
実軸の原像も実軸であるから,この一次変換による円 C の原像 $g(C)$ は,二点 $w=-2, 2$ の像点である二点 $z=g(-2)=-1, g(2)=-5$ にて実軸に接

する円であり，中心が中点 $\frac{-1-5}{2}=-3$, 半径が $\frac{-1-(-5)}{2}=2$ の円 $|z+3|=2$, こと, $(x+3)^2+y^2=4$ である．

更に，一次変換の特性を追求しよう．

鏡像 a を複素数，r を正数とし，a を中心，r を半径とする円 $C:=\{z\in C\,;\,|z-a|=r\}$ を考察する．二点 z_1, z_2 は

$$(z_2-a)\overline{z_1-a}=r^2 \tag{26}$$

を満足する時，円 C に関して鏡像，又は，対称と言う．この条件は，光学的には二点 z_1, z_2 が二次元の鏡 C に関する互いの鏡像になっている条件と一致するからである．二つの複素数 z_1-a, z_2-a の極形式を $z_1-a=r_1\mathrm{e}^{i\theta_1}$, $z_2-a=r_2\mathrm{e}^{i\theta_2}$ とすると, (26)は $r_1r_2\mathrm{e}^{i(\theta_1-\theta_2)}=r^2$, 即ち, $\theta_1=\theta_2$, 即ち，二点 z_1, z_2 が点 a から出発する同一の半直線上にあり，更に

$$r_1r_2=r^2 \tag{27}$$

が成立する事と同値である．r が r_1, r_2 の相乗平均に等しいと言う条件(27)は初等幾何学によれば，二点 z_1, z_2 を通る全ての円が円 C に直交すると言う条件と同値である．前節で学び, (22)で復習した所では，一次変換(19)は等角写像であり，直角に交わると言うこの条件を保存するから，一次変換(19)による円 C, 二点 z_1, z_2 の像を C', w_1, w_2 とすると，円 C に関して鏡像＝対称な二点 z_1, z_2 の像 w_1, w_2 は円 C' に関して鏡像＝対称である．基本事項として

一次変換は，円に関して鏡像＝対称な二点を像円に関し鏡像＝対称な二点に写す． (28)

猶，直線は，前節や上記同様，半径無限大，又は，無限遠点を通る円として処理し，中心の鏡像は無限遠点と解釈する．

単位円板を単位円板に写す一次変換 z 平面の集合 $D:=\{z\in C\,;\,|z|<1\}$ を**単位円板**と言う．D より任意に点 $z=\alpha$ を取り，一次変換(19)が z 平面の単位円板 D を w 平面の単位円板 $E:=\{w\in C\,;\,|w|<1\}$ の上に等角に写し，更に点 $z=\alpha$ を原点 $w=0$ に写す様に一次変換 $w=f(z)$ を設定しよう．単位円 $C:=\{z\in C\,;\,|z|=1\}$ に関して α と対称な点 z は(26), 即ち, $z\bar{\alpha}=1$ より $z=\frac{1}{\bar{\alpha}}$ で与えられる．w 平面でも集合 $\Gamma:=\{w\in C\,;\,|w|=1\}$ を単位

円と呼ぼう．当然，この一次変換 $w=f(z)$ は，z 平面の単位円板 D の境界である，単位円 C を w 平面の単位円板 E の境界である単位円 Γ の上に写す．点 α と点 $\dfrac{1}{\alpha}$ は，z 平面にて単位円 C に関して対称であるから，z 平面の単位円板 D を w 平面の単位円板 E の上に等角に写し，更に，境界たる単位円 C を境界たる単位円 Γ に写す，この一次変換 $w=f(z)$ は，基本事項(28)より，z 平面で単位円 C に関して点 α と対称的な点 $\dfrac{1}{\alpha}$ を，C の像たる単位円 $|w|=1$ に関して，点 α の像たる $w=0$ に対称な点に写す．対称点の条件(27)にて $w=0$ の $r_1=0$ であるから，対称点の $r_2=\infty$ でなければならない．つまり，点 $\dfrac{1}{\alpha}$ の像点は無限遠点 ∞ である．一次変換 $f(z)$ が $z=\alpha$ にて値 0 を取る(19)の分子は $z-\alpha$ を因数に持ち，$z=\dfrac{1}{\alpha}$ にて値 ∞ を取る(19)の分母は $z-\dfrac{1}{\alpha}$ を因数に持ち，定数 β があって，

$$w=f(z)=\beta\frac{z-\alpha}{z-\dfrac{1}{\alpha}}=(-\bar{\alpha}\beta)\frac{z-\alpha}{1-\bar{\alpha}z}. \tag{29}$$

$z\in C$，即ち，$1=|z|^2=z\bar{z}$ の時，

$$\frac{z-\alpha}{1-\bar{\alpha}z}=\frac{z-\alpha}{\bar{z}z-\bar{\alpha}z}=\frac{1}{z}\frac{z-\alpha}{\bar{z}-\bar{\alpha}} \tag{30}$$

が成立し，右辺第一項を為す分数の絶対値は 1，第二項を為す分数の分母は分子の共役複素数なのでその絶対値も 1．これに定数 $-\bar{\alpha}\beta$ を掛けた値 $w\in\Gamma$，即ち，$|w|=1$ なので，定数 $-\bar{\alpha}\beta$ の絶対値は 1，その偏角を θ とすると

$$w=f(z)=e^{i\theta}\frac{z-\alpha}{1-\bar{\alpha}z} \tag{31}$$

に達する．これが単位円板を単位円板の上に写す最も一般な等角写像である．(31)で与えられる等角写像全体の集合の為す群を単位円板 D の自己同型群と言い，$\mathrm{Aut}(D)$ と書く．自由に動けるパラメータは，複素だから二次元の α と実だから一次元の θ で自由度は合計 3，従って，$\mathrm{Aut}(D)$ は 3 次元の多様体を為す，と言う．

4. 等角写像続論

半平面を単位円板に写す一次変換　z 平面より任意に原点以外の点 $z=\alpha$ を取り，その極形式を $\alpha = re^{i\theta}$ とする．z 平面にて原点に関し点 $z=\alpha$ と対称な点は偏角のみに π を加えた点 $z=re^{i(\theta+\pi)}$ である．オイラーの公式(12)より $e^{i\pi} = \cos\pi + i\sin\pi = -1$ であるから，指数の法則により，$z = re^{i(\theta+\pi)} = re^{i\theta}e^{i\pi} = -re^{i\theta} = -\alpha$．$z$ 平面にて原点に関し点対称な二点 $\alpha, -\alpha$ のなす線分の垂直二等分線 l は二点 $\alpha, -\alpha$ より等距離にある点 z 全体の集合で，その方程式は将に(7)で与えられる．直線 l は平面を二分する．その点 α を含む方を H_α と書き，点 α が定める半平面と呼ぼう．w 平面の集合 $E := \{w \in C \,;\, |w|=1\}$ を単位円板と言う．一次変換(19)が z 平面の点 α が定める半平面 H_α を w 平面の単位円板 E の上に等角に写し，更に点 $z=\alpha$ を原点 $w=0$ に写す様に一次変換 $w=f(z)$ を設定しよう．当然，この一次変換 $w=f(z)$ は，z 平面の半平面 H_α の境界である，二点 $\alpha, -\alpha$ のなす線分の垂直二等分線 l を w 平面の単位円板 E の境界である単位円 $|w|=1$ の上に写す．ここで書かれた「当然」に疑問を抱く読者の数学的感覚は鋭く，正しい証明は実数の連続性公理と同値な数直線の区間の連結性及び位相数学，これら理学部数学科の知識によってなされる．閑話休題，点 α と点 $-\alpha$ は，z 平面にて垂直二等分線 l に関して対称であるから，基本事項(28)より，z 平面の半平面 H_α を w 平面の単位円板 E の上に等角に写し，更に，境界たる垂直二等分線 l を境界たる単位円に写すこの一次変換 $w=f(z)$ は，z 平面で l に関して点 α と対称な点 $-\alpha$ を，l の像たる単位円 $|w|=1$ に関して，点 α の像たる $w=0$ に対称な点に写す．対称点の条件(27)にて $w=0$ の $r_1=0$ であるから，対称点の $r_2=\infty$ でなければならない．つまり，点 $-\alpha$ の像点は無限遠点 ∞ である．一次変換 $f(z)$ は，$z=\alpha$ にて値 0 を取る(19)の分子は $z+\alpha$ を因数に持ち，$z=-\alpha$ にて値 ∞ を取る(19)の分母は $z+\alpha$ を因数に持ち，定数 β があって，

$$w = f(z) = \beta \frac{z-\alpha}{z+\alpha} \tag{32}$$

が成立する．方程式(7)が成立する時，$|w|=1$ であるから，定数 β の絶対値は 1 である．その偏角を θ とすると，

$$w = f(z) = e^{i\theta} \frac{z-\alpha}{z+\alpha}. \tag{33}$$

これが半平面を単位円板の上に写す最も一般な等角写像の公式である．

問題 4 では，$1=|\alpha|^2=\alpha\bar{\alpha}$ が成立するので，$\bar{\alpha}=\dfrac{1}{\alpha}$．(33)に α を代入すると $-\alpha$ に対する(6)が得られる．

問題 5 の解説 極形式 $z=re^{i\theta}$ を(8)に代入し，$w=r^2e^{2i\theta}-r^{-2}e^{-2i\theta}$．オイラーの公式(12)より，

$$w=\left(r^2-\frac{1}{r^2}\right)\cos 2\theta + i\left(r^2+\frac{1}{r^2}\right)\sin 2\theta. \tag{34}$$

次頁図は数式処理ソフト Mathematica による．先ず，In[1] にて，z 平面に於ける原点を中心とする円周と原点から発する線分の族を与える事を命じ，Out[1] にて出力させた．これらは，勿論，z 平面にて直交している．次に，In[2] にて目標の関数(8)を記憶させた．この f を，読者が知っている程度の任意の関数に替えても，同様の出力が得られる．In[3] にて，絶対値 $r=0.1$ から $r=2$ 迄のメッシュ $\dfrac{1}{20}$ と偏角 $t:=\theta$ のメッシュ $t=\dfrac{\pi}{20}$ で，等角写像(8)による上記円周と線分の族の像を与える事を命じ，Out[3] にて出力させた．一次変換でもない等角写像(8)も，z 平面にて直交する族を，形は曲がるがやはり直交して居る族に写す事を確かめられたい．然し，これでは本問の答えにならぬので，絶対値を $r=0.1$ から $r=1$ 迄の In[4] と $r=1$ から $r=2$ 迄の In[5] の二つに，偏角を $n=0,1,2,3$ に対する $t=\left(\dfrac{n}{2}-\dfrac{1}{4}\right)\pi$ から $t=\left(\dfrac{n}{2}+\dfrac{1}{4}\right)\pi$ 迄の四個，合計 8 個の領域に分割させ，紙数の関係で $n=0,1,2,3$ の順に，左右，左下，その右に継ぎ接ぎして，コピー印刷すると，ちゃんと，(34)の w の実部 $(r-1)\cos 2\theta>0$ なる，$r<1$ では $n=1,3$ の $\dfrac{\pi}{4}<\theta<\dfrac{3\pi}{4}$ と $\dfrac{7\pi}{4}<\theta<\dfrac{9\pi}{4}$，$1<r$ では $n=0,2$ の $-\dfrac{\pi}{4}<\theta<\dfrac{3\pi}{4}$ と $\dfrac{5\pi}{4}<\theta<\dfrac{7\pi}{4}$ が求める範囲である事を示して居る：

4. 等角写像続論

In[1]:=
```
Timing[points=Table[N[r (Cos[t]+I Sin[t])],
        {r,0,2,1/20},{t,0,2 Pi,Pi/20} ];
    coords=Map[ {Re[#],Im[#]}&, points, {2} ];
    lines=Map[ Line,
        Join[coords, Transpose[coords]] ];
    Show[ Graphics[lines], AspectRatio->Automatic,
    Axes->Automatic]]
```

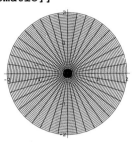

Out[1]=
 {14.442 Second, -Graphics-}

In[2]:=
```
f[z_]:=z^2-1/z^2
```

In[3]:=
```
Timing[points=Table[N[f[r (Cos[t]+I Sin[t])]],
        {r,0.1,2,1/20},{t,0,2 Pi,Pi/20} ];
    coords=Map[ {Re[#],Im[#]}&, points, {2} ];
    lines=Map[ Line,
        Join[coords, Transpose[coords]] ];
    Show[ Graphics[lines], AspectRatio->Automatic,
    Axes->Automatic]]
```

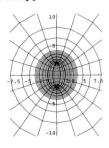

Out[3]=
 {23.695 Second, -Graphics-}

In[4]:=
```
Timing[Do[
    points=Table[N[f[r (Cos[t]+I Sin[t])]],
        {r,0.1,1,1/20},
        {t,(n/2-1/4) Pi,(n/2+1/4)Pi, Pi/20} ];
    coords=Map[ {Re[#],Im[#]}&, points, {2} ];
    lines=Map[ Line,
            Join[coords, Transpose[coords]] ];
    Show[ Graphics[lines], AspectRatio->Automatic,
    Axes->Automatic],
        {n,0,3}]]
```

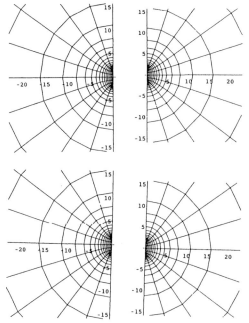

Out[4]=
    {14.619 Second, Null}

4. 等角写像続論

In[5]:=
```
Timing[Do[
    points=Table[N[f[r (Cos[t]+I Sin[t])]],
        {r,1,2,1/20},
        {t,(n/2-1/4) Pi,(n/2+1/4)Pi, Pi/20} ];
    coords=Map[ {Re[#],Im[#]}&, points, {2} ];
    lines=Map[ Line,
            Join[coords, Transpose[coords]] ];
    Show[ Graphics[lines], AspectRatio->Automatic,
    Axes->Automatic],
        {n,0,3}]]
```

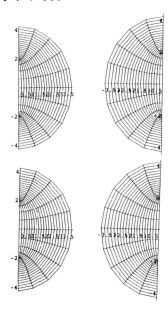

Out[5]=
{18.422 Second, Null}

Mathematica 入出力

5. 除去可能な特異点における関数値としての極限
― 高数・大学入試での極限問題の出自 ―

―― 問題 ――

問題1. $\displaystyle\lim_{x\to 3}\frac{3x^2-10x+3}{x^2-x-6}= ?$ (1)

(東京工科大学入学試験)

問題2. $f(x)=2x^3-?\,x^2+?\,x-?$ が

$$\lim_{x\to 1}\frac{f(x)}{x^2-1}=0 \tag{2}$$

を満たし, 極限

$$\lim_{x\to 3}\frac{f(x)}{x-3}= ? \tag{3}$$

が存在するとき, 極限 ? を求めよ.

(大阪産業大学工学部入学試験)

問題3. $f(x)=\dfrac{3^x}{2^x+3^x}$ (4)

とする. この時

$$\lim_{x\to\infty}f(x)= ?,\quad \lim_{x\to -\infty}f(x)= ?. \tag{5}$$

(北海道工業大学入学試験)

問題4. 定数 a, b が

$$\lim_{x\to 3}\frac{ax-b\sqrt{x+1}}{x-3}=5 \tag{6}$$

を満たすとき, $a= ?$, $b= ?$ である.

(東京医科大学入学試験)

問題5.

$$\lim_{x\to -\infty}(2x+\sqrt{4x^2-9x+5})= ? \tag{7}$$

(日本大学生産工学部入学試験)

問題6. 定数 a, b に対して

$$\lim_{x\to 0}\frac{ax^2+bx^3}{\tan x-\sin x}=1 \tag{8}$$
が成り立つならば, $a=?$, $b=?$ である.

(明治大学理工学部入学試験)

高数・大学入試での極限問題の出自. a を実数, a_n を実数列とする. 任意の正数 ε に対して, 自然数 N があって, $n>N$ であれば,
$$|a_n-a|<\varepsilon \tag{9}$$
が成立する時, 実数 a を数列 a_n の**極限**と言い,
$$a=\lim_{n\to\infty}a_n \tag{10}$$
と書く. これが有名な ε-N 法である.

I を数直線 $\mathbf{R}$ の区間, $f(x)$ を区間 I で定義される実数値関数, a を区間 I の点, A を実数とする. 任意の正数 ε に対して, 正数 δ があって, $0<|x-a|<\delta$ を満たす I の点 x に対して,
$$|f(x)-A|<\varepsilon \tag{11}$$
が成立する時, 実数 A を関数 $f(x)$ の点 a に於ける**極限**と言い,
$$A=\lim_{x\to a}f(x) \tag{12}$$
と書く. これがやはり, 中国の高校, 及び, 日本の大学での関数の極限の定義で, ε-δ 法である. もう少し細かく論じ, A_1, A_2 を実数とする. 任意の正数 ε に対して, 正数 δ があって, $0<x-a<\delta$ を満たす I の点 x に対して,
$$|f(x)-A_1|<\varepsilon \tag{13}$$
が成立する時, 実数 A_1 を関数 $f(x)$ の点 a に於ける**右極限**と言い,
$$A_1=\lim_{x\to a+0}f(x) \tag{14}$$
と書く. 正数 δ があって, $-\delta<x-a<0$ を満たす I の点 x に対して,
$$|f(x)-A_2|<\varepsilon \tag{15}$$
が成立する時, 実数 A_2 を関数 $f(x)$ の点 a に於ける**左極限**と言い,
$$A_2=\lim_{x\to a-0}f(x) \tag{16}$$
と書く. 点 a に於ける極限は左右の極限である. 点 a に於ける左右の極限

が存在する時，点 a に於ける極限が存在する為の必要十分条件は左右の極限が等しい事である．

　I を数直線 $\mathbf{R}$ の区間，$f(x)$ を区間 I で定義される実数値関数，a を区間 I の点とする．点 a での関数 $f(x)$ の極限が存在して，

$$f(a) = \lim_{x \to a} f(x) \tag{17}$$

が成立する時，関数 $f(x)$ は点 a で**連続**であると言う．各点で連続な関数を単に連続関数という．

　I を数直線 $\mathbf{R}$ の区間，$f(x)$ を区間 I で定義される実数値関数，a を区間 I の点とする．

$$f'(a) := \lim_{h \to 0} \frac{f(a+h) - f(a)}{h} \tag{18}$$

の右辺の極限が存在する時，点 a で**微分可能**であると言い，この極限を**微分係数**と言い，左辺の様に記す．(18)式は，極限の定義(11)より，任意の正数 ε に対して，正数 δ が有って，$0 < |h| < \delta$ を満たす，$a + h$ が I に属する様な任意の h に対して

$$\left| \frac{f(a+h) - f(a)}{h} - f'(a) \right| < \varepsilon \tag{19}$$

が成立する事と同値である．すると，

$$\lim_{h \to 0} f(a+h) = \lim_{h \to 0} \left(f(a) + h \frac{f(a+h) - f(a)}{h} \right) = f(a) + 0 \times f'(a) = f(a), \tag{20}$$

従って，$x = a + h$ と見立てた時の(17)が成立し，点 a で微分可能ならば連続である．定義域の各点で，微分可能な関数を，単に，微分可能な関数と言う．

　複素変数の関数が，局所的に収束整級数で表される時，**解析的**であると言い，解析的な関数を**解析関数**と言う．上の微分の定義は，出てくる数を，心の中で皆複素数と思えば，**複素微分**を定義出来る．各点で複素微分可能な関数を**正則関数**と言い，正則関数を論じる学問を**関数論**と言う．90～92頁で論じた様に，解析関数は正則関数であり，学部の関数論で学ぶ様に，その逆も成立する．局所的に正則関数 g, h の商 $f = \dfrac{g}{h}$ で表される大域的な関数 f を**有理型関数**と言う．その局所商表示 $f = \dfrac{g}{h}$ に於ける分母 h の零点 a では

5. 除去可能な特異点における関数値としての極限

関数は定義されて居ないので，勿論，そこで関数は正則では無く，その点 a は関数 f の**特異点**と呼ばれる．

複素平面の点 a の近傍で点 a を除いて定義され，即ち，正数 r が有って，$0<|z-a|<r$ を満たす全ての z に対して定義され，然も，正則な関数 $f(z)$ は点 a を**孤立特異点**に持つという．上述の有理型関数の特異点は全て孤立特異点である．点 a に於ける関数値 $f(a)$ を適当に定義すると関数 $f(z)$ が点 a を含む円板 $|z-a|<r$ で正則な関数になる時，点 a を関数 $f(z)$ の**除去可能な特異点**と言う．実は**高校の，従って大学入試問題に出題される極限の問題は，人為的な関数を除いて，全て除去可能な特異点に於ける極限を求める問題である．**態と，代入すると 0 分の 0 に成る様に捻ねくれて出題されて居るので，**分子と分母を因数分解して，共通の因数を約算し，特異点を除去**し，正則，従って，微分可能，それ故連続な素直な関数に，根性を叩き直せば連続関数の定義(17)より代入して，**得られる関数値が求める極限**である．

問題1の解答 分母が $x=3$ で値 0 を取るから，点 $x=3$ は見かけ上**特異点**であり，直ちに $x=3$ を代入しないで，高数のマナーに従い，分子と分母を因数分解し，共通の因数 $x-3$ を約算すると

$$\frac{3x^2-10x+3}{x^2-x-6}=\frac{(3x-1)(x-3)}{(x+2)(x-3)}=\frac{3x-1}{x+2} \tag{21}$$

を得，(21)の右辺の分母 $x+2$ は $x=3$ でもはや値 0 を取らないので，一次式の商である右辺は $x=3$ を特異点とはせず，微分可能で，従って連続であり，極限(1)は(21)の右辺に $x=3$ を代入して得られる値 $\frac{8}{5}$ である．この様に分子と分母の共通の因数を約算すると $x=3$ を特異点とはしない関数になる関数に対して，$x=3$ を**除去可能な特異点**と言う．

問題2の解答 問題1の経験より，関数 $f(x)$ が有限確定な極限(2)，(3)を持つ為の必要十分条件は，関数 $\dfrac{f(x)}{(x-1)(x+1)}$，$\dfrac{f(x)}{x-3}$ が二点 $x=1$，3 を除去可能な特異点に持つ事であり，この条件は関数 $f(x)$ が(2)，(3)の分母の 0 になる方の因数を因数に持つ事，即ち，$(x-1)(x-3)$ を因数に持つ事である．

更に，(2)の極限が 0 であると言う事は，関数 $\dfrac{f(x)}{x-1}$ も点 $x=1$ を零点に持つと言う事，即ち，関数 $f(x)$ は $(x-1)(x-1)=(x-1)^2=x^2-2x+1$ で割り切れると言うことであり，併せて関数 $f(x)$ は $(x-1)^2(x-3)=(x^2-2x+1)(x-3)=x^3-5x^2+7x-3$ を因数に持つ．

$f(x)$ の最高ベキ x^3 の係数は 2 なので，$f(x)$ はこの三次式の 2 倍の $f(x)=2x^3-10x^2+14x-6$．極限(3)は，この $f(x)=2(x-1)^2(x-3)$ を $x-3$ で割って $x=3$ を極限移行前の関数の除去可能な特異点にして代入し得た 8．

Archimedes の公理 任意の $\varepsilon>0$, $M>0$ に対して，自然数 N があって，$\varepsilon N>M$ が成立する．

上の Archimedes の公理は，「塵 ε も積もり $N\varepsilon$ となれば，任意の M より大きな山となる」，との，著者が子供の頃の正月のカルタに描かれた諺と同値で，更に，任意の $M>0$ を取ってきて固定する時，どんなにでも小さな正数 ε に対して，十分大きな正の整数 N を取れば，番号 n がそれ以上大きく $n\geq N$ を満たせば

$$0<\frac{M}{n}<\varepsilon \tag{22}$$

が成立する事と，数列の極限の定義より，次の公式の成立と同値である：

$$\lim_{n\to\infty}\frac{M}{n}=0. \tag{23}$$

1 より小さな，任意の正数 r を取り固定する．本心は r が 1 に近い時にある．任意に，本心では小さく思っている，正数 ε を取る．$h:=\dfrac{1}{r}-1>0$，と置き，小さな数を想定する．任意の正数 ε と $M:=\dfrac{1}{h}$ に対して，Archimedes の公理が存在を保証する所の $N\varepsilon>M$ が成立する自然数 N を用いると，$n>N$ の時

$$0<a^n=\frac{1}{(1+h)^n}=\frac{1}{1+nh+\cdots+h^n}<\frac{1}{nh}\leq\frac{1}{Nh}=\frac{M}{N}<\varepsilon \tag{24}$$

が成立するので，極限の定義(9)より，次の公式を得る：

$$\lim_{n\to\infty}r^n=0. \tag{25}$$

5. 除去可能な特異点における関数値としての極限

さて，今度は実変数 x を考察しよう．やはり，任意に正数 ε を取る．これに対して，Archimedes の公理が保証する $Nh\varepsilon>1$ を満たす自然数 N を取り，$R:=N$ と置く．$x \geq R$ の時，

$$0<r^x \leq r^N = \frac{1}{(1+h)^N} = \frac{1}{1+Nh+\cdots+h^N} < \frac{1}{Nh} < \varepsilon \tag{26}$$

が成立するので，極限の定義(11)より，次の公式を得る．

$$\lim_{x\to\infty} r^x = 0. \tag{27}$$

問題 3 の解答 (4)の分子と分母を 3^x で割り，$0<r=\dfrac{2}{3}<1$ に対して公式(27)を適用すると，

$$\lim_{x\to\infty} f(x) = \lim_{x\to\infty} \frac{1}{\left(\dfrac{2}{3}\right)^x + 1} = 1 \tag{28}$$

を得る．$y:=-x$ と置くと，$x\to-\infty$ の時 $y\to+\infty$ なので，(4)の分子と分母に 2^y を掛け，$0<r=\dfrac{2}{3}<1$ に対して公式(27)を適用すると，次式を得る：

$$\lim_{x\to-\infty} f(x) = \lim_{y\to+\infty} f(-y) = \lim_{y\to+\infty} \frac{\left(\dfrac{1}{3}\right)^y}{\left(\dfrac{1}{2}\right)^y + \left(\dfrac{1}{3}\right)^y} = \lim_{y\to+\infty} \frac{\left(\dfrac{2}{3}\right)^y}{1+\left(\dfrac{2}{3}\right)^y} = 0. \tag{29}$$

Rolle の定理 関数 $F(x)$ が $a \leq x \leq b$ で連続且つ $a<x<b$ で微分可能，且つ，$F(a)=F(b)=0$ とする．関数 $F(x)$ が，例えば正の値を取るとしよう．実数の連続性公理の一つワイエルシュツラス Weierstrass の公理より導かれるワイエルシュトラス Weierstrass の定理より，関数 $F(x)$ が最大値を取る点 c が有る．両端点ではない，この頂点 c にて右上がりの左接線は非負で，右下がりの右接線は非正なので，$F'(c)=0$ を得るから，次の **Rolle の定理**が成立する：

$$\text{点 } c \text{ があって，} F'(c)=0 \quad (a<c<b). \tag{30}$$

さて，関数 $f(x)$ は閉区間 $a \leq x \leq b$ で導関数 $f'(x)$ のみならず，2 次の導関数と呼ばれる，その導関数 $f''(x)$ も存在して連続であるとする．

$$F(x) := f(b) - (f(x) + f'(x)(b-x) + \frac{A}{2}(b-x)^2)$$

は $F(b)=0$ を満たしているが,更に $F(a)=0$ を満たす様に定数 A を定めると,上の Rolle の定理を適用出来,点 c があって,$F'(c)=0$, $a<c<b$. そこで,積の微分の公式より

$$F'(x) = -f'(x) - f''(x)(b-x) + f'(x) + A(b-x)$$
$$= -f''(x)(b-x) + A(b-x) \tag{31}$$

なので,$x=c$ を代入した値を 0 として,$A=f''(c)$. ここで,$F(a)=0$ に対して,$h:=b-a$ と置くと,$b=a+h$ である.$f(b)=f(a+h)$ に付いて解くと,$n=2$ の場合の **Taylor の定理**

$$f(a+h) = f(a) + f'(a)h + R, \quad R := \frac{f''(c)}{2}h^2 \tag{32}$$

を得る.これは,h の関数 $f(a+h)$ を h の一次式 $f(a)+f'(a)h$ で近似した場合の誤差 R を h^2 と有界な $f''(c)$ で表す貴重な公式である.これを h^2 のオーダーの項との意味で $O(h^2)$ と記し,

$$f(a+h) = f(a) + f'(a)h + O(h^2) \tag{33}$$

と書く.特に $a=0$ の時,変数の意味を強める為 h の換わりに x で表し,次式を得る:

$$f(x) = f(0) + f'(0)x + O(x^2). \tag{34}$$

定数 α に関する,**一般のベキ関数** $f(x):=(1+x)^\alpha$ に対しては,α が自然数の時同様の微分の公式 $f'(x)=\alpha(1+x)^{\alpha-1}$ が成立するから,上の(34)を適用し,次のベキ関数の一次式近似公式を得る:

$$(1+x)^\alpha = 1 + \alpha x + O(x^2). \tag{35}$$

問題 4 の解答 分母 $x-3$ は目標の点 $x=3$ にて 0 になるから,特異点 $x=3$ が除去可能である為には分子も $x=3$ にて 0 になる事が必要であり,$3a-b\sqrt{3+1}=3a-2b=0$ より $b=\dfrac{3a}{2}$. $x\to 3$ を見易く $t\to 0$ とする為 $t=x-3$, $x=t+3$, $x+1=4+t$ と置くと,分子 $=a\left(x-\dfrac{3}{2}\sqrt{x+1}\right)=a\left(t+3-\dfrac{3}{2}\sqrt{4+t}\right)=a\Big(t+3-3\sqrt{1+\dfrac{t}{4}}\Big)$.

ここで,近似公式(35)を $\alpha=\dfrac{1}{2}$ の時に適用し,分子 $=a\left(t+3-3\left(1+\dfrac{t}{4}\right)^{\frac{1}{2}}\right)=$

5. 除去可能な特異点における関数値としての極限

$$a\left(t+3-3\left(1+\frac{1}{2}\frac{t}{4}+\mathrm{O}(t^2)\right)\right)=a\left(\frac{5}{8}t+\mathrm{O}(t^2)\right)$$ を得るので，分母と共通の因数 t で約算し，

$$(6)の左辺=\lim_{t\to 0}a\frac{\frac{5}{8}t+\mathrm{O}(t^2)}{t}=\lim_{t\to 0}a\left(\frac{5}{8}+\mathrm{O}(t)\right)=\frac{5a}{8}. \tag{36}$$

これが 5 に等しいので，$a=8$, $b=12$.

問題 5 の解答 根号内は負号に注意を要するので，始めから誤りを避けて，$t=-\frac{1}{x}$ と置くと，$x\to-\infty$ の時 $t\to +0$, 即ち，t は正の値を取りながら $t\to +0$.

$$2x+\sqrt{4x^2-9x+5}=-\frac{2}{t}+\left(4\frac{1}{t^2}+9\frac{1}{t}+5\right)^{\frac{1}{2}}=\frac{-2+(4+9t+5t^2)^{\frac{1}{2}}}{t}$$

$$=\frac{-2+2\left(1+\frac{9t+5t^2}{4}\right)^{\frac{1}{2}}}{t} \tag{37}$$

ここで，分子に対して，$\alpha=\frac{1}{2}$ の時，近似公式(35)を適用し，

$$(37)式右辺=\frac{-2+2\left(1+\frac{1}{2}\frac{9t+5t^2}{4}+\mathrm{O}(t^2)\right)}{t}=\frac{9}{4}+\mathrm{O}(t)\to\frac{9}{4}. \tag{38}$$

この結果は下の入出力 1 と整合する：

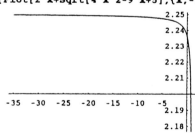

Mathematica 入出力 1

高次式による近似公式 問題 6 の分子は x^2 を因数に持つにも関わらず，$x=0$ での極限が 0 でない 1 なので，この有理関数は $x=0$ を除去可能な特異点にするに違いないと考え，準備を進める．一次式による近似公式(35)は，更に一般な $(n-1)$ 次式による近似式

$$f(x) = f(0) + \frac{f'(0)}{1!}x + \frac{f''(0)}{2!}x^2 + \cdots + \frac{f^{(n-1)}(0)}{(n-1)!}x^{(n-1)} + \mathrm{O}(x^n) \tag{39}$$

に一般化され，以下の応用への道を拓く．(39)は(34)と全く同じ方法で，拙著「独修微分積分学」（現代数学社）の 171/172 頁の様に証明出来，177＋178＋188＋205頁に記す．

三角関数の高次式による近似公式 $\cos x$ と $\sin x$ の導関数は $-\sin x$ と $\cos x$ で，その又導関数，即ち，2 次の導関数は $-\cos x$ と $-\sin x$, 3 次の導関数は $\sin x$, $-\cos x$, 4 次の導関数は $\cos x$, $\sin x$ であって，$x=0$ での値は順に，1 と 0，0 と 1，−1 と 0，0，−1，1，0 なのでこれらと $n-1=3, 4$ とを(39)に代入して近似公式

$$\cos x = 1 - \frac{x^2}{2!} + \mathrm{O}(x^4), \quad \sin x = x - \frac{x^3}{3!} + \mathrm{O}(x^5) \tag{40}$$

を得る．ついでに(35)に $\alpha = -1$ を代入した次式も準備して置く：

$$\frac{1}{1-x} = 1 + x + \mathrm{O}(x^2). \tag{41}$$

これは公比 x の等比級数の和の公式による最初の近似に整合する．上の(40)の二式の商

$$\tan x = \frac{\sin x}{\cos x} = \left(x - \frac{x^3}{3!} + \mathrm{O}(x^5)\right)\left(1 - \frac{x^2}{2!} + \mathrm{O}(x^4)\right)^{-1} \tag{42}$$

は，微分を実行するよりも，割り算を実行するよりも，上の(41)の −1 乗の方の x の所に $\frac{x^2}{2!} - \mathrm{O}(x^4)$ を代入する方が気楽で，

$$\tan x = \frac{\sin x}{\cos x}$$
$$= \left(x - \frac{x^3}{3!} + \mathrm{O}(x^5)\right) \times \left(1 + \left(\frac{x^2}{2!} - \mathrm{O}(x^4)\right) + \mathrm{O}\left(\left(\frac{x^2}{2!} - \mathrm{O}(x^4)\right)^2\right)\right)$$
$$= x - \frac{x^3}{3!} + x\frac{x^2}{2!} + \mathrm{O}(x^4) = x + \frac{1}{3}x^3 + \mathrm{O}(x^4). \tag{43}$$

5. 除去可能な特異点における関数値としての極限

上の計算では，4 次以上の項は思い切ってゴミ箱的 $O(x^4)$ に纏める見切り良さが肝要である．

問題 6 の解答　先ず，分母を料理しよう．前頁の近似式(43)と前頁の(40)より，

$$\tan x - \sin x = x + \frac{1}{3}x^3 + O(x^4) - \left(x - \frac{x^3}{3!} + O(x^5)\right) = \frac{1}{2}x^3 + O(x^4). \quad (44)$$

この様に x^3 を因数とする分母を持つ極限が有限確定であるには，分子も x^3 を因数とする必要があり，$a=0$．この時

$$\frac{ax^2 + bx^3}{\tan x - \sin x} = \frac{bx^3}{\frac{1}{2}x^3 + O(x^4)} = \frac{b}{\frac{1}{2} + O(x)} \to 2b \quad (45)$$

なので $b = \frac{1}{2}$．この結果は下の入出力 2 と整合する：

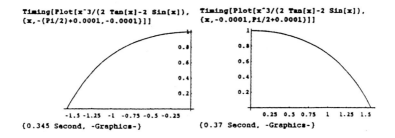

Mathematica 入出力 2

6. 関数の極限 ―国立大学入試問題を通じての前節の復習―

---- 問題 ----

問題 1.
$$\lim_{x \to 1}\frac{x^2+ax+b}{x^2+x-2}=2 \tag{1}$$
となるような, a, b を求めよ.

(北見工業大学後期日程入学試験)

問題 2.
$$\lim_{x \to 0}\frac{e^{x^2}-1}{1-\cos x}=? \tag{2}$$

(小樽商大後期日程入学試験)

問題 3. (ア) n を正の整数とする.
$-\frac{\pi}{2} \leq x \leq \frac{\pi}{2}$ の範囲において
$$f_n(x) = \begin{cases} \dfrac{\sin nx}{\sin x} & -\dfrac{\pi}{2}\leq x \leq \dfrac{\pi}{2},\ x \neq 0 \\ c_n & x=0 \end{cases} \tag{3}$$
とおくことにより定義される関数が連続関数と成るように定数 c_n の値を定めよ.

(イ) $f_3(x)$ は $\cos x$, $\cos 2x$ 等を用いて表せることを示し, 定積分
$$\int_{-\frac{\pi}{2}}^{\frac{\pi}{2}} f_3(x)\,dx \tag{4}$$
の値を求めよ.

(ウ) 任意の正の整数に対して, 定積分
$$\int_{-\frac{\pi}{2}}^{\frac{\pi}{2}} f_{2n+1}(x)\,dx \tag{5}$$
の値を求めよ.

(東京大学理科一類後期日程入学試験)

6. 関数の極限

不思議講 5月末に，香椎宮前書店より，注文して居た，国公立大学編，全国大学入試問題正解数学 '99 旺文社が入荷したとの電話があり，前節の極限問題を国公立大学入試問題を通じて復習する事にした．極限問題を悉皆取材すると摩訶不思議，皆後期日程試験の冒頭の最も，点を取り易い問題として出題されて居る事が分かった．とても偶然の一致とは思えない．

高校生諸君は得点源の一つと見なして入試に臨まれたい．

問題１の解答 分母が $x=1$ で値 0 を取るから，有限確定な極限 (1) が存在する為には点 $x=1$ はこの有理関数の**除去可能な特異点**でなければならず，分子の $x=1$ に於ける値も 0 であり，分子は $x-1$ を因数に持たねばならない．分子に $x=1$ を代入し 0 と置き，$1+a+b=0$，b に付いて解き，分子に代入し，分子 $= x^2+ax-a-1=(x-1)(x+a+1)$．直ちに $x=1$ を代入しないで，高数のマナーに従い，分子と分母を因数分解し，共通の因数 $x-1$ を約算すると，$x=1$ で連続な関数が得られるので，$x=1$ を代入すれば，極限値

$$極限(1) = \lim_{x\to 1}\frac{(x-1)(x+a+1)}{(x-1)(x+2)} = \lim_{x\to 1}\frac{x+a+1}{x+2} = \frac{a+2}{3} \tag{6}$$

を得，この値が 2 である為には，$a=6-2=4$，$b=-a-1=-5$．

Taylor の定理の復習 関数 $f(x)$ は点 x に於いて，微分係数と呼ばれる極限

$$f'(x) = \lim_{h\to 0}\frac{f(x+h)-f(x)}{h} \tag{7}$$

が存在する時，点 x に於いて，**微分可能**であると言う．(7) の右辺の極限移行前から左辺を減じて

$$\varepsilon(h) := \frac{f(x+h)-f(x)}{h} - f'(x) \tag{8}$$

と置くと，極限の定義より当然，$h\to 0$ の時，$\varepsilon(h)\to 0$ である．(8) を $f(x+h)$ に付いて解き，

$$f(x+h) = f(x) + f'(x)h + \varepsilon(h)h. \tag{9}$$

その右辺最後の項 $\varepsilon(h)h$ は 0 に収束する関数 $\varepsilon(h)\times h$ の意味で $o(h)$ と記される：

$$f(x+h) = f(x) + f'(x)h + o(h) \tag{10}$$

と記される．各点で微分可能な関数は単に**微分可能**であると言う．この時，

微分係数 $f'(x)$ は x の関数であるから，**導関数**と呼ばれる．それが，更に微分可能であるとしよう．その導関数 $f''(x)$ は **2 次の導関数**と呼ばれる．この時，162頁の(32)で証明した様に，最後の項 $\mathrm{o}(h)$ は更に正確に
$0<\theta<1$ があって，
$$f(x+h) = f(x) + f'(x)h + \frac{f''(x+\theta h)}{2}h^2 \tag{11}$$
と表される．更に一般に，関数 $f(x)$ の n 次迄の導関数 $f'(x)$, $f''(x)$, $f^{(3)}(x), \cdots, f^{(n)}(x)$ が存在する，177頁に証明を与える，**Taylor** の定理
$0<\theta<1$ があって，
$$f(x+h) = \sum_{k=0}^{n-1}\frac{f^{(k)}(x)}{k!}h^k + \frac{f^{(n)}(x+\theta h)}{n!}h^n \tag{12}$$
迄拡張される．特に，$x=0$, $h=x$ の時は **Maclaurin** の定理
$0<\theta<1$ があって，
$$f(x) = \sum_{k=0}^{n-1}\frac{f^{(k)}(0)}{k!}x^k + \frac{f^{(n)}(\theta x)}{n!}x^n \tag{13}$$
である．右辺最後の項を，有界関数 $\times x^n$ の意味で，x^n のオーダーである事を示す記号 $\mathrm{O}(x^n)$ を用いての便法，**Maclaurin** の定理
$$f(x) = \sum_{k=0}^{n-1}\frac{f^{(k)}(0)}{k!}x^k + \mathrm{O}(x^n) \tag{14}$$
がある．

例えば，$f(x) = (1-x)^{-1} = \dfrac{1}{1-x}$ の導関数は $f'(x) = (1-x)^{-2}$. $f^{(k-1)}(x) = (k-1)!(1-x)^{-k}$ を仮定すると，その導関数は $f^{(k)}(x) = (k-1)!k(1-x)^{-k-1}$ なので，数学的帰納法で，任意の自然数 k に対して
$$\frac{\mathrm{d}^k}{\mathrm{d}x^k}\frac{1}{1-x} = \frac{k!}{(1-x)^{k+1}} \tag{15}$$
が成立する事が示された．$x=0$ を代入すると右辺は $k!$ なので，Maclaurin の定理(14)は
$$\frac{1}{1-x} = \sum_{k=0}^{n-1}x^k + \mathrm{O}(x^n). \tag{16}$$
(16)は公比 x の等比級数の和の公式
$$\frac{1-x^n}{1-x} = \sum_{k=0}^{n-1}x^k \tag{17}$$

6. 関数の極限

の移項的表現と整合する.

48頁で解説したが，自然対数の底 e の定義は公式

$$\lim_{h\to 0}\frac{e^h-1}{h}=1 \tag{18}$$

を満たす正数である．この時，任意の点 x に於ける微分係数は，そこで愚直に証明した指数の法則より

$$\lim_{h\to 0}\frac{e^{x+h}-e^x}{h}=\lim_{h\to 0}\frac{e^x e^h-e^x}{h}=e^x\lim_{h\to 0}\frac{e^h-1}{h}=e^x \tag{19}$$

であり，微分の公式

$$\frac{d}{dx}e^x=e^x \tag{20}$$

が成立し，関数 e^x は微分しても変わらない特性を持つ．$e^0=1$ プラス(20)を自然対数の底 e の定義式と思って差し支えない.

さて，上記指数関数 $f(x)=e^x$ は(20)より任意の k 回微分しても変わらず，$f^{(k)}(x)=e^x$ であり，$x=0$ を代入すると $f^{(k)}(0)=1$ なので，Maclaurin の定理(14)は

$$e^x=\sum_{k=0}^{n-1}\frac{x^k}{k!}+O(x^n)=1+\frac{x}{1!}+\frac{x^2}{2!}+\cdots+\frac{x^{n-1}}{(n-1)!}+O(x^n) \tag{21}$$

である.

次に，$f(x)=\cos x$ の導関数は

$$f'(x)=-\sin x=\cos\left(x+\frac{\pi}{2}\right).$$

$$f^{(n-1)}(x)=\cos\left(x+(n-1)\frac{\pi}{2}\right)$$

を仮定すると，その導関数は

$$f^{(n)}(x)=-\sin\left(x+(n-1)\frac{\pi}{2}\right)=\cos\left(x+n\frac{\pi}{2}\right)$$

なので，数学的帰納法で任意の自然数 n に対して

$$\frac{d^n}{dx^n}\cos x=\cos\left(x+\frac{n\pi}{2}\right) \tag{22}$$

が成立する事が示された．$x=0$ を代入すると右辺は $\cos\frac{n\pi}{2}$ なので，n が偶数 2ν の時は $\cos\nu\pi=(-1)^\nu$．n が奇数 $2\nu-1$ の時は 0．従って，偶数べ

キで止めると次は 0 なので勿体ないから,係数 0 の奇数ベキ $n-1=2m+1$ で止めた事にしての Maclaurin の定理(14)は

$$\cos x = \sum_{\nu=0}^{m}(-1)^{\nu}\frac{x^{2\nu}}{(2\nu)!}+\mathrm{O}(x^{2m+2})$$
$$=1-\frac{x^2}{2!}+\frac{x^4}{4!}-\cdots+(-1)^{\nu}\frac{x^{2\nu}}{(2\nu)!}+\cdots+(-1)^{2m}\frac{x^{2m}}{(2m)!}+\mathrm{O}(x^{2m+2}).$$
(23)

全く同様にして,

$$\frac{\mathrm{d}^n}{\mathrm{d}x^n}\sin x = \sin\left(x+\frac{n\pi}{2}\right) \quad (24)$$

が成立する事を示して後に,係数 0 の偶数ベキ $n-1=2m$ で止めた事にしての Maclaurin の定理(14)の具体例

$$\sin x = \sum_{\nu=0}^{m-1}(-1)^{\nu}\frac{x^{2\nu+1}}{(2\nu+1)!}+\mathrm{O}(x^{2m+1})$$
$$=x-\frac{x^3}{3!}+\frac{x^5}{5!}-\cdots+(-1)^{\nu}\frac{x^{2\nu+1}}{(2\nu+1)!}+$$
$$\cdots+(-1)^{2m-1}\frac{x^{2m-1}}{(2m-1)!}+\mathrm{O}(x^{2m+1}) \quad (25)$$

を得る.

問題 2 の解答 (2)の左辺に与えられている目標の関数は点 $x=0$ で分子,分母共に値 $1-1=0$ を取るので,$x=0$ を特異点に持つ.この関数が有限確定な極限(2)を持つ為の必要十分条件は,零点 $x=0$ に於ける分子 $\mathrm{e}^{x^2}-1$ の位数が分母 $1-\cos x$ の位数よりも小さくない事である.(21)の n の所に $n=2$ を,x の所に x^2 を代入して 1 を減じた式を分子に,1 より,m の所に 1 を代入した式(23)を,減じた式を分母に持つのが,目標の関数 $f(x)$ であって,

$$f(x):=\frac{\mathrm{e}^{x^2}-1}{1-\cos x}=\frac{\dfrac{x^2}{1!}+\mathrm{O}(x^4)}{\dfrac{x^2}{2!}-\mathrm{O}(x^4)}. \quad (26)$$

ここで $\mathrm{O}(x^4)$ は $x=0$ の近傍で有界な関数 $\times x^4$ と言う**状態**を表すから,上のマイナスはプラスに換えた方がよりスマートであるが,入試ではださくても得点した方が勝ちである.さて,上式(26)を眺めると,分子,分母共に x^2

6. 関数の極限　　　　　　　　　　　　　171

を因数に持つから，分子，分母を x^2 で割り

$$f(x) := \frac{1+\mathrm{O}(x^2)}{\dfrac{1}{2!}-\mathrm{O}(x^2)}. \tag{27}$$

もう一度上式(27)を眺めると，分子，分母共に点 $x=0$ にて 0 でない値を取るから，もはや $x=0$ は目標の関数 $f(x)$ の特異点では無く，点 $x=0$ は目標の関数 $f(x)$ の **除去可能な特異点** である．$x=0$ を上式(27)に代入して，極限 2 を得る．

Mathematica による Taylor 展開と Graphics　数式処理ソフト Mathematica を運用しての大学理工学部数学の運用は極めて簡単である．友人 Bob=Professor Robert P. Gilbert, Delaware 大教授の home page に数学の苦手な大学生を数学に招くには，コンピュータを使わせれば良いと書かれて有るそうであるが，読者諸君は数学が嫌いで無いから本書を購入して居られる訳だから，さらりと流す．大学生や教職の読者は今，高校生は大学入学後に，拙著「Macintosh などによるパソコン入門—Mathematica と Theorist での大学院入試への挑戦，1994年 8 月，現代数学社」を参照され，運用法を学ばれたい．

　先ず，関数(26)を下の入出力 1 の In[1] の様にタイプ入力し，Windows ならば，Shift と Enter キーを同時に押せばよい．ここに In[1] の $f[x\_]$ の _ は数値解析で引数と呼ばれる物で，こうして置くと，ここに何を代入しても良い．然し，大胆にも $x=0$ を代入せよと In[2] で命じると，流石に，複素∞に遭遇したと点 $x=0$ での特異性を報告する．小数点下 8 位でも不定を報告し，小数点下 7 位の In[3] に対して始めて，数値 2 を報告する．これでは厳密でないので，Taylor 展開を，Series [関数, {変数, 展開点, 位数}] の形で，更に Timing[ ] で囲んで計算時間の出力も命じると，Out[4] にて約 5 秒後に $n-1=3$ に対する Taylor 展開(14)を返す．これは点 $x=0$ の特異性を除去した点 $x=0$ で連続な形なので，In[5] にて上式に $x=0$ を代入せよと命じると，Out[5] で正確な極限値 2 を返す．

　Mathematica による graphics も極めて簡単で，[x の関数, {x, 変数 x の下端, 変数 x の上端}] を，大胆にも特異点 $x=0$ を含む区間でのグラフを In[6] の様に命じても，複素∞に遭遇したとの点 $x=0$ での特異性を報告

するが，きちんと Out[6] でグラフを返すから面白い．パソコンでは Windows が取り扱わず Macintosh のみの頃，上記拙著の為にかかる大胆不敵な特異点への突入を Mac に命じ，しばしば，crash するので，予め system を幾つもコピーして crash に備え，crash したら system switcher で無傷な物と切り替えて闘わせて居たが，3 年前，海兵隊の様に勇敢な Mac も遂に名誉の戦死を遂げたので，読者が特異点への突入を命じさせ，コンちゃんが crash 乃至名誉の戦死を遂げても**如何なる責任も持ち得ませんが，コンちゃんの忠実度がテスト出来て面白い**ですよ．但し，必ず，system の QDisk を側に置き，crash に備えた後に行って下さい．

```
In[1]:=
    f[x_]=(E^(x^2)-1)/(1-Cos[x])
Out[1]=
              2
             x
      -1 + E
      ─────────────
       1 - Cos[x]
In[2]:=
    N[f[0]]
```

                                   1
Power::infy: Infinite expression ─ encountered.
                                   0

Infinity::indet:
    Indeterminate expression 0 ComplexInfinity encountered.

```
Out[2]=
    Indeterminate
In[3]:=
    N[f[0.0000001]]
Out[3]=
    2.
In[4]:=
    Timing[Series[f[x],{x,0,3}]]
Out[4]=
                       2
                    7 x          4
    {5.027 Second, 2 + ─── + O[x] }
                    6
```

6. 関数の極限

In[5]:=
```
%/.x->0
```
Out[5]=
```
{5.027 Second, 2}
```
In[6]:=
```
Timing[Plot[f[x],{x,-Pi/20,Pi/20}]]
```
Power::infy: Infinite expression $\frac{1}{0.}$ encountered.
Infinity::indet:
 Indeterminate expression 0. ComplexInfinity encountered.
Power::infy: Infinite expression $\frac{1}{0.}$ encountered.
Infinity::indet:
 Indeterminate expression 0. ComplexInfinity encountered.
Plot::plnr: CompiledFunction[{x}, <<1>>, -CompiledCode-][x]
 is not a machine-size real number at x = -3.46945 10^-18

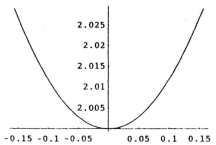

Out[6]=
```
{1.21 Second, -Graphics-}
```

Mathematica 入出力 1

問題3の解答　ア　先ず，前問同様に，今度は $m=1$ の時の(25)を用い，x で分子と，分母を同時に割り，$x=0$ の特異性を除去して

$$f_n(x) = \frac{(nx)+\mathrm{O}((nx)^3)}{x+\mathrm{O}(x^3)} = \frac{n+\mathrm{O}(x^2)}{1+\mathrm{O}(x^2)} \to n \, (x\to 0) \tag{28}$$

を得るので，連続性より $c_n = n$．

イとウ $f_1(x) \equiv 1$ は定数関数である．$f_2(x) = 2\cos x$ は $\cos x$ で表される関数である．自然数 $n > 1$ に対して $f_n(x)$ が $\cos x$, $\cos 2x$, $\cdots$, $\cos(n-1)x$ で表される関数であると仮定すると，加法定理より

$$f_{n+1}(x) = \frac{\sin(n+1)x}{\sin x} = \frac{\sin nx \cos x + \cos nx \sin x}{\sin x}$$
$$= f_n(x) \cos x + \cos nx \tag{29}$$

も確かに，$\cos x$, $\cos 2x$, $\cdots$, $\cos nx$ で表される関数である．数学的帰納法による，自然数 $n > 1$ に対して $f_n(x)$ が $\cos x$, $\cos 2x$, $\cdots$, $\cos(n-1)x$ で表される関数である事の証明が完結した．

さて，$f_2(x) = 2\cos x$ を $n = 2$ に対する(29)に代入し

$$f_3(x) = f_2(x)\cos x + \cos 2x = 2\cos^2 x + \cos 2x = 2\cos 2x + 1. \tag{30}$$

誘導尋問に従えば，隣接奇数項の差が問題である．上記は $f_3(x) - f_1(x) = 2\cos 2x$ と書けなくも無いので，一般の $2m+1$ 項と $2m-1$ 項との差を作ると，加法定理より

$$f_{2m+1}(x) - f_{2m-1}(x)$$
$$= \frac{\sin(2m+1)x}{\sin x} - \frac{\sin(2m-1)x}{\sin x}$$
$$= \frac{(\sin 2mx \cos x + \cos 2mx \sin x) - (\sin 2mx \cos x - \cos 2mx \sin x)}{\sin x}$$
$$= 2\cos 2mx. \tag{31}$$

これは，上記の奇数項に対する数学的帰納法による別証明の下地を形成して居る．すると，両辺を積分し

$$\int_{-\frac{\pi}{2}}^{\frac{\pi}{2}} f_{2m+1}(x)\,dx - \int_{-\frac{\pi}{2}}^{\frac{\pi}{2}} f_{2m-1}(x)\,dx = \int_{-\frac{\pi}{2}}^{\frac{\pi}{2}} 2\cos 2mx\,dx = \frac{2\sin 2mx}{2m}\bigg|_{-\frac{\pi}{2}}^{\frac{\pi}{2}}$$
$$= \frac{2\sin m\pi}{2m} - \frac{-2\sin m\pi}{2m} = 0. \tag{32}$$

を得るので，やはり奇数項の定積分は番号 m に無関係な定数に等しく，

$$\int_{-\frac{\pi}{2}}^{\frac{\pi}{2}} f_{2m+1}(x)\,dx = \int_{-\frac{\pi}{2}}^{\frac{\pi}{2}} f_1(x)\,dx = \int_{-\frac{\pi}{2}}^{\frac{\pi}{2}} dx = \pi. \tag{33}$$

Mathematica による定積分と不定積分 先ず次頁の入出力の In[1] として

6. 関数の極限

関数(3)を入力する．定積分はIntegrate[関数, {積分変数, 積分下端, 積分上端}] をタイプ入力し，Windowsならば，Shift と Enter キーを同時に押せばよい．不定積分はより簡単で，Integrate[関数, 積分変数] で良い．In[5], In[7], In[9], In[11], In[13] で$n=1, 2, 3, 4, 5$に対する原始関数の出力を命じた．数値積分はNを付けてNIntegrate[関数, {積分変数, 積分下端, 積分上端}] である．In[4], In[8], In[12], In[14], In[15] で，奇数の$n=1, 3, 5, 101, 501$に対する定積分を命じ，更にTiming[ ] で括って計算時間を併記させた．全てお返しはπである．猶，いきなり$n=1001$を命じたらcrashした．それより前にDo文で纏めさせようとしてもcrashした．In[16] で$n=501$に対するIn[15] に対応する数値積分を求めさせた．特異点が近いとその様に報告する．これは，0の避け方等の試行錯誤の果ての結果である．nが大きかったり，0に近すぎると，桁落ちが起こり，期待する3.14159を出力しない．0に遠過ぎては精度が悪くなるのは当然である．下の入出力2のOut[3] は(28)，Out[4, 8, 12, 14, 15] は，(33)と整合する：

```
In[1]:=
    f[n_,x_]:=Sin[n x]/Sin[x]
In[2]:=
    Timing[Series[f[n,x],{x,0,3}]]
Out[2]=
                              3
                       n    n      2        4
    {4.568 Second, n + (- - ———) x   + O[x] }
                       6    6
In[3]:=
    Timing[%/.x->0]
Out[3]=
                  -15
    {4.55191 10      Second, {4.568 Second, n}}
In[4]:=
    Timing[Integrate[f[1,x],{x,-Pi/2,Pi/2}]]
Out[4]=
    {1.266 Second, Pi}
```

In[5]:=
```
Timing[Integrate[f[1,x],x]]
```
Out[5]=
$\{2.54796\ 10^{-14}\ \text{Second},\ x\}$

In[6]:=
```
Timing[Integrate[f[2,x],{x,-Pi/2,Pi/2}]]
```
Out[6]=
{3.911 Second, 4}

In[7]:=
```
Timing[Integrate[f[2,x],x]]
```
Out[7]=
{0.337 Second, 2 Sin[x]}

In[8]:=
```
Timing[Integrate[f[3,x],{x,-Pi/2,Pi/2}]]
```
Out[8]=
{0.46 Second, Pi}

In[9]:=
```
Timing[Integrate[f[3,x],x]]
```
Out[9]=
{0.28 Second, x + Sin[2 x]}

In[10]:=
```
Timing[Integrate[f[4,x],{x,-Pi/2,Pi/2}]]
```
Out[10]=
$\{0.705\ \text{Second},\ \frac{8}{3}\}$

In[11]:=
```
Timing[Integrate[f[4,x],x]]
```
Out[11]=
$\{0.356\ \text{Second},\ \frac{2\ (3\ \text{Sin}[x]\ +\ \text{Sin}[3\ x])}{3}\}$

In[12]:=
```
Timing[Integrate[f[5,x],{x,-Pi/2,Pi/2}]]
```
Out[12]=
{0.694 Second, Pi}

6. 関数の極限　　　　　　　　　　　　　　　　177

```
In[13]:=
    Timing[Integrate[f[5,x],x]]
Out[13]=
                 2 x + 2 Sin[2 x] + Sin[4 x]
    {0.359 Second, ───────────────────────────}
                              2
In[14]:=
    Timing[Integrate[f[101,x],{x,-Pi/2,Pi/2}]]
Out[14]=
    {11.392 Second, Pi}
In[15]:=
    Timing[Integrate[f[501,x],{x,-Pi/2,Pi/2}]]
Out[15]=
    {403.716 Second, Pi}
In[16]:=
    Timing[NIntegrate[2 f[501,x],{x,0.000000001,Pi/2}]]
    NIntegrate::ncvb:
        NIntegrate failed to converge to prescribed accuracy after 7
          recursive bisections in x near x = 0.104311.
Out[16]=
    {21.545 Second, 3.14159}
```

Mathematica 入出力 2

Taylor の定理の証明の体系　我々の解析学は，西欧文明＝一神教キリスト教・ユダヤ文明のそれで，中世の神学が聖書と定義に基いて厳格に弁証法でなされた様に，公理と定義に基いて弁証法で厳密に定理を証明し，更に，既に証明された定理を有限個用いて証明される有限個の定理よりなる公理体系である．その一例として Taylor の定理の証明の体系を構成しよう．この体系では，他と際だたせる為に，式番号を左に置く．

　実数の集合 E と実数 M がある．E の任意の元 x，つまり，E に属する任意の実数 x に対して $x \leq M$ が成立する時，実数 M を集合 E の**上界**と言う．最小上界を**上限**と言う．標記 Taylor の定理の証明には，次に挙げる，互いに同値な二つの実数の連続性公理である所の

ワイエルシュトラス Weierstrass の公理 　上に有界な実数の集合は上限を持つ．

Weierstrass-Bolzano の公理 　有界な実数列は収束部分列をもつ．

を採用し，先ず

Weierstrass の定理 　閉区間 $[a, b]$ で連続な実数値関数 $f(x)$ は最大値，最小値を持つ．

を 239/240 頁に記す様に証明する．次に，上の様に証明した Weierstrass の定理を用いて

Rolle の補助定理 　閉区間 $[a, b]$ で連続であって，開区間 (a, b) で微分可能な関数 F が $F(a)=F(b)=0$ を満たせば点 $c\in[a, b]$ が有って，

(1) $$F'(c)=0$$

が成立する．

を 367/368 頁の様に証明し，最後に

Taylor テイラーの定理 　n を自然数とする．関数 $f(x)$ は閉区間 $[a, b]$ にて定義され，$n-1$ 次迄の導関数 $f'(x)$, $f''(x)$, $f^{(3)}(x)$, $\cdots$, $f^{(n-1)}(x)$ が存在し，更に，開区間 (a, b) にて n 次の導関数 $f^{(n)}(x)$ も存在するとする．この時，$c\in(a, b)$ があって，

(2) $$f(b)=\sum_{k=0}^{n-1}\frac{f^{(k)}(a)}{k!}(b-a)^k+\frac{f^{(n)}(c)}{n!}(b-a)^n$$

が成立する．

証明 　数学は民主的に行う必要は無いので，天下り的ではあるが，$x\in[a, b]$ の関数

(3) $$F(x):=f(b)-f(x)-\sum_{k=1}^{n-1}\frac{f^{(k)}(x)}{k!}(b-x)^k-A(b-x)^n$$

を導入する．上の定義式を眺めれば，直ちに $F(b)=0$ を得る．A は上記 Rolle の補助定理の条件 $F(a)=0$ が成立する様に定める．これは，係数 $(b-a)^n\neq 0$ なので可能である．x に関する微分に付いては，$(b-x)'=-1$ が成立するから，83頁の微分の公式(27)，$(x^k)'=kx^{k-1}$，80頁の合成関数の微分法(14)より $((b-x)^k)'=-k(b-x)^{k-1}$ を得るので，更に，80頁の積の微分の公式(11)，即ち，$(uv)'=u'v+uv'$ を用いて上式を x に関して微分し，

(p.188 へ続く)

第4章
微分

1. 経済原論の極値原理 —ミクロ経済学に於ける効用関数—

---**問題**---

ある国で買い物ロボットが開発された．この国の商店には，n 種類の商品1，商品2，…，商品 n がおいてあり，それぞれの単価は p_1，p_2，…，p_n であり，買い物はどの商品に付いても一人一個までと定められている．商品のそれぞれを一個購入するときに得られる「満足の大きさ」が u_1，u_2，…，u_n であるとする．購入した各商品の「満足の大きさ」の総和をその買い物の満足度と呼ぶことにする．このロボットは予算 C が与えられたとき，その範囲で満足度を最大にする様な買い物をしてくる．ただし，C はどの商品の単価よりも大きく，全ての商品を購入した場合の購入総額よりも小さい．このロボットは使い物になるかどうか，次のように検討してみることとなった．

(ア)．商品 k について，購入するならば $x_k=1$，購入しないならば $x_k=0$ をその k 番目の要素とする，n 項目からなるリスト $X=(x_1, x_2, …, x_n)$ を購入計画と呼ぶ．予算の制約を考慮しないとすれば，異なる購入計画は 2^n 通り考えられる．なぜか．その理由を簡潔に述べよ．

(イ)．購入計画 $X=(x_1, x_2, …, x_n)$ が実行可能であるためには，購入商品の総額が予算 C 以下でなければならぬ．この予算制約条件を式で表せ．

(ウ)．購入計画 $X=(x_1, x_2, …, x_n)$ を実行することによって得られる満足度を式で表せ．

仕様書によると，このロボットは 2^n 個の購入計画を順番に検討していく．1つめの購入計画について満足度を計算するが，(イ)の条件を満たさない場合は満足度0とし，その購入計画とあわせて記憶する．以後，同様に満足度を計算し，もし，満足度がそれより大きいものが現れれば，そのつど，購入計画と満足度の記録を更新する．この手順を最後の購入

計画まで行うことによって,予算制限を満たしつつ満足度を最大にするという意味で最適な購入計画を決定する.このロボットは,1つの購入計画についての以上のような検討手順を1000分の1秒で実行する.

(エ). 店にある n 種類の商品に関して,最適な購入計画を決定するのに何秒必要となるか.

(オ). $n=20$ の場合,最適な購入計画の決定に必要な時間は何分何秒か.小数点以下を四捨五入して答えよ.

(カ). 1回の買い物で,店でロボットが最適な購入計画を決定するのに使うことのできる時間を一時間以内とすれば,このロボットは商品の種類数が何個以内の商店であれば買い物達成できるか.ただし,$\log_{10}2=0.301$,$\log_{10}3=0.477$,として計算すること.

(専修大学経済学部入学試験)

承前 九大の十数年前は教養部と呼ばれた初年次教育の場で3年間,学内非常勤講師として,「一般数学」の名で,1・2年生,文・理生共通の半年間一学期の講義で,文理双方の学生を前に,それぞれの分野で大学院で博士号を取る迄に用いるであろう数学の予告編を毎回読み切り形式で講義した.理系の内容は「新修応用解析学」として,文系・生物系の内容は「新修文系・生物系の数学」として,共に現代数学社より出版して頂いて居る.第六章第一節と第二節の内容は前者に,今節と次節の内容は文系の,それも経済原論の効用関数であり,後者で詳述されて居る.

西欧の学問 我々が学び教える科学は西欧の学問である.**この西欧文明は一神教のキリスト教文明である.**ラブレーのガルガンチュワ物語に言う,[仮設論法理や論理小論]を修めて,論理法並びに図式に則り,中世のSorbonne大学の神学者は,聖書を基に論理を展開し,神学論争を行なった.因に著者は Professeur Pierre Lelong à la Sorbonne に師事し,無限次元複素解析学に研究方向を転換した.そのテーマと帰結は極めて滑稽であるが,後の弁証法の発展の源となった.その聖書を公理で置き換え,弁証法的に論理を展開するのが近代的な数学である.本論のテーマである経済原論も勿論公理体系である.勿論一神教の西欧の学問であるから,多様な価値観は認められ

ない．

　偶像崇拝も禁止され，Genève の教会の様に何もなくあるのは聖書，この聖書の換わりに公理に依拠して弁証法を展開しなければならない．著者は在巴里中，毎日曜日 Notre　Dame のマリヤ様に，倫敦に居ては Westminster Cathedral のイエス様に，北京では道教の祠にお参りし，今は，香椎神宮の，土地の人，特に在日の方は，朝鮮のお姫様と信じている，神功皇后に毎日お参りしている仏教徒である．多神教世界に育った日本の学生諸君は何の為に下の様に設定するのか，ガルガンチュワ物語乃至はドンキホーテでの神学論争におけると同様の滑稽さを感じられるであろう．それ故，本問ではロボットが買い物をすると言う漫画 tic な設定になっている．その可笑しさも culture difference として本問を通じて味合われたい．

極値原理　繰り返すと，**我々の西欧の学問は一神教のキリスト教・ユダヤ文明そのもの**である．多神教なら，神々の談合が必要であろうが，唯一人の神は誰に相談することなく即決出来る．勿論，神様のなさる事は best である．それ故，理系では，例えば，光が最短時間で到達する様な曲線を通る．文系，例えば，この経済原論のミクロ経済学の効用論では，合理的な消費者は，最大の効用を得る様な買い物を，資本家は最大の利潤を得る様な経営を，政府は最大の福祉を与える様な政策をする．これは，全て，以下に解説する Lagrange の未定乗数（じょうすう）法であり，数学の計算である．多神教の，我々に取り，消費者の一人一人が以下の教養後半のレベルの微分や学部乃至修士レベルの変分法の計算をして，買い物をするとはとても思えないので，本問ではロボットに計算させる設定にしてある．その可笑しさを味合われたい．キリスト教徒にとって，神は偉大であるから，瞬時に光学なら変分法，経済学なら Lagrange の未定乗数法で極値を計算し，見えざる神に導かれてそれを attain する様な道を光は通り，その様な効用が極大値を attain する買い物を数学全く駄目な消費者すらするのである．これが global standard であり，この様な算術によりアメリカの経済政策は採られているのである．アメリカさんは直ぐに数値目標を求めるが，数値化されないと，以下の様にコンピュータで計算出来ないから，対応も出来ない．アメリカさんが数値目標を求める理由もここにある．猶，上に著者は瞬時にと書いたが，光

にも速度がある．これは，神様が計算に要する時間かも知れないと，以前から思っては居たが，記して，精神状態を疑われると困るので今迄控えていた．すると，宇宙戦艦大和のワープ航法はどうなる．やはり矛盾．

本問の解答 (ア) 各 k に対して，変数 x_k は 1 か 0 の二通りしか取り得ず，この取り方はお互いに独立なので n 変数の取り方全体は 2^n で，これだけの購入計画が考えられる．

(イ) $x_k=1$ の時 p_k，$x_k=0$ の時 0 支出するので，纏めて $x_k p_k$ と書け，全体の支出は和 $\sum_{k=1}^{n} x_k p_k$ であるので，これが C を越えないとの予算制約式は

$$\sum_{k=1}^{n} x_k p_k \leq C. \tag{1}$$

(ウ) 各 k に対して購入した $x_k=1$ の時の満足度は u_k，購入しない $x_k=0$ の時の満足度は 0 と見ると纏めて $x_k u_k$ と書け，全体の満足度は和 $\sum_{k=1}^{n} x_k u_k$．

(エ) $\dfrac{2^n}{1000} = 2^{n-3} 5^{-3}$ 秒．

(オ) $\dfrac{2^{20}}{1000} = 1048.576$ 秒．$1049 = 17 \times 60 + 29$ なので17分29秒．

(カ) $\dfrac{2^n}{1000} \leq 60 \times 60 \Longleftrightarrow n \leq 2 + \dfrac{2\log_{10} 3 + 5}{2 \log_{10} 2} = 21.7807\cdots \tag{2}$

依って21個以内．

効用関数 拙著「新修文系・生物系の数学」(現代数学社) 12章で述べたが，購入出来る物を，例えば，映画や音楽会の様に形が無い物でも，経済学の対象とし**財**と呼ぶ．複数の英語は goods であり，その発音，グッズはお子さんが良く用いる日本語化している．さて，一人の消費者 consumer が買える範囲に n 個の goods $g_1, g_2, \cdots, g_n$ が有るとしよう．この消費者には当然 C 円以上は買えないと言う予算制限がある．n 個の財 $g_1, g_2, \cdots, g_n$ の単位量当たりの価格 price，即ち，単価を $p_1, p_2, \cdots, p_n$ とすると，この消費者が n 個の財 $g_1, g, \cdots, g_n$ を，夫々の，単位の量の $q_1, q_2, \cdots, q_n$ 倍の量 quantity 購入する時必要な予算は，$p_1 q_1 + p_2 q_2 + \cdots + p_n q_n$ であるから，予算 C 内で最大の効用（これは以下に解説するが，本問の満足と同じ）を得るには，予算を full に活用した方が良いので，**予算制約式**

$$p_1 q_1 + p_2 q_2 + \cdots + p_n q_n = C \tag{3}$$

を得る．

　この消費者が，n 個の財 g_1, g_2, $\cdots$, g_n を，夫々の，単位の量の q_1, q_2, $\cdots$, q_n 倍の量 quantity 購入するのは，何か良い効き目と言うか効用 utility がある筈である．この効用は本問の様に単純に，各単位購入量の u_1, u_2, $\cdots$, u_n 倍の線形和ではなく，もっと複雑な n 変数 q_1, q_2, $\cdots$, q_n の関数 u（q_1, q_2, $\cdots$, q_n）で有るべきである．例えば，ビールと枝豆は単独で効用を考えるよりも，併せて買った方が効用は相乗作用がある．と言って，やたらにビール又は枝豆の方が多くても効用は線形には増えない．著者の好む刺身と白ワインも同様，セットで考えねばならない．かくして，購入量の n 組 q_1, q_2, $\cdots$, q_n の関数として**効用関数** u がある．本問で効用の換わりに満足度としているのは，経済学を学んでいない高校生には，従って読者には，より説得力があろう．しかし，満足度を u で表して居るので，**経済原論の効用 utility を視野に入れた経済数学の専門家の出題**である．

Lagrange ラグランジュの未定乗数法　これは，経済原論を学ぶ大学生及び自然科学を学ぶ全ての大学生に必須な，制約条件の下での多変数の関数の極値を求める方法である．我々の場合，n 変数 q_1, q_2, $\cdots$, q_n の関数 u（q_1, q_2, $\cdots$, q_n）を予算制約式(3)と言う制約条件の下で極大にせよ！との問題である．その予算制約式を $=0$ の形 $p_1q_1+p_2q_2+\cdots+p_nq_n-C=0$ にして，極大にしたい標的の関数 u（q_1, q_2, $\cdots$, q_n）にその左辺に，現時点では未定なので，未定乗数と呼ばれる数，これはどの文字を使用しても良いが，Lagrange に対応するギリシャ文字 lambda を使用するのが衒学的で，λ を掛けて加えた関数 L を考察し，制約条件は忘れる方法である．猶，定数だが掛ける，つまり，乗じる心で乗数と書き，じょうすうと発音する．多変数の関数

$$L=u(q_1, q_2, \cdots, q_n)+\lambda(p_1q_1+p_2q_2+\cdots+p_nq_n-C) \tag{4}$$

を最大ならしめる．制約条件を忘れると（この忘れて良いところがラグランジュの方法のよかとこ"良い所"である），高校で学び，367/368頁で公理論的に証明する様に，極値を与える点では，微係数は零でなければならない．微係数と言っても，我々のは n 変数 q_1, q_2, $\cdots$, q_n の関数の微分である．高校生には初体験であろうが，多変数，我々の場合，n 変数 q_1, q_2, $\cdots$, q_n の関

1. 経済原論の極値原理

数 L を，一つの変数，例えば，q_i のみを変数と見，他の全ての変数 q_1, q_2, $\cdots q_{i-1}$, q_{i+1}, $\cdots q_n$ は定数と見なして，q_i のみに偏って微分する事を，関数 L を変数 q_i で偏微分すると言い，$\dfrac{\partial L}{\partial q_i}$ で表す．偏微分では，常微分の d で無く，丸い感じの ∂ なので，junior な旧教養 Level の講義では，先生が round d と発音するが，専門の学部以上の level の講演では dL over dq_i と発音して結構である．一番良いのは partial derivative of L with respect to q_i と正しく読む事である．猶，フランスでは over の代わりに sur であるが，旧教養 level の講義では，主語は一人称の je で，専門の学部以上の level の講演では無内容な三人称の on である．最大値を取る点では，q_i のみを変数と見，他の全ての変数 q_1, q_2, $\cdots$, q_{i-1}, q_{i+1}, $\cdots$, q_n は定数と見なして，q_i のみに偏って考えても，当然，最大値を取るから，q_i のみを変数と見，他の全ての変数 q_1, q_2, $\cdots$, q_{i-1}, q_{i+1}, $\cdots$, q_n は定数と見なして，q_i のみに偏っての微分も，各 i に付いて零であり，L の第一項 u の偏微分はその儘偏微分記号を書くとして，第二項 $\lambda(p_1q_1+p_2q_2+\cdots+p_nq_n-C)$ は，λ は未定だが定数なので，一次式であり，その q_i に関する偏導関数は，q_i の係数 λp_i なので，

$$\frac{\partial L}{\partial q_i} = \frac{\partial u}{\partial q_i}(q_1, q_2, \cdots, q_n) + \lambda p_i = 0 \tag{5}$$

が成立しなければならない．この式は $i=1, 2, \cdots, n$ に対して n 個あり，もう一つ予算制約式(3)を合わせると，式は $n+1$ 個であり，未知数は変数 q_1, q_2, $\cdots$, q_n と未定乗数 λ の合計 $n+1$ 個で，式の数と未知数の数が一致するから，普通の場合，解 q_1, q_2, $\cdots$, q_n が得られる．

限界効用均等の法則 (5)式を $-\lambda$ に付いて解き

$$-\lambda = \frac{\dfrac{\partial u}{\partial q_i}(q_1, q_2, \cdots, q_n)}{p_i} \tag{6}$$

が各 $i=1, 2, \cdots, n$ に対して成立し，$-\lambda$ は今決まった定数なので，これは $i=1, 2, \cdots, n$ に依らず一定である．それ故

限界効用均等の法則 the law of equality of marginal utilities per unit of money

$$\frac{\frac{\partial u}{\partial q_1}}{p_1} = \frac{\frac{\partial u}{\partial q_2}}{p_2} = \cdots = \frac{\frac{\partial u}{\partial q_n}}{p_n} \tag{7}$$

が成立する．猶，**経済原論の方言では，導関数に対して限界なる形容句 marginal を冠し**，数学の derivative は，かの恐ろしき，オレンジ州を始め，多くの自治体や，香港に有ったイギリスの一流会社等々を倒産に導き，時価50億円のヤクルト球団の親会社に元大蔵が1057億円の赤字を負わせたその6割を占める，**金融派生商品**である．変動が激しいので，有限の資産しか持たない，会社や個人は，何時かは支払い出来ずに倒産する．尤も，著者の就職担当としての経験では，数学専攻の院生が金融機関に就職するとこの恐ろしい derivative を担当させられ，20台のお子さんなのに扱う貨幣単位は億である．

実際は人種，階級差別に満ちている**欧米も建前上は，自由，平等，博愛**である．上の均等の法則では，**各財に付いて均等**の法則が貫かれて居る事にご注意有りたい．暴力団の企業舎弟，有力政治家，キャリアー官僚を特別優遇する日本の金融界が，ビッグバンを強要され，第二の敗戦を迎えたのも，この西欧米の一神教キリスト教文明への無知が由来して居る．逆に，西欧米の一神教キリスト教・ユダヤ文明を真に理解するには数学を学ぶべきである．

合成関数の微分法　u が一変数 q の関数で，その又 q が一変数 s の関数ならば，合成関数として，u は一変数 s の関数であり，その導関数は公式

$$\frac{du}{ds} = \frac{du}{dq}\frac{dq}{ds} \tag{8}$$

で与えられ，分母と分子の dq が通分される形で自然に導かれる事は80頁の(14)で証明したが，暗記の必要がない．さて，u が n 変数 $q_1, q_2, \cdots, q_n$ の関数で，各 q_i が $s_1, s_2, \cdots, s_m$ の関数の時に，合成関数 L は，当然，$s_1, s_2, \cdots, s_m$ の関数であるが，その s_j に関する偏微分にも，

合成関数の微分の公式　chain rule

$$\frac{\partial u}{\partial s_j} = \sum_{i=1}^{n} \frac{\partial u}{\partial q_i}\frac{\partial q_i}{\partial s_j} \tag{9}$$

が成立し，上の分母分子通分の原理を，各変数 q_i に付いて**平等**に行えば良い．ここでも**平等性**が出てくる．これがアングロサクソンスタンダードであ

る．これを理解できない企業は良くてユダヤ乃至はアングロサクソン資本に吸収，普通は倒産するであろう．予算制約式(3)を q_n に付いて解くと，

$$q_n = \frac{C-(p_1q_1+p_2q_2+\cdots+p_{n-1}q_{n-1})}{p_n} \tag{10}$$

q_n は $n-1$ 変数 q_1, q_2, …, q_{n-1} の関数であり，従って，効用関数 u も合成関数として，$n-1$ 変数 q_1, q_2…, q_{n-1} の関数である．上の合成関数の微分法(9)を

$q_1=q_1$, $q_2=q_2$, …, $q_{n-1}=q_{n-1}$,

$$q_n = \frac{C-(p_1q_1+p_2q_2+\cdots+p_{n-1}q_{n-1})}{p_n} \tag{11}$$

と置いて適用すると，文字通り $\frac{\partial q_i}{\partial q_j}=0\,(n-1\geq i\neq j)=1\,(n-1\geq i=j)$，

$\frac{\partial q_n}{\partial q_j}=\frac{-p_j}{p_n}$ $(j=1, 2, \cdots, n-1)$ なので

$$\frac{\partial u}{\partial q_j}=\sum_{i=1}^{n-1}\frac{\partial u}{\partial q_i}\frac{\partial q_i}{\partial q_j}+\frac{\partial u}{\partial q_n}\frac{\partial q_n}{\partial q_j}=\frac{\partial u}{\partial q_j}-\frac{p_j}{p_n}\frac{\partial u}{\partial q_n} \tag{12}$$

を各 $j=1, 2, \cdots, n-1$ に対して得るので，これを全て零と置き，移項すると，

$$\frac{\frac{\partial u}{\partial q_j}}{p_j}=\frac{\frac{\partial u}{\partial q_n}}{p_n} \quad (j=1, 2, \cdots, n-1) \tag{13}$$

が成立し，右辺は j に依らず一定なので，限界効用均等の法則(7)を得る．これは，Lagrange の未定乗数法の証明の case study を為す．

経済学　著者が大学生の頃の経済学は本問の様な，数学を駆使する**近代経済学とマルクス経済学に分かれ**，旧帝大系では後者が圧倒的な勢力と声望を持っていた．この様なマル経優先の後遺症で，未だ日本からはノーベル経済学賞受賞者が出ない．数学が得意な文系的学生は須く近代経済学＝経済原論を専攻し，ノーベル経済学賞に挑んで下さい．

　本問では，消費者にロボットが付いて計算して呉れるのである．然し，信心深いキリスト教徒には，当然一人一人に神様が付いて居られるので，神様は信者に換わって瞬時に Lagrange の未定乗数法の正しい解答も得られ，この見えざる神に導かれて消費者は，極値原理を貫徹するのである．差別なさ

らぬ神様は，生き物ではない光の為にも変分法の計算を瞬時ではなく光速の速さでして下さるのである．この様に，西欧文明＝キリスト教文明を知ろうと思ったら先ず数学を学ぶべきである．**我々はちゃちな算術でなく文明論を学んでいる**のであると，九大や九産大や福工大で説いて来た．重点化された九州大学大学院数理学研究科での経済学の効用関数，生産関数，厚生関数や工学の伝達関数から始まる多変数関数論大意も，設置審の個人調書に書いた講義内容の通りに，この様な立場から講じて来た．

Taylor の定理の証明体系の続き（178頁より）

(4) $F'(x)$:
$$= -f'(x) - \sum_{k=1}^{n-1}\left(\frac{f^{(k+1)}(x)}{k!}(b-x)^k - \frac{f^{(k)}(x)}{k!}k(b-x)^{k-1}\right) + An(b-x)^{n-1}$$
$$= -f'(x) - \sum_{k=1}^{n-1}\left(\frac{f^{(k+1)}(x)}{k!}(b-x)^k - \frac{f^{(k)}(x)}{(k-1)!}(b-x)^{k-1}\right) + An(b-x)^{n-1}.$$

上式の $\sum$ の（括弧）の中は，前の項から，前の項の k を $k-1$ に置き換えた物を引いた差であるから，厳密には，311頁の(9)として証明する差分和分学の基本定理より，雑には，$\sum$ の換りに多神教の人が行う高数的に和を書き下すと，

(5) $\left(\dfrac{f^{(2)}(x)}{1!}(b-x)^1 - \dfrac{f^{(1)}(x)}{0!}(b-x)^0\right) + \left(\dfrac{f^{(3)}(x)}{2!}(b-x)^2 - \dfrac{f^{(2)}(x)}{1!}(b-x)^1\right) + \left(\dfrac{f^{(4)}(x)}{3!}(b-x)^3 - \dfrac{f^{(3)}(x)}{2!}(b-x)^2\right) + \cdots + \left(\dfrac{f^{(n-1)}(x)}{(n-2)!}(b-x)^{n-2} - \dfrac{f^{(n-2)}(x)}{(n-3)!}(b-x)^{n-3}\right) + \left(\dfrac{f^{(n)}(x)}{(n-1)!}(b-x)^{n-1} - \dfrac{f^{(n-1)}(x)}{(n-2)!}(b-x)^{n-2}\right)$

$= \dfrac{f^{(n)}(x)}{(n-1)!}(b-x)^{n-1} - f'(x)$

と最後の項マイナス最初の項のみが生き残って，

(6) $\qquad F'(x) = -\dfrac{f^{(n)}(x)}{(n-1)!}(b-x)^{n-1} + An(b-x)^{n-1}$

を得る．
上述の様に $F(a) = F(b) = 0$ が成立するから，$[a, b]$ で (a, b) で微分可

(p.205へ続く)

2. 経済原論の最適計画
—ミクロ経済学に於ける偏微分の応用—

問題

問題1. 限界効用について論じよ.
(新日本証券, 三愛石油, 東京証券取引所, 日立精機, 国民金融公庫)

問題2. ある経済主体が財の購入に際してその効用を最大化するときの基本原理はいかなるものか.
(上級地方公務員採用試験経済原論)

問題3. 限界効用均等の法則について論じよ.
(新潟鐵工所, 日本酸素)

問題4. 次の2種類の効用関数が与えられている時, 第1財及び第2財の価格を P_1, P_2, 所得を M として, 以下の問に答えよ.

$$u_1 = x_1 x_2, \quad (1) \qquad\qquad u_2 = \log x_1 + \log x_2 \quad (2)$$

(ア) (1), (2)の効用関数の下で, 第1財の需要関数を求めよ.

(イ) (1), (2)の効用関数より導出される第1財の需要関数に付いて, 第1財についての需要の価格弾力性, 需要の所得弾力性を求めよ.

(ウ) (1)の需要関数のもとで, $P_1=2$, $P_2=10$, $M=100$ のもとでの効用水準を求めよ.

(エ) (1)の需要関数のもとで, (ウ)で与えられる第1財の価格が2より8に上昇した時, (ウ)の効用水準を実現するためには, 所得をいくら保証すればよいか.
(Certificated Public Accountants Exam 2次)

問題5. フルコスト原理について述べよ.
(安川電機, 北海道拓殖銀行)

問題6. ある企業の可変費用関数が $C = x^3 - 30x^2 + 310x$ (C:可変費用, x:生産量) で表されるとする. この企業は完全競争市場で生産物を販売しており, 市場における生産物価格が310であるとき, この企業の利

潤が 0 であるとした場合の固定費用はいくらか. (1)2500 (2)3000 (3) 3500 (4)4000 (5)4500.

（Ⅰ種国家公務員採用試験経済理論）

問題 7. 限界生産力説について述べよ.

（神戸電気鉄道，鈴木自動車）

問題 8. 極大原理について述べよ.

（山形銀行，日本鋼管）

問題 9. 最適消費計画をラグランジュ乗数法で求め，図示せよ.

（上級地方公務員採用試験経済原論）

問題 10. 完全競争下にある企業の生産関数は

$$y = L^a K^b \tag{3}$$

で与えられている．労働 (L) の価格は w，資本 (K) の価格は r であり，y 財の価格は P である．

(ア) 上記の生産関数が規模に対して収穫逓増のための条件を導出せよ.

(イ) 上記の生産関数のもとで技術的限界代替率は生産規模に依存せず，資本労働比率 (K/L) のみに依存することを示せ.

(ウ) 資本が固定的状態 ($K = \bar{K}$) を短期とすると，この企業の短期費用関数を求めよ．ただし，$a = b = \dfrac{1}{2}$ とする.

(エ) (ウ)の費用関数のもとに利潤最大化を実現する生産水準 (y^*) を求めよ.

(Certificated Public Accountants Exam 2次)

関数 $f(x)$ の点 x に於ける微分係数 $f'(x)$ は又 x の関数なので，f から導かれたと言う意味で，関数 f の**導関数**と言う．

導関数は，導かれた物，英語 derivative の直訳であるが，今節の対象の経済原論では derivative は**金融派生商品**に用いられ，関数 f の導関数は，**限界** marginal なる形容句を関して marginal f と呼ぶ．

指数関数と対数関数の微分 正の定数 a に対する指数関数 a^x の導関数，即ち，点 x に於ける微分係数は，定義式より

2. 経済原論の最適計画

$$\frac{\mathrm{d}}{\mathrm{d}x}a^x = \lim_{h \to 0}\frac{a^{x+h}-a^x}{h} = a^x \lim_{h \to 0}\frac{a^h-1}{h} \tag{4}$$

であるが，右辺第二項 $\lim_{h \to 0}\frac{a^h-1}{h}$ は変数 $a>0$ の単調増加連続関数で，$a=1$ の時値 0 で，$a \to \infty$ の時の極限が $+\infty$ であるから，中間値の定理より，それが値 1 を取る実数 a が一つだけ存在する．これを**自然対数の底**（てい）と言い，e と書き，数値計算すると $2.718281828\cdots$，指数関数の微分の公式

$$\frac{\mathrm{d}}{\mathrm{d}x}e^x = e^x \tag{5}$$

を得る．幾ら微分しても変わらぬのが，指数関数の特性である．その逆関数 $y = \log x$ を自然対数と言う．逆関数の定義より，y は方程式 $e^y = x$ の只一つの根 root である．所で，公式(5)より $\frac{\mathrm{d}x}{\mathrm{d}y} = \frac{\mathrm{d}}{\mathrm{d}y}e^y = e^y = x$ が成立している事に注意しよう．対数関数の微分は，逆関数の微分法より

$$\frac{\mathrm{d}}{\mathrm{d}x}\log x = \frac{\mathrm{d}y}{\mathrm{d}x} = \frac{1}{\frac{\mathrm{d}x}{\mathrm{d}y}} = \frac{1}{x}. \tag{6}$$

両対数微分 y を x の関数とする．変数変換 $w = \log y$, $v = \log x$ を行うと，次の両対数微分は合成関数の微分法を行う際に，上の対数関数の微分の公式(6)を用いて，

$$\frac{\mathrm{d}w}{\mathrm{d}v} = \frac{\mathrm{d}w}{\mathrm{d}y}\frac{\mathrm{d}y}{\mathrm{d}x}\frac{\mathrm{d}x}{\mathrm{d}v} = \frac{\frac{\mathrm{d}w}{\mathrm{d}y}\frac{\mathrm{d}y}{\mathrm{d}x}}{\frac{\mathrm{d}v}{\mathrm{d}x}} = \frac{\mathrm{d}\log y}{\mathrm{d}y}\frac{\mathrm{d}y}{\mathrm{d}x}\frac{1}{\frac{\mathrm{d}\log x}{\mathrm{d}x}} = \frac{x}{y}\frac{\mathrm{d}y}{\mathrm{d}x} \tag{7}$$

を得る．右辺は $\frac{\mathrm{d}y}{y}$ 割る $\frac{\mathrm{d}x}{x}$ とも掛け，変量 y, x の単位の取り方に依らない量なので，y の x に関する**弾力性** elasticity と言って，百分比を表す**相対的な量として，経済原論で重宝**される：y の x に関する弾力性 $= \frac{x}{y}\frac{\mathrm{d}y}{\mathrm{d}x}$ (8)

一般のベキ関数 α を任意の実の定数とする．ベキ関数 $y = x^\alpha$ の両辺の対数を取ると，$\log y = \alpha \log x$，80頁で解説した合成関数の微分法で両辺を x で微分すると，$\frac{\mathrm{d}y}{\mathrm{d}x}\frac{\mathrm{d}\log y}{\mathrm{d}y} = \frac{\mathrm{d}}{\mathrm{d}x}\log y = \frac{\mathrm{d}}{\mathrm{d}x}\alpha \log x$ が成立して居るので，最左

辺と,最右辺を,夫々,公式(6)で計算すると,$\dfrac{1}{y}\dfrac{dy}{dx}=\dfrac{\alpha}{x}$ なので,左辺の分母の y を右辺に移項する時,$y=x^\alpha$ を代入,一般のベキの微分の公式を得る:

$$\frac{d}{dx}x^\alpha = \alpha x^{\alpha-1}. \tag{9}$$

陰関数の微分法 二変数 x, y の関数 $f(x, y)$ が与えられている時,定数 c に対する関係式 $f(x, y)=c$ は,変数 x の陰関数としての関数 $y=y(x)$ を与える.その導関数の求め方は $f(x, y)=c$ の両辺の微分を取る時,定数 c の微分は 0 である事に留意し

$$0 = df = \frac{\partial f}{\partial x}(x)dx + \frac{\partial f}{\partial y}(x)dy. \tag{10}$$

これを求める微分係数で解くと

$$\frac{dy}{dx} = -\frac{\dfrac{\partial f}{\partial x}}{\dfrac{\partial f}{\partial y}} \tag{11}$$

を得る.これを**陰関数の微分法**と言う.これも分母と分子の ∂f を約算する心であるが,マイナスが付いている事に注意を要する.

同次関数 f を n 変数 $x_1, x_2, \cdots, x_n$ の関数,m を実の定数とする.任意の実数 t に対して

$$f(tx_1, tx_2, \cdots, tx_n) = t^m f(x_1, x_2, \cdots, x_n) \tag{12}$$

が成立する時,関数 $f(x_1, x_2, \cdots, x_n)$ は m 次の同次であると言う.この時,$x_1, x_2, \cdots, x_n$ は任意だが定数と見て,(12)式の両辺を,t で微分する.その際 $v_1=tx_1, v_2=tx_2, \cdots, v_n=tx_n$ と置くと,左辺は $f(v_1, v_2, \cdots, v_n)$ で $v_1, v_2, \cdots, v_n$ の関数,その $v_1=tx_1, v_2=tx_2, \cdots, v_n=tx_n$ は t の関数なので,合成関数の微分法より,f を各 $v_1, v_2, \cdots, v_n$ で偏微分して,この $v_1=tx_1, v_2=tx_2, \cdots, v_n=tx_n$ の導関数 $x_1, x_2, \cdots, x_n$ を掛けて加えれば良い.一方,右辺は,公式(9)に基づく,t^m の t に関する導関数 mt^{m-1} を定数と見なした $f(x_1, x_2, \cdots, x_n)$ に掛ければ良いので,

$$\frac{\partial f}{\partial v_1}x_1 + \frac{\partial f}{\partial v_2}x_2 + \cdots + \frac{\partial f}{\partial v_n}x_n = mt^{m-1}f(x_1, x_2, \cdots, x_n) \tag{13}$$

2. 経済原論の最適計画

を得る．ここで $t=1$ と置き，その時，$v_1=x_1$，$v_2=x_2$，$\cdots$，$v_n=x_n$ である事に留意し，**オイラー Euler の公式**

$$\frac{\partial f}{\partial x_1}x_1+\frac{\partial f}{\partial x_2}x_2+\cdots+\frac{\partial f}{\partial x_n}x_n=mf(x_1,\ x_2,\cdots,x_n) \tag{14}$$

を得る．

問題１及び９の解説　前節で解説した信条に基く，W. スタンリー　ジェボンズ，レオン　ワルラス，アルフレッド　マーシャルズ等19世紀の経済学者以降の行動理論では，合理的消費者は，n 個の財 g_1, g_2, $\cdots$, g_n が存在する経済に於いて，夫々を，単位の量の q_1，q_2，$\cdots$，q_n 倍の量 quantity 購入するのは，**効用** utility があるからであって，その効用は n 変数の効用関数 U $(q_1,\ q_2,\cdots,q_n)$ として表されると考える．この時，以下の心から，経済学では derivative なる数学用語は用いずに，偏導関数 $\dfrac{\partial u}{\partial q_i}$ を財 g_i に関する限界効用 marginal utility と呼び，一変数の場合に説明無しで MU と記したら関数 U の導関数を表す．タイプやワープロをした経験のある読者はお分かりの様にマージンは字を入力する，ぎりぎりのへりを意味する．何故，微係数を関数と見た導関数が限界 margin かの疑問が当然湧くが，次を読まれればぎりぎりの限界の極値を与える事より氷解する．

Lagrange ラグランジュの未定乗数法　m 個の制約条件

$$f_j(q_1,\ q_2,\cdots,q_n)=0 \quad (j=1,\ 2,\cdots,m) \tag{15}$$

下での $n(>m)$ 変数の関数 $u(q_1,\ q_2,\cdots,q_n)$ の極値を求よう．各制約式 f_j に，乗じる心で，乗数 λ_j を掛けて加えた Lagrange の関数

$$L=u(q_1,\ q_2,\cdots,q_n)+\lambda_1 f_1+\lambda_2 f_2+\cdots+\lambda_m f_m \tag{16}$$

の，制約条件を忘れての極値を求めよう．高校で学んだ様に，極値を与える点，これを経済学では平衡点と呼ぶが，平衡点では微係数は零でなければならない．微係数と言っても，我々のは n 変数 q_1，q_2，$\cdots$，q_n の関数の微分であり，しかも我々が学び，4 月以降 global standard の名の下に否応なしに強制される西欧米文明は平等を建前とするから，n 変数 q_1，q_2，$\cdots$，q_n の関数 L を各変数 q_i 毎に，他を定数と見て偏って，偏微分した物が 0 と平等に

$$\frac{\partial L}{\partial q_i}=\frac{\partial u}{\partial q_i}(q_1,\ q_2,\cdots,q_n)+\lambda_1\frac{\partial f_1}{\partial q_i}+\lambda_2\frac{\partial f_2}{\partial q_i}+\cdots+\lambda_m\frac{\partial f_m}{\partial q_i}=0$$

$$(i=1, 2, \cdots, n) \quad (17)$$

なる式を設定する．この式は $i=1, 2, \cdots, n$ に対して n 個あり，もう m 個の制約式(15)を合わせると，式は $n+m$ 個であり，未知数は変数 $q_1, q_2, \cdots, q_n$ と未定乗数 $\lambda, \lambda_2, \cdots, \lambda_m$ の合計 $n+m$ 個で，式の数と未知数の数が一致するから，普通の場合，解 $q_1, q_2, \cdots, q_n$ が得られる．

問題 2 と 3 の解説　問題 1 の解説の記号の下で，更に n 個の財 $g_1, g_2, \cdots, g_n$ の単位量の価格を $p_1, p_2, \cdots, p_n$，予算を C 貨幣単位とすると，制約条件は，$m=1$ の時の予算制約式

$$f_1 := p_1 q_1 + p_2 q_2 + \cdots + p_n q_n - C \quad (18)$$

のみであるから，Lagrangeの未定乗数法の(17)式を，$-\lambda_1$ に付いて解くと，n 個の式が得られるが，これらは皆等しく，次の法則を得る：

限界効用均等の法則
$$\frac{\frac{\partial u}{\partial q_1}}{p_1} = \frac{\frac{\partial u}{\partial q_2}}{p_2} = \cdots = \frac{\frac{\partial u}{\partial q_n}}{p_n} \quad (19)$$

問題 4 の解説　アメリカ流の case study．

(ア) 本問での Lagrange 関数は，夫々，
$$L_1 := u_1 + \lambda_1 (P_1 x_1 + P_2 x_2 - M) = x_1 x_2 + \lambda_1 (P_1 x_1 + P_2 x_2 - M), \quad (20)$$
$$L_2 := u_2 + \lambda_2 (P_1 x_1 + P_2 x_2 - M) = \log x_1 + \log x_2 + \lambda_2 (P_1 x_1 + P_2 x_2 - M) \quad (21)$$

であり，両辺を，夫々，x_1, x_2 で微分する時，他の x_2, x_1 を定数と思い，ベキが分数の時の(9)並びに対数関数に対する微分の公式(6)を用いさえすれば，後は完全に高校の文系志望生徒の微積のレベルで

$$\frac{\partial L_1}{\partial x_1} = x_2 + \lambda_1 P_1 = 0, \quad \frac{\partial L_1}{\partial x_2} = x_1 + \lambda_1 P_2 = 0, \quad (22)$$

$$\frac{\partial L_2}{\partial x_1} = \frac{1}{x_1} + \lambda_2 P_1 = 0, \quad \frac{\partial L_2}{\partial x_2} = \frac{1}{x_2} + \lambda_2 P_2 = 0 \quad (23)$$

を $-\lambda_1, -\lambda_2$ に付いて解くと，

$$-\lambda_1 = \frac{x_2}{P_1} = \frac{x_1}{P_2}, \quad -\lambda_2 = \frac{1}{P_1 x_1} = \frac{1}{P_2 x_2} \quad \text{何れの場合も} \quad x_2 = \frac{P_1}{P_2} x_1 \quad (24)$$

これらを予算制約式 $P_1 x_1 + P_2 x_2 = M$ に代入し x_1 に付いて解くと，(1), (2)の効用関数 u_1, u_2 に対して，

$$x_1 = \frac{M}{2P_1}, \quad x_2 = \frac{M}{2P_2} \quad (25)$$

を得る．これ等を，夫々，第1財，第2財に関する**需要関数**と言う．

(イ) 二変数 M, P_1 の関数として(25)式で与えられる需要関数 $x_1 = \dfrac{M}{2P_1}$ を，$\dfrac{1}{P_1} = P_1^{-1}$, $-1-1=-2$ に留意して(9)を適用しつつ，夫々，M, P_1 で偏微分すると，$\dfrac{\partial x_1}{\partial M} = \dfrac{1}{2P_1}$, $\dfrac{\partial x_1}{\partial P_1} = \dfrac{-M}{2}P_1^{-2}$ を得るので，両対数微分の公式(8)より

第一財の需要関数の第一財価格弾力性：
$$= \frac{\partial \log x_1}{\partial \log P_1} = \frac{P_1}{x_1}\frac{\partial x_1}{\partial P_1} = \frac{P_1}{\dfrac{M}{2P_1}}\frac{-M}{2}P_1^{-2} = -1, \tag{26}$$

第一財の需要関数の所得弾力性：$= \dfrac{\partial \log x_1}{\partial \log M} = \dfrac{M}{x_1}\dfrac{\partial x_1}{\partial M} = \dfrac{M}{\dfrac{M}{2P_1}}\dfrac{1}{2P_1} = 1.$ (27)

(ウ) $M=100$, $P_1=2$, $P_2=10$ の時の $x_1 = \dfrac{M}{2P_1}$, $x_2 = \dfrac{M}{2P_2}$ を(1)に代入し，$u_1 = 125$．

(エ) 先ず，$M=100$, $P_1=8$, $P_2=10$ の時の需要は $x_1 = \dfrac{M}{2P_1} = 6.25$, $x_2 = 5$ なので，効用関数値 $u_1 = 31.25$．平衡点では $x_1 = \dfrac{M}{2P_1} = \dfrac{M}{16}$, $x_2 = \dfrac{M}{2P_2} = \dfrac{M}{20}$．その比を求め，$x_2 = \dfrac{4x_1}{5}$．保つべき効用水準 $125 = x_1 x_2$ に代入し，$125 = \dfrac{4x_1^2}{5}$，解き，$x_1 = \dfrac{25}{2}$, $x_2 = 10$．予算制約式 $8x_1 + 10x_2 = M$ に代入し，求める $M = 200$．最初の所得100との差が，求める所得保障100である．

問題5の解説 今迄，消費者を論じてきた．次に，経済原論での企業とは，財を生産する技術上の単位であり，どの財をどの量生産するかを決定し，その結果の利潤を獲得，損失を負担する．さて，先ず，簡単な一財を量 q 生産する場合の**費用関数**を $\phi(q)$, 売値の単価を p, 地代等の**固定費用**を b とすると，**利潤** profit は，p は価格に用いたのでギリシャ文字 pi を用いると，小学校の算術で

$$\pi = pq - \phi(q) - b. \tag{28}$$

資本主義社会において，企業家は，最大利潤を追求する．その最大利潤を与える点では，変数 q に関する利潤関数 π の導関数が 0 となり，

$$\frac{d\pi}{dq} = p - \phi'(q) = 0 \tag{29}$$

が成立すべきであり，the principle of full cost
フルコスト原理 $p = \phi'(q)$，即ち，

$$価格 = 限界費用 \tag{30}$$

が成立する．勿論，経済学の方言で，費用関数の導関数を**限界費用** marginal cost MC と呼ぶ．

問題6の解説 総費用を TC，固定費用を F とすると，当然の算術で，$TC = C + F$．x で微分して 0 と置き，最大利潤を与える点を求め，$\dfrac{dTC}{dx} = \dfrac{dC}{dx} = 3x^2 - 60x + 310 = MC$．前問の(30)式の近傍で解説した the priciple of full cost より $MC = \text{price } 310 = 3x^2 - 60x + 310$．この二次方程式を解き $x = 0$，又は $x = 20$．前者は可笑しいので，答えは $x = 20$ の時で，$C = 2200$．その時の利潤は $\pi = 310x - TC = 4000 - F$．固定費用 $F = 4000$．

問題7の解説 生産活動を行う時の生産性を表す，生産関数 $q = f(x_1, x_2, \cdots, x_n)$ を考察する．Cobb-Douglas product function $Ax_1^\alpha x_2^{1-\alpha}$ 等経済原論の**生産関数**は殆ど**1次同次**であり，この時のオイラーの公式(14)は

$$\frac{\partial f}{\partial x_1}x_1 + \frac{\partial f}{\partial x_2}x_2 + \cdots + \frac{\partial f}{\partial x_n}x_n = f(x_1, x_2, \cdots, x_n) \tag{31}$$

であり，例えば，インプットが資本，労働，土地の生産三要素の時，上式は資本家，労働者，地主が，夫々，1単位当たりその限界生産力に等しいだけ受け取れば，生産された価値は過不足無く，資本家，労働者，地主に分配されると言う，自由平等博愛が，資本主義によって実現されると言う，お目出度い理論を生む．これを**限界生産力学説**と言う．

問題8，9の解説 既に，問題1で消費者，5で企業家の理論でも現れたが，ここでは前問の記号を引き継いで，企業が単価 $r_1, r_2, \cdots, r_n$ のインプット $x_1, x_2, \cdots, x_n$ を用いて，生産活動を行う時の生産性を表す，生産関数 $q =$

$f(x_1, x_2, \cdots, x_n)$ を考察する．制約条件としては，やはり，予算的な
等量曲線　　　$r_1x_1 + r_2x_2 + \cdots + r_nx_n + b = C$ 　　　　　　　　　(32)
を考える．ここに b は固定インプットで，C は予算である．究極の目的は
最大利潤であるが，先ず，**最大の生産性**を Lagrange の未定乗数法により求
めよう：
$$L = f(x_1, x_2, \cdots, x_n) + \lambda(r_1x_1 + r_2x_2 + \cdots + r_nx_n + b - C) \qquad (33)$$
を各 x_i で偏微分し 0 と置くと，
$$\frac{\partial L}{\partial x_i} = \frac{\partial f}{\partial x_i} + \lambda r_i = 0. \qquad (34)$$
$-\lambda$ に付いて解くと，これは i に依らず一定なので，最大生産性を与える点
では
$$\frac{\dfrac{\partial f}{\partial x_1}}{r_1} = \frac{\dfrac{\partial f}{\partial x_2}}{r_2} = \cdots = \frac{\dfrac{\partial f}{\partial x_n}}{r_n} \qquad (35)$$
が成立する．(19)に酷似している．

問題10の解説　(ア)　$f(\lambda L, \lambda K) = (\lambda L)^a(\lambda K)^b = \lambda^{a+b}L^aK^b = \lambda^{a+b}f(L, K)$ を得るから経済原論特有の**同次生産関数**であり，同次次数 $a+b$ がキーである事を知る．1990年代の経済学では $f(tL, tK) > tf(L, K)$ as $t \to \infty$ の時規模に於いて**収穫逓増** increasing return to scale, $f(tL, tK) < tf(L, K)$ as $t \to \infty$ の時規模に於いて**収穫逓減** decreasing return to scale と言う．**同次次数** $a+b > 1$ なる同次関数は収穫逓増，$a+b < 1$ なる同次関数は収穫逓減である．同次次数 $a+b = 1$ なる時が有名且つ**瀕出な**，Cobb-Douglas product function である．

(イ)　上に求めた一次の偏導関数を陰関数の微分法の公式(11)に代入し，マイナスを付けると
$$-\frac{dK}{dL} = \frac{\dfrac{\partial f}{\partial L}}{\dfrac{\partial f}{\partial K}} = \frac{aL^{a-1}K^b}{bL^aK^{b-1}} = \frac{a}{b}\frac{K}{L} \qquad (36)$$
を得る．これを**技術的代替率** rate of technical substitution, 略して RTS と言う．**等量曲線**である，生産関数 $f =$ 定数，上の点に於ける接線の傾きの

マイナスであり，$dK = \dfrac{dK}{dL}dL$ なので，この等量線に対応する output たる生産関数値の生産性水準を保つには，L の代りに K でどれだけの比率で代替しなければならぬかを示す．

(ウ) 生産関数値 $y = L^a \bar{K}^b$ を L に付いて解き，$L = y^{\frac{1}{a}} \bar{K}^{-\frac{b}{a}}$．これを費用 cost $C = wL + r\bar{K}$ に代入し，$a = b = \dfrac{1}{2}$ なので，費用関数

$$C = wL + r\bar{K} = wy^{\frac{1}{a}}\bar{K}^{-\frac{b}{a}} + r\bar{K} = \dfrac{w}{\bar{K}}y^2 + r\bar{K}.$$

(エ) 利潤は $\pi = Py - C = Py - \dfrac{w}{\bar{K}}y^2 - r\bar{K}$．企業重役の職務は最大利潤の追求であり，最大利潤を与える点は，導関数 $= 0$．$\dfrac{d\pi}{dy} = P - \dfrac{2w}{\bar{K}}y = 0$ を解き，最大利潤を与えるアウトプットは $y^* = \dfrac{P\bar{K}}{2w}$．

週刊朝日 3/13 で司馬遼太郎が語っている：かって関孝和という偉大な和算の大家が姫路付近に住んでいました．播州平野一帯の農民は，江戸中期ころから関孝和流の和算を，いわば道楽のようにして学んでいました．和算の先生が問題を出します．三条大橋が湾曲しているその半径を出せ．村々の和算の達者な若者が競い合いまして，私の祖父が勝って，算額が広の天満宮に上がった．

江戸時代の農民が，拙文の程度の数学を物していたこの伝統を持つ，日本の文科系志望の高校生が経済学部に進学し，研究者となりノーベル経済学賞を受賞なさる事を切望する．金融界に就職し，4月より進駐するアングロサクソンスタンダードを克服した見事な日本金融界を樹立なさる様切望する．

3. Newton の方法 —方程式の数値解法—

問題

正の数 c の k 乗根 $\sqrt[k]{c}$ (k は 2 以上の整数) の近似値を求めるため

$$f(x) := x^k - c, \quad g(x) = x - \frac{f(x)}{f'(x)} \quad (x > 0) \tag{1}$$

と置き,

$$\sqrt[k]{c} < a_1, \quad a_{n+1} := g(a_n) \tag{2}$$

とする.

(ア) $\sqrt[k]{c} < a_n$ ならば, $\sqrt[k]{c} < a_{n+1} < a_n$ を示せ.

(イ) $k = 3$ のとき, $\sqrt[3]{c} < a_n$ ならば,

$$a_{n+1} - \sqrt[3]{c} < \frac{(a_n - \sqrt[3]{c})^2}{\sqrt[3]{c}} \tag{3}$$

を示せ.

(ウ) $k = 3$, $c = 2$, $a_1 = 1.3$ のとき,

$$a_5 - \sqrt[3]{c} < \frac{1}{2^5 \cdot 10^{16}} \tag{4}$$

を示せ.

（九州大学（含経済工）理系前期日程入学試験）

二分法 区間 $[\alpha, \beta]$ で関数 $f(x)$ は連続で, 両端で異符号, 例えば $f(\alpha) < 0$, $f(\beta) > 0$ とすると, 高数のレベルではグラフを書けば分かるし, 大学の学部レベルの位相空間論では, 連続関数 $f(x)$ による, 実数の連続性公理の一つ Dedekind の公理より 69 頁で示した様に連結な位相空間である, 閉区間 $[\alpha, \beta]$ の像は 67 頁定理 2 より連結で, 区間でなければならない. マイナスの $f(\alpha) < 0$ とプラスの $f(\beta) > 0$ を含む区間は, 必ず, 中間の 0 を含むから, 教養レベルでは, やはり実数の連続性公理より証明される 71 頁の

中間値の定理より，区間 $[\alpha, \beta]$ の点 a が有って，そこに於ける関数 $f(x)$ の値は零で，$f(a)=0$ が成立し，a は方程式 $f(x)=0$ の根である．その根の求め方の理論は，将に，数値解析に通じる．

両端 α, β の平均 $m_1 := \dfrac{\alpha+\beta}{2}$ により区間 $[\alpha, \beta]$ を二分する．もし，$f(m_1)=0$ ならば，m_1 は方程式 $f(x)=0$ の求める根 a であり，$a=m_1$ として一巻の終わり．こんな良い事は芥子の花であって，滅多に無い事で，普通期待できない．$f(m_1)<0$ ならば，f の値が同符号な α の換わりに，より大きな m_1 で置き換え，$\alpha_1 := m_1$ と置く．$f(m_1)>0$ ならば，f の値が同符号な β の換わりに，より小さな m_1 で置き換え，$\beta_1 := m_1$ と置く．以下，帰納的に進み，第 n 段階迄の左端の列 $\alpha_1, \alpha_2, \cdots, \alpha_n$ と右端の列 $\beta_1, \beta_2, \cdots, \beta_n$ が定義出来た時，次の第 $n+1$ 段階はその前の帰納法の仮定より定まって居る第 n 段階区間 $[\alpha_n, \beta_n]$ の両端 α_n, β_n の平均 $m_{n+1} := \dfrac{\alpha_n+\beta_n}{2}$ により区間 $[\alpha_n, \beta_n]$ を二分する．もし，$f(m_{n+1})=0$ ならば，m_{n+1} は方程式 $f(x)=0$ の求める根 a であり，$a=m_{n+1}$ として一巻の終わりで，普通期待できない．$f(m_{n+1})<0$ ならば，f の値が同符号な α_n の換わりに，より大きな m_{n+1} で置き換え，$\alpha_{n+1} := m_{n+1}$ と置く．$f(m_{n+1})>0$ ならば，f の値が同符号な β_n の換わりに，より小さな m_{n+1} で置き換え，$\beta_{n+1} := m_{n+1}$ と置く．

この様に，数学的帰納法により，次々と区間を二分し，左端で関数 $f(x)$ は負，右端で関数 $f(x)$ は正の符号を取る様にすると，不等式

$$\alpha \leq \alpha_1 \leq \alpha_2 \leq \cdots \leq \alpha_n \leq \cdots \beta_n \leq \cdots \leq \beta_2 \leq \beta_1 \leq \beta \tag{5}$$

を得る．ここで，実数の連続性公理の一つ

順序完備性の公理　上に有界な単調非減少数列は収束する．

を導入しよう．この公理より，上に有界単調非減少な数列 $\{\alpha_n ; n=1, 2, \cdots\}$ 及び $\{-\beta_n ; n=1, 2, \cdots\}$ は，従って，両端よりなる数列 $\{\alpha_n ; n=1, 2, \cdots\}$ と $\{\beta_n ; n=1, 2, \cdots\}$ は収束する．然も，我々の二分法による上記端点数列の構成法より，両端の差は次々と二分されるから

$$0 < \beta_n - \alpha_n = \frac{\beta-\alpha}{2^n} = \frac{\beta-\alpha}{(1+1)^n} = \frac{\beta-\alpha}{1+n+\cdots+1^n} < \frac{\beta-\alpha}{n} \to 0 \tag{6}$$

3. Newtonの方法

の最初の等号が成立し，第三辺の分母を二項定理で展開し，その一つの項 n で代用すると，分母が小さくなるから，全体としては大きい第六辺を得る．これは，41頁で学んだ

$$\text{Archimedesの公理} \Longleftrightarrow \text{任意の } M>0 \text{ に対して，} \lim_{n\to\infty}\frac{M}{n}=0 \qquad (7)$$

よりその第六辺は 0 に収束する．326頁で証明するが，高数＝受験数学で重用される挟み撃ちの原理より $\lim_{n\to\infty}(\beta_n-\alpha_n)=0$ なので，二つの数列 $\{\alpha_n\}$ と $\{\beta_n\}$ は同じ値に収束する．その極限を a としよう．数列 $\{\alpha_n\}$ と $\{\beta_n\}$ の定義より，$f(\alpha_n)<0$，$f(\beta_n)>0$．ここで関数 $f(x)$ の連続性より，

$$\lim_{n\to\infty}f(\alpha_n)=f(\lim_{n\to\infty}\alpha_n),\quad \lim_{n\to\infty}f(\beta_n)=f(\lim_{n\to\infty}\beta_n).$$

更に，極限は不等号を，＝を加えた意味で，保存するので，上の不等式 $f(\alpha_n)<0$，$f(\beta_n)>0$ にて $n\to\infty$ として，$f(a)\leq 0$，$f(a)\geq 0$，結局 $f(a)=0$ を得，二分法による両端点の共通の極限 a は方程式 $f(x)=0$ の根である．猶，この論法を**カントールの二分法** Cantorshe Halbierungsmethode（ドイツ語）と言う．

Program言語BasicによるProgramを解説する予定であったが，紙数の関係で，Mathematica解説同様，次節に回す．

凸関数 関数 $f(x)$ は導関数 $f'(x)$ のみならず，更に，その導関数，つまり二次の導関数 $f''(x)$ も存在するとしよう．定義域内に任意に点 a を取り，$n=2$ の場合の162頁の(32)の Taylor の定理を適用し，$h=x-a$，即ち，$x=a+h$ と置くと，$0<\theta<1$ があって，

$$f(x)=f(a)+f'(a)(x-a)+R_1,\quad R_1=\frac{f''(a+\theta(x-a))(x-a)^2}{2} \qquad (8)$$

が成立する．定義域の各点で，二次の導関数 $f''(x)$ が常に正であれば，剰余項 $R_1=f''(a+\theta(x-a))(x-a)^2/2$ は点 $a+\theta(x-a)$ が何処に有るか分からぬが，兎に角正なので，剰余項 R_1 は $x\neq a$ に対して，正であり，曲線 $y=f(x)$ は接線 $y=f(a)+f'(a)(x-a)$ の上にある．この状態を，二次の導関数 $f''(x)$ が正であれば，関数 $y=f(x)$ は下に凸，上に凹であるという．

```
In[1]:=
   f[x_]:=x^3-2
In[2]:=
   g[x_]=x-f[x]/f'[x]
Out[2]=
                3
         -2 + x
     x - ──────
             2
          3 x
In[3]:=
   a[1]:=1.3
In[4]:=
   a[n_Integer]:=g[a[n-1]]
In[5]:=
   cubic:=Solve[x^3==2,x]
In[6]:=
   Timing[N[cubic,20]]
Out[6]=
   {0.11 Second, {{x -> 1.2599210498948731 6477},
     {x -> -0.62996052494743658238 - 1.0911236359717214036 I},
     {x -> -0.62996052494743658238 + 1.0911236359717214036 I}}}
In[7]:=
   Timing[Table[N[a[n],20],{n,1,6}]]
Out[7]=
   {0.009 Second, {1.3, 1.261143984220907, 1.259922235393885,
     1.259921049895989, 1.259921049894873, 1.259921049894873}}
```

Mathematica 入出力

Newton の解法 区間 $[\alpha, \beta]$ で関数 $f(x)$ は連続で, $f(\alpha)<0$, $f(\beta)>0$ とすると, 上に見た様に二分法にて, 方程式 $f(x)=0$ の根 a が求められる. と金の遅速 (おそはや) と同じで, 2^n の逆数のオーダーの精度で, slow but steady 着実に根が求まる. 特に, 最近の電算機の発達は 2^n 回程度の計算は瞬時にやってのける. 寧ろ, 著者など素人が時間を食うのはプログラムである. 然しながら, 導関数 $f'(x)$ 及び二次の導関数 $f''(x)$ が区間で定符

3. Newton の方法

号の時は，例えば本問では(13)より，Newton-関孝和の方法が，精度が二分法の上記 n 乗の替わりの 2^n 乗で，極めて急速に収束するので，電算機が発達しなかった時代の数値解析で重宝されていた．和算でも，1757年没の久留島義太は，代数方程式でなく，超越方程式をこの Newton-関法で解いているが，本誌，名シリーズ「和算について」との重複を避けて，解説は割愛する．四通りの場合が有るが，ここでは，関数 $f(x)$ が二回連続微分可能，即ち，導関数 $f'(x)$ のみならず，更に，その導関数，つまり二次の導関数 $f''(x)$ も存在して連続で，$f'(x)$ も $f''(x)$ も正の場合を考察しよう．上に見た様に，$n=1, 2$ の時の Taylor の定理より，関数 $f(x)$ は増加，且つ，下に凸で有り，曲線は右上がりである．ここで，先ず第一近似を $a_1=\beta$ とし，以下次の様に帰納的に数列 a_n を定めて行く．第 n 番目の点 a_n に於ける接線の方程式は，接線の公式より $Y-f(a_n)=f'(a_n)(X-a_n)$ で，X 軸との交わりの X 座標は接線の方程式に $Y=0$ を代入し X に付いて解き，当然の事ながら題意の様に

$$a_{n+1} := X \text{切片} = a_n - \frac{f(a_n)}{f'(a_n)} = \text{本問では } g(a_n) \text{ 一般にはこれで定義}$$

$(n=1, 2, 3, \cdots)$ (9)

を得る．上の(9)式の第三辺のマイナスの後の分子も分母も，仮定より正なので，不等号

$a_{n+1} \leq a_n \leq \beta$ $(n=1, 2, 3, \cdots)$ 即ち $-a_n \leq -a_{n+1} \leq -\beta$

$(n=1, 2, 3, \cdots)$ (10)

が成立し，数列 $-a_n$ は単調増加で上に有界であるから，上記順序完備性の公理より収束し，数列 a_n も単調減少し収束する．その極限を a とすると，二分法で見た様に，上の(9)にて $n\to\infty$ の時，$a_n\to a$ なので，$a_{n+1}\to a$ であり，f の中で極限を取って良いので，$a=a-\frac{f(a)}{f'(a)}$，即ち，$f(a)=0$ が成立し，極限 a は方程式 $f(x)=0$ の根である．a は単調減少数列 a_n の極限なので，$a<a_{n+1}<a_n$ $(n=1, 2, 3, \cdots)$ が成立している．

本問の解答 定数 k は整数で有る必要は無いが，$k>1$ の時，関数 $f(x)=x^k-c$ の導関数は83頁の微分の公式(27)より，$f'(x)=kx^{k-1}$，更にその導関数である関数 $f(x)$ の二次の導関数は同じ公式より $f''=k(k-1)x^{k-2}>0$ であ

るから，曲線 $y=f(x)$ は下に凸であり，上記で準備した case である．本問の第 n 番目の点 a_n に於ける接線の X 切片は丁度 $g(a_n)$ に一致し，これが本問での次の段階の a_{n+1} の定義である．

(ア)の解答 本問では，勿論，根 a は目指す c の k 乗根 $\sqrt[k]{c}$ であり，$\sqrt[k]{c} < a_{n+1} < a_n \ (n=1, 2, 3, \cdots)$ が成立している．

(イ)の解答 $k=3$ の時，$f(x)=x^3-c$, $f'(x)=3x^2$ を(9)に代入し，

$$a_{n+1}-\sqrt[3]{c} = g(a_n)-\sqrt[3]{c} = a_n - \frac{f(a_n)}{f'(a_n)} - \sqrt[3]{c}$$
$$= a_n - \frac{a_n^3-c}{3a_n^2} - \sqrt[3]{c} = \frac{(2a_n+\sqrt[3]{c})(a_n-\sqrt[3]{c})^2}{3a_n^2} \quad (n=1, 2, 3, \cdots) \tag{11}$$

であるが，不等式 $a_n > \sqrt[3]{c}$ を full に活用して得られる不等式 $3a_n^2 = (2a_n+a_n)a_n > (2a_n+\sqrt[3]{c})\sqrt[3]{c}$ を上の分子に，不等式 $a_n > \sqrt[3]{c}$ を分母に代入し，

$$a_{n+1}-\sqrt[3]{c} < \frac{(a_n-\sqrt[3]{c})^2}{\sqrt[3]{c}} \quad (n=1, 2, 3, \cdots) \tag{12}$$

を，更に数学的帰納法にて，

$$a_n-\sqrt[3]{c} < \left(\frac{1}{\sqrt[3]{c}}\right)^{2^{n-1}-1}(a_1-\sqrt[3]{c})^{2^{n-1}} \quad (n=2, 3, 4, \cdots) \tag{13}$$

得，収束は指数の更に指数のオーダーの急激さである事を知る．

(ウ)の解答 前問より

$$0 < a_5 - \sqrt[3]{2} < \frac{(a_1-\sqrt[3]{2})^{16}}{2^{\frac{15}{3}}}. \tag{14}$$

従って $\frac{(1.3-\sqrt[3]{2})^{16}}{2^{\frac{15}{3}}} < \frac{1}{2^5 \cdot 10^{16}}$ を示せばよい．

その為には，$1.3-\sqrt[3]{2}$ の部分が $1.3-1.2$ より小さいと都合が良い．果してそうか！ 大きいのを引くと小さくなるから，$\sqrt[3]{2} > 1.2$ が望ましい．同値な命題を $\Longleftrightarrow$ で結ぶと，$1.2 < \sqrt[3]{2} \Longleftrightarrow 1.2^3 < 2 \Longleftrightarrow 1,728 < 2$．最後の式は確かに成立している． q. e. d.

念の為(4)を Mathematica で数値的に少数20桁迄を命じて調べると，202頁入出力の Out[7] の a_5 と a_6 は Out[6] の実根と出力した少数15桁迄合っ

ている．今，英語では what was to be proved, 仏語では ce qu'il fallait démontré だが，教養が邪魔して思わずラテン語で証明終わりを表す quod erat demonstrandum の略 q. e. d. を記した．

Taylor の定理の証明体系の続きの続き（188頁より）
能な関数 $F(x)$ に対し Rolle の定理を適用出来，$c \in (a, b)$ があって，$F'(c) = 0$. $x = c$ を(6)に代入し，

(7) $$0 = F'(c) = \frac{f^{(n)}(c)}{(n-1)!}(b-c)^{n-1}h^n - nA(b-c)^{n-1}$$

より $A = \dfrac{f^{(n)}(c)}{n!}$ を得，これを

(8) $$0 = F(a) = f(b) - f(a) - \sum_{k=1}^{n-1}\frac{f^{(k)}(a)}{k!}(b-a)^k - A(b-a)^n$$

に代入し，$f(b)$ について解くと，(2)を得る．　　　　　　　　q. e. d.

次の形の定理が Taylor 展開として用いられる．

Taylor テイラーの定理　New Version　n を自然数，x, h を実数とする．関数 f が二点 x, $x+h$ を端点とする閉区間で定義され，$n-1$ 次迄の導関数が存在し，更に二点 x, $x+h$ を端点とする開区間にて n 次の導関数が存在すれば，$0 < \theta < 1$ があって，

(9) $$f(x+h) = \sum_{k=0}^{n-1}\frac{f^{(k)}(x)}{k!}h^k + \frac{f^{(n)}(x+\theta h)}{n!}h^n$$

が成立する．

証明　上の Taylor の定理の証明にて，$a < b$ である必要は無いので，上の Taylor の定理 $a := x$, $b := x+h$, $b-a = h$ に対して上の Taylor の定理を適用し，(2)を満たす c に対して $\theta := \dfrac{c-a}{b-a}$ と置き，$c = a + \theta(b-a) = x + \theta h$ を代入すれば良い．

猶，上の Taylor の定理にて $h > 0$ である必要は全く無い．

4. Newtonの方法と二分法
― 言語 Basic による方程式の数値解法のプログラム ―

問題

正の数 c の k 乗根 $\sqrt[k]{c}$ (k は 2 以上の整数) の近似値を求めるため

$$f(x) := x^k - c, \quad g(x) = x - \frac{f(x)}{f'(x)} \quad (x>0) \tag{1}$$

と置き,

$$\sqrt[k]{c} < a_1, \quad a_{n+1} := g(a_n) \tag{2}$$

とする.

(ア) $\sqrt[k]{c} < a_n$ ならば, $\sqrt[k]{c} < a_{n+1} < a_n$ を示せ.

(イ) $k=3$ のとき, $\sqrt[3]{c} < a_n$ ならば,

$$a_{n+1} - \sqrt[3]{c} < \frac{(a_n - c)^2}{\sqrt[3]{c}} \tag{3}$$

を示せ.

(ウ) $k=3$, $c=2$, $a_1 = 1.3$ のとき,

$$a_5 - \sqrt[3]{c} < \frac{1}{2^5 \cdot 10^{16}} \tag{4}$$

を示せ.

(九州大学(経済工を含む)理系前期日程入学試験再掲)

コンピュータ教育の勧め えれきてる1997年第64号7頁の, 20世紀と21世紀の決定的な違い, に関わる, プリンストン高等研究所フリーマン・ダイソン教授の「21世紀の前半は, コンピュータ教育を受けた電子技術へのアクセス手段を持つ富める者と, その様な教育も手段も持たない貧しい者とに社会がどんどん二分化されてゆくでしょう.」を引用して, 読者の先生方の愛する生徒が大学を卒業する時の就職条件を良くする為に, 受験指導と離れた所でコンピュータ教育をなさる様, お勧めする. 実際, 著者を直撃した, 山一證

4. Newtonの方法と二分法

券の自主廃業にて，理系的な電算機能力の有る者のみが外資系への再就職の道が開かれているとの事である．然るに，1996年9月佐賀県教育センターにて，1997年6月佐賀市青年会館にて，新指導要領での大学受験と年間指導計画作成に関わる講演をさせて頂いた折得た情報では，大学進学を目指す高校では数学の時間に全くコンピュータ教育がなされていず，僅かに職業高校でのみ情報の時間に数学を素材とするコンピュータ教育がなされて居るのが，高校におけるコンピュータ教育の実体である．理学部数学科に在職して居た時の経験では，成績の良い学生は，情報関連の講義を受ける時間的余裕と，残念ながら最近の学生の成績と父母の知的水準との相関関係が高いので，自宅又は下宿にパソコンを備え，拙文で紹介するプログラム言語Basicはもとより，IBMの採用担当が最も生産性が高いと言われる言語C，工学部の卒論に良く用いられるFortran，拙文で紹介するMathematicaやMacintoshを記述しているプログラム言語Pascalを駆使してのプログラムに習熟した状態で4年のゼミに進級して来るから，例えば筆者ならば，専門の多変数関数論と面接の作法さえ教えて置けば良かった．3駒迄は，必修単位を落としても4年のゼミに進級出来るが，その様な学生はゆとりが無いので，情報関連の講義を受ける時間的学力的余裕は全く無く，しかも上記理由の裏返しで，自宅や下宿にパソコンを備えて居ないので，コンピュータ関連の知識は皆無，しかもコンピュータに全く触った事の無い状態でゼミに進級して来る．これでは，良い会社への就職は全く望めない．高校や大学の教員になるには企業への就職者よりも更なるコンピュータ能力が求められる．ブルジョアで無い限り，高校入学は大学受験の準備，その大学入学が良き企業への就職を目指すのが本音であれば，たとえ，受験指導にコンピュータ教育はなされ無くても，高校在学時にコンピュータに触れさせる事が合目的的では無いでしょうか．上記，フリーマン・ダイソン教授の説くコンピュータ教育による社会の二分化を既に実感し，この様な社会階層の固定化は正しくないと信じるが故，読者の先生方に学校と自宅にコンピュータを備えて，生徒に，最低限御子弟に，コンピュータに触れさせる様切望します．情報立国で経済再起を計り入試でも優遇する韓国とは全く対照的である．

コンピュータプログラムは英会話と同じ　コンピュータによるプログラムは英会話と同じであります．文法や綴りを考えて居たら，舌が痺れて会話出来ません．文法や綴りを一切顧慮せず，出来合いの文章をパックにして挿入活用し会話しましょう．人様の関連プログラムよりコピー＆ペイストし，コンピュータに笑われても恥ずかしく無いので，人様の居ない所で，失敗を怖れずに厚かましく練習しましょう．

n88basic の program　n88basic の MSDOS 版，又はお手持ちのパソコンの対応する basic の MSDOS 版ソフトをパソコン納入業者を通じて入手し，業者に install させて，例えばパソコンが NEC で system が Windows ならショートカットの N88BASIC の icon 迄作って貰う．次に，ワープロソフトを editor と言うが，一太郎，mifes 等，何でも良いから，パソコンに install されている editor の新しい file を開き，以下をタイプする．その際，面倒であるが，英語と日本語は，CTRL＋XFER で切り替えてタイプする．" " の中以外は，必ず，英字をタイプする．この時，Mac と違って，Windows のパソコンでは，必ず，英字と日本字の切り替えが旨く行かなくなる．拙文でも，一回に付 3 度しか切り替えできなかった．その時は，save の後，一旦終了して，もう一度 soft で open する．

Newton 法の program
```
10   PRINT "九大入試の Newton 法のグラフを NEC Value Star V13 が"
20   PRINT "見安くする為，もう少し近似の初期値を劇画的に悪くして"
30   PRINT "高校数学で用いられるプログラム言語 Basic の n88 で描かせ
     て頂きます！"
40   PRINT "今から近似回数 N の入力をお願いします．"
50   INPUT "N="; N
60   PRINT "作業日：" DATE$
70   PRINT "開始時間：" TIME$
80   A=2
90   FOR I=1 TO  N
100    A=A−(A^3−2)/(3*(A^2))
110    PRINT "I="; I; "A="; A
```

4. Newtonの方法と二分法

```
120   NEXT I
130   PRINT "近似の様子を鑑賞なさいましたか？"
140   PRINT "今からグラフをお目に掛けます！"
150   INPUT "任意のkeyを押して下さい"; K$
160   B=2
170   C=B-(B^3-2)/(3*B^2)
180   D=C-(C^3-2)/(3*C^2)
200   CLS 3
210   LINE(100, 10)-(100, 150), 6
220   LOCATE 7, 0 : PRINT "関数 y"
230   LINE(0, 150)-(600, 150), 6
240   LOCATE 70, 17 : PRINT "変数 x"
250   LOCATE 7, 20 : PRINT "原点"
260   FOR X=0 TO 2.4 STEP 0.001
270   GX=500*X/2.4+100
280   Y=X^3-2
290   GY=-140*Y/(2.4^3)+150
300   PSET(GX, GY), 1
310   Z=3*(B^2)*(X-B)+B^3-2
320   GZ=-140*Z/(2.4^3)+150
330   IF X>=C AND X<=B THEN 340 ELSE 370
340   PSET(GX, GZ), 2
370   U=3*(C^2)*(X-C)+C^3-2
380   GU=-140*U/(2.4^3)+150
390   IF X>=D AND X<=C THEN 400 ELSE 410
400   PSET(GX, GU), 3
410   NEXT X
411   PRINT "御鑑賞が終わったら"
412   INPUT "任意のキーを押して下さい。"
      ; QUIT$
```

420 CLS 3
421 PRINT "B=" ; B
422 PRINT "C=" : C
423 PRINT "D=" ; D
424 PRINT "C^3−2=" ; C^3−2
425 PRINT "D^3−2=" ; D^3−2
430 PRINT "終了時間：" TIME$
440 PRINT "この終了時間と最初の開始時間との差が所要時間で"
450 PRINT "所要時間をレポートや論文に記入するのが数値解析でのマナーです。"
460 PRINT "これで終了なさるならば YES を，もう一度なさるならば"
470 INPUT "大文字の NO を入力下さい" ; ENCORE$
480 IF ENCORE$ = "NO" THEN 40 ELSE 500
500 PRINT "あなたの忠実な計算機は，"
510 PRINT "又の挑戦をお待ちしてます。"
520 PRINT "今度はご自身で program なさり，"
530 PRINT "私の能力の限界を test 下さい"。
540 PRINT "Have a nice day !"
550 END

上記プログラムの結果を次頁以下の写真で提供する．それらの写真は，画面が反射しない様，深夜全ての明かりを消した中で，テレビ同様，コンピュータ画面も走査線が一定の時間間隔で走るので，Canon EOS1000QD のTV機能を活用し，カメラの土井香椎店の御教示で，シャター速度 1/50 乃至 1/30 で，現像焼付の際無料で頂く Kodak の ASA400 で撮影した。

先ず，写真 1 は，上記 program の10行から150行迄に対するお返し return である．コンピュータは，上の様に，例えば，PRINT 等で，画面への出力を命じないと，結果を報告しない．editor でワープロした結果の program 呼出を，次頁写真 1 の矢印の上の様に，load で命じる．引用符""の中は日本語でも良く，お子さん相手の教育では日本語の方が英語よりも良かろう．80-120が Newton 法の program の本質的部分で他は，アク

4. Newton の方法と二分法

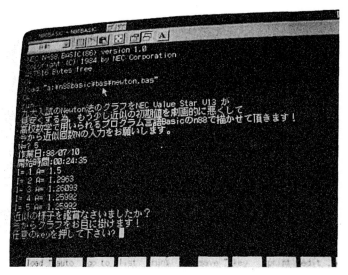

写真 1

セサリーである．入試問題の第 0 近似 A＝1.3 では，n88Basic の精度では，精密過ぎて，数値解析にも，グラフにも成らぬので，態と雑に第 0 近似を 80 行で A＝2 とする．次の 90 行の FOR I＝1 TO N と 120 行の NEXT I は対で，I に次々と 1 から N 迄代入して，100 行の様に，A を，x＝A に於ける，三次関数 y＝x³－2 の接線の x 軸との交点に於ける x 座標 A－(A^3－2)/(3*(A^2)) で書き換え over write し，その都度，その時点での I と A とを画面に表しなさいとの，命令である．お返しは，I＝4 と I＝5 に於ける値が共に A＝1,25992 でこれ以上計算しても，A の値は 1.25992 で変わりが無い．この状態を，**数値収束**して居ると言う．

二分法の program（写真 2）

次の写真 2 が二分法の program で，先ず 10 にて分割の数 N を input させる．その際 "N＝" を記しておかないと，最下行が単に？で，後で自分ながら，何を入力するのか分からなくなる．その後の；N が，入力された物は N だぞと，コンちゃんに教えている．40 行で第零近似の α として ALPHA＝1.2 を，50 行で β として BETA＝1.3 を設定する．猶，この言語

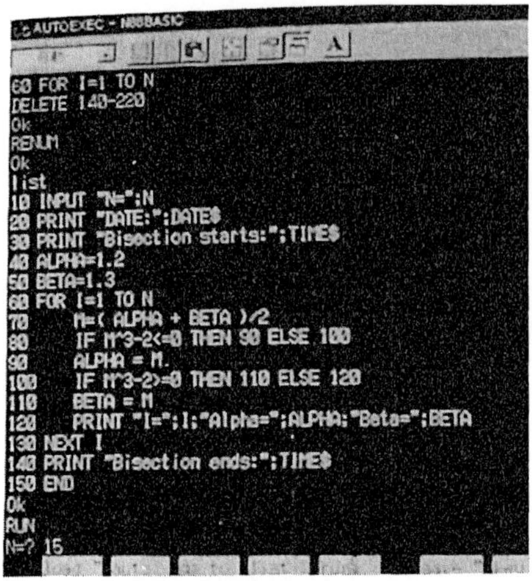

写真 2 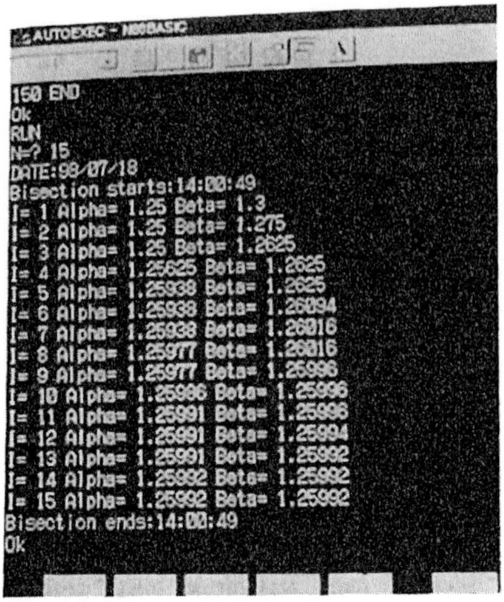   写真 3

はギリシャ文字を認識しないので，ローマ字で代用する．BETA は纏まって一つの変数を表し，B×E×T×A では無い．60 行の FOR I=1 TO N と 130 行の NEXT I が決まり文句の対で，I=1 から I=N 迄，次々と，その途中の 70 行で α と β の平均 M を作らせ，80 行の IF THEN 文で $M^3-2 \leq 0$ ならば，90 行に行かせて，α をより精密な M で overwrite させる．この様に，前に α を与えて居るのに，新しく α を与えると，これで前の α を書き換え overwrite するのが，プログラム言語の常識で，これに背馳する恐ろしい飛行機がかの Air Bus であり，マニュアルを読まないで操縦する国々の飛行機が皆落ちている．この様な時は，その間飛行機は降下し続けるが，一旦 restart すればよい．$M^3-2 \leq 0$ でないならば，パスして，100 行に行かせる．その 100 行では，$M^3-2 \geq 0$ ならば，β を M で overwrite させる．元来，80 行の ELSE ならば，必然的に $M^3-2>0$ であり，100 行の IF 以下の条件は満たされて居るが，この様にしつこいのが，中国語で小心は肯定的だが，否定的な日本語の意味での小心な著者の program である．犬の子供は益々犬に似る．が預言者の言であるが，家内の言では，パソコンは益々オーナーに似る．これで 120 行にて，その都度，I，α，β を記させる．ここで，写真 2

4. Newtonの方法と二分法 213

の様にして，RUNをタイプすると，N?とNの入力を求めるので，実は，試行錯誤の末であるが，15をタイプし，Enter keyを押すと，212頁の写真3を返す．

　DATE\$が日付，TIME\$が時刻なので，終了と開始の差0秒が計算時間である．今の計算機の速さから言えば，問題なのはprogramに要する時間である．写真3と1の日付けの差は8日で，恥ずかしながらこれが二分法の所要日数．コンピュータに遣らせる時間は問題では無い．第14近似以降は，αとβの値が同じである．71頁で述べた中間値の定理より，αとβの間には必ず，三次方程式$x^3-2=0$の根があるから，n88のBasicの精度では数値的に収束して居る．Newton法の方が収束は速いが，二分法の方が普遍的であるし，最近の計算機の計算速度では，収束の遅さは問題にならない．収束の確実さの方が卓越する．

n88basicでの曲線のprogram

　プログラム言語BASICではWYSIWYG見た目の通りWhat you see is what you getでなく，座標は左上が(0, 0)，右上が(639, 0)，左下が(0, 399)，右下が(639, 399)なので，先ず，見た目がWYSIWYG我々の認識の通りに成る様に独立変数X，従属変数Yに一次変換を施し，グラフの座標$GX=aX+b$，$GY=cY+d$に換えさせる所から始めねばならない．勿論，出来合いのソフトは始めから自動的にその様に為す様programされている．ここでは，原点が画面の比較的真ん中の(100, 150)に，独立変数を$X=0$から$X=2$迄動かした曲線に力点を置きたいので，少し先の$X=2.4$に対する点$(2.4, 2.4^3-2)$が右上に来る様にと言いたいが，-2を忘れた，$Y=2.4^3$が右上のY座標10に成る様に，一次変換$GX=aX+b$，$GY=cY+d$を施すと，$GX=b=100$，$GY=d=10$，更に，$GX=2.4a+b=600$，$GY=2.4^3c+d=10$，この連立一方程式を解き，**Newton法のprogramの**270行，290行を設定する．これが，手作りのprogramの一番嫌な所である．所で，グラフの画面に余計な物が映ると，美的感覚を疑われるので，画面を消すために200行でCLS 3を命じたいが，必要な出力が読む前に消えては困るので，150行でINPUT K\$つまり，活字を入力させる．K\$の\$は活字を表す．ここで困った事は，拙文は数式ワープロテフの出力を原稿として現代数学社に

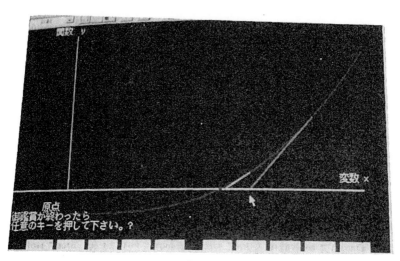

写真 4

S45

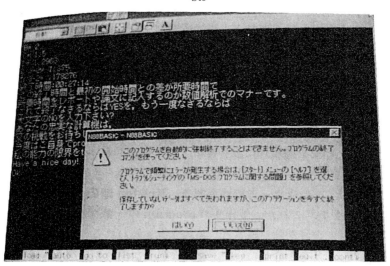

写真 5

送って居るが，テフでは，$ は独特の意味が有り，$ と $ の間の中身は数式を表すので，そもそも，BASIC とテフは両立しない．そこで，ここは，一太郎の出力による．150行は，様々なソフトで，任意のキーを押して下さい，と言う，あれの真似である．さて，X＝0 から X＝2.4 迄の曲線を描かせるには，やはり260行の様な FOR NEXT 文だが，変数 X は整数値を取らぬので STEP を設定する所が新味．コンピュータの性能が良いので細かく 0.001 としても良い．細かくする程グラフを描くアニメーションが遅くなって，アニメーションらしくなる．300行の PSET (GX, GY)，1 がグラフを描かせるコマンドでこれだけ知って居ればよい．最初の PSET は点を描け，次の括弧は上の意味の座標，次の数字は色である．著者はエアバスのパイロット同様マニュアル等読む習慣が無いので，出鱈目に入れて結果を写真6のカラー写真で見ると 1 は青，2 は赤，3 は桃色，6 は黄色の様である．310と320行は X＝B に於ける接線の Y 座標とその BASIC 仕様の一次変換である．330行は接線が X 軸に接する迄の，X＞＝C AND X＜＝B の時のみ接線のグラフを書かせる IF THEN 文のコマンドである．200－412行の出力であるグラフを写真4に示す：

421－425行は全く不必要だが，コンちゃんがチャンと遣って居るかの Check である．470行の求めに NO を入力すると480行で40行よりやり直せ，それ以外の活字の入力では500行以下で，写真5の様な終了場面を返す．

ここで quit の仕方を知らぬので，コンピュータの右上の x を click し，終了させると上の様なクレームが付くが，はいを click し，終了．

二分法の日本語 n88basic での program
00　PRINT "九大入試の Newton 法の問題を改竄し数値解析の二分法"
10　PRINT "bisection 高校数学で用いられるプログラム言語 Basic の n88"
20　PRINT "のプログラムでお目に掛けます！"
30　PRINT "今から近似回数 N の入力をお願いします．"
40　INPUT "N＝"; N
50　PRINT "作業日：" DATE$
60　PRINT "開始時間：" TIME$

```
70   ALPHA=1.2
80   BETA=1.3
90   INPUT "任意の key を押して下さい"; S$
100  FOR  I=1 TO  N
110  M=(ALPHA+BETA)/2
111  PRINT "M="; M
112  PRINT "ALPHA+BETA"; ALPHA+BETA
120  IF M^3-2<=0 THEN 130 ELSE 140
130  ALPHA=M
140  IF M^3-2>=0 THEN 150 ELSE 160
150  BETA=M
160  PRINT "I="; I; "ALPHA="; ALPHA "BETA="; BETA
170  NEXT I
180  PRINT "二分法数値解析を御鑑賞下さい."
190  PRINT "bisection 法を視覚的に見安くする為，初期値を劇画的に悪くして"
200  PRINT "高校数学で用いられるプログラム言語 Basic の n88 で描かせて頂きます！"
210  INPUT "任意の key を押して下さい"; K$
220  CLS 3
230  ALPHA=1
240  BETA=2
300  LINE(100, 10)-(100, 150), 6
310  LOCATE 7,0 : PRINT "関数 y"
320  LINE(0, 150)-(600, 150), 6
330  LOCATE 70, 17 : PRINT "変数 x"
340  LOCATE 7, 20 : PRINT "原点"
350  FOR X=0 TO 2.4 STEP 0.001
360  GX=500*X/2.4+100
370  Y=X^3-2
```

380　GY=-140*Y/(2.4^3-2)+150
390　PSET(GX, GY), 1
400　NEXT X
410　FOR Y=0 TO 2.4^3-2 STEP 0.001
420　PSET(500*1.2/2.4+100, -140*Y/(2.4^3-2)+150), 0
430　PSET(500*1.3/2.4+100, -140*Y/(2.4^3-2)+150), 0
440　NEXT Y
500　FOR I=1 TO N
510　M=(ALPHA+BETA)/2
520　IF M^3-2<=0 THEN 530 ELSE 540
530　ALPHA=M
540　IF M^3-2>=0 THEN 550 ELSE 560
550　BETA=M
560　FOR Y=0 TO 2.4^3-2 STEP 0.001
570　PSET(500*ALPHA/2.4+100, -140*Y/(2.4^3-2)+150), I MOD 7
580　PSET(500*BETA/2.4+100, -140*Y/(2.4^3-2)+150), I MOD 7
590　NEXT Y
600　NEXT I
610　PRINT "御鑑賞が終わったら"
620　INPUT "任意のキーを押して下さい."
　　 ; QUIT$
630　CLS 3
640　PRINT "終了時間：" TIME$
650　PRINT "この終了時間と最初の開始時間との差が所要時間で"
660　PRINT "所要時間をレポートや論文に記入するのが数値解析でのマナーです."
670　PRINT "これで終了なさるならばYESを, もう一度なさるならば
680　INPUT "大文字のNOを入力下さい"
　　 ; ENCORE$

```
690  IF ENCORE$ = "NO" THEN 50 ELSE 680
700  PRINT "Have a nice day!"
710  END
```

上の program を load し run させた，220行以下のお返しのグラフが写真 6 である．

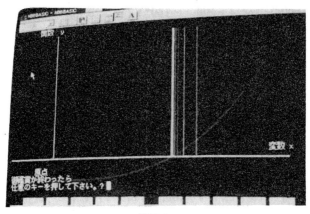

写真 6

実は，その前の部分に170行の NEXT I の I を忘れるミスを発見したので，作動中にコンピュータの右上の x を click して強制終了させようとしたら，例によって写真 5 の様なクレームが付いたが，又かと気にも留めずにはいを click し，終了させワープロで上の様に訂正し，もう一度 load しようと命じたが，Syntax error が返るのみ，写真 1 と比べて Syntax error では有り得ぬので，無茶をして，n88basic が戦死して，認知しなくなったのであろう．父の足利尊氏に認知されず，義父＝叔父と共に謀反を起こした庶子の気持ちが良く分かる．そこで，昔の n88basic の 5 インチ FD を見出して，再入力したのが写真 2 であり，こちらは editor の file を load しないので，日本語は駄目で，英語で，然も誤りの度に，写真の様にその行の番号と文章を入力し，overwrite させ，余計な物は，delete させ，式番号を renum で綺麗に整理させ，list で program を画面に表示させ，写真 2 の様に run で数値解析させたのが，写真 3 の結果である．

第 5 章

積分

1．定積分の定義 —区分求積法—

―― 問題 ――

問題1．
$$\lim_{n\to\infty}\frac{1}{n}\sum_{k=1}^{n}\frac{k}{\sqrt{3n^2+k^2}}=? \quad (1)$$

（小樽商科大学前期日程入学試験）

問題2． $N\geq 2$ 個の箱の中に1回に一つずつ無作為に玉を入れてゆく．玉が二つ入った箱ができたら，その手続きを中止する．丁度 k 回目で玉が二つ入った箱ができる確率を $P(N, k)$ とする．

$$I := \lim_{N\to\infty}\frac{1}{N}\log P(2N, N+1) \quad (2)$$

を区分求積法で求めよ．

（名古屋大学理科系前期日程入学試験）

問題3． 対数を利用して極限

$$\lim_{n\to\infty}\frac{(n!)^{\frac{1}{n}}}{n} \quad (3)$$

の値を求めよ．

（徳島大学前期日程入学試験）

問題4．
$$\lim_{n\to\infty}\frac{(1+2+\cdots+n)^5}{(1^4+2^4+\cdots+n^4)^2}=? \quad (4)$$

（上智大学機械工・化学科入学試験）

問題5． $\log x$ を x の自然対数とするとき，

$$\lim_{n\to\infty}\left\{\frac{1}{n^2}\sum_{k=1}^{n}k\log(n+k)-\frac{1}{2}\log n\right\}=? \quad (5)$$

を定積分の形に表すことにより，その値を求めよ．

（武蔵工業大学工学部入学試験）

定義の重要性 仏貴族は皆自分の父親が誰なのか？ 随分悩んで居た．ここ

1. 定積分の定義

に Napoléon が近代的な法典を編み，妻の子供の父親は夫であるとの単純明快な定義を下し，貴族共を悩みより救った．英大衆紙が王子の父親が誰かを論じているが，近代的民法 Napoléon 法典によれば，王子の父親は皇太子で，立派に王位継承権を持つ事は，明々白々である．この様に極めて重要な定義を，定積分に対して与え，その出自を探求する．

数列の極限 自然数 n の関数 c_n を**数列**と言う．c を実数，c_n を実数列とする．任意の正数 ε に対して，自然数 N があって，$n>N$ の時，$|c_n-c|<\varepsilon$，即ち，

$$c-\varepsilon < c_n-c < c+\varepsilon \quad (n>N) \tag{6}$$

が成立する時，実数 c を数列 c_n の**極限**と言い，$c_n \to c$ 又は $c=\lim_{n\to\infty} c_n$ と書く．

連続性 数直線 R 上の，両端点を含む，閉区間 $[a, b] := \{x \in R ; a \le x \le b\}$ 上で定義された実変数 x の関数 $f(x)$ がある．c を $[a, b]$ の任意の点とする．任意の正数 ε に対して，正数 δ が有って，

$$|x-c|<\delta \text{ を満たす，} [a, b] \text{ の点 } x \text{ に対して} |f(x)-f(c)|<\varepsilon \tag{7}$$

が成立する時，関数 $f(x)$ は点 c で**連続**であると言い，各点で連続な関数を単に，**連続関数**と言う．(6), (7)が日本では大学，中国では高校で学ぶ，有名な ε-N 法と ε-δ 法である．

関数 $f(x)$ は点 c にて，

$$c_n \in [a, b], \ c = \lim_{n\to\infty} c_n \text{ を満たす任意の数列 } c_n \text{ に対して，} f(c) = \lim_{n\to\infty} f(c_n) \tag{8}$$

が成立する時，点 c で**点列連続**であると言い，各点で連続な関数を単に，**点列連続関数**と言う．

定理1． 関数 $f(x)$ が点 c で連続であるならば，点 c で点列連続である．

証明 $c_n \in [a, b]$, $c = \lim_{n\to\infty} c_n$ を満たす任意の数列 c_n を取る．連続性の定義(7)より，任意の正数 ε に対して，正数 δ が有って，$|x-c|<\delta$ を満たす，$[a, b]$ の点 x に対して(7)が成立する．この正数 δ に対して，数列の収束の定義(6)より，自然数 N があって，$n>N$ の時，$|c_n-c|<\delta$ が成立する．この $n \ge N$ なる c_n に対して，$|f(c_n)-f(c)|<\varepsilon$ も成立し，(6)で述べた収束

性の定義より $f(c)=\lim_{n\to\infty}f(c_n)$, 即ち, (8)が成立し, 関数 $f(x)$ は点 c で点列連続である.

一様連続性 数直線 $\mathbf{R}$ 上の, 閉区間 $[a, b]$ 上で定義された実変数 x の関数 $f(x)$ は, 任意の正数 ε に対して, 正数 δ が有って,

$|y-x|<\delta$ を満たす, $[a, b]$ の二点 x, y に対して $|f(y)-f(x)|<\varepsilon$ (9)

が成立する時, $[a, b]$ で**一様連続**であると言う.

実数の連続性公理 第七章第二節でも実数の連続性公理,

Cauchy の公理 Cauchy 列は収束する.

に付いて述べるが, 今節は Cauchy の公理 + 下の Archimedes の公理と同値な別の公理

Weierstrass-Bolzano の公理 有界な実数列は収束部分列をもつ.

も採用する.

公理は証明されないが, お互いの同値性や他の公理を導く事は行われる.

Archimedes の公理 任意の $\varepsilon>0$, $M>0$ に対して, 自然数 N があって, $\varepsilon N>M$ が成立する.

第七章第二節で述べる様に上の Archimedes の公理は, 定義(6)より, 次の極限公式と同値である:

$$\text{任意の正数 } M \text{ に対して,} \lim_{n\to\infty}\frac{M}{n}=0. \tag{10}$$

Weierstrass-Bolzano の公理 → Archimedes の公理 結論を否定して矛盾を導く**背理法**による. 全称肯定の否定は特称否定, 特称肯定の否定は全称否定である. 筆者が中学生の頃漢文で, 大学生の頃論理学で学んだ, この論理を誤る事のない global standard に到達しよう.

さて, **全称肯定命題**「**全ての**=任意の $\varepsilon>0$, $M>0$ に対して, **特称肯定命題**: 自然数 N が**有って**, $\varepsilon N>M$ が**成立する.**」の否定は**特称否定命題**「正数 $\varepsilon_0>0$, $M_0>0$ が**有って, 全称否定: どんな**自然数 n に対しても, $\varepsilon_0 n>M_0$ が**成立しない.**」である. 従って, 正数 $\varepsilon_0>0$, $M_0>0$ が有って, どんな自然数 n に対しても, $\varepsilon_0 n\leq M_0$. すると, 数列 $\{\varepsilon_0 n: n=1, 2, 3, \cdots\}$ は有界な正数列であるから, 収束部分列 $\varepsilon_0 p_n: n=1, 2, 3, \cdots$ を持つ. その極限を $\varepsilon_0 N$ と書こう. 数列 $\{\varepsilon_0 p_n: n=1, 2, 3, \cdots$ の極限が $\varepsilon_0 N$ であるか

1. 定積分の定義

ら,その第二項から始まる部分列 $\{\varepsilon_0 p_{n+1}: n=1, 2, 3, \cdots\}$ も同じ極限 $\varepsilon_0 N$ を持つ.又,自然数の飛び飛びの部分列 p_n は単調増加で,$p_1 < p_2 < \cdots < p_n$ を満たし,$p_{n+1} - p_n \geq 1$.不等式 $\varepsilon_0 p_{n+1} - \varepsilon_0 p_n = \varepsilon_0 (p_{n+1} - p_n) \geq \varepsilon_0 > 0$ にて,$n \to \infty$ とすると,$0 = \varepsilon_0 N - \varepsilon_0 N \geq \varepsilon_0 > 0$ なる矛盾に達する. q. e. d.

定理2. 閉区間 $[a, b]$ で連続な関数 $f(x)$ は一様連続である.

証明 結論を否定して矛盾を導く背理法による.任意の正数 ε に対して,正数 δ が有って,(9)が成立するの否定は,或る正数 ε_0 が有って,任意の正数 δ に対して,(9)が成立しないである.この時,任意に自然数 n を取り,その逆数 $\dfrac{1}{n}$ を上記正数 δ に採用しても(9)が成立しない.と言うことは $[a, b]$ の二点 x, y が有って,$|y-x| < \delta = \dfrac{1}{n}$ を満たすにも関わらず,$|f(y) - f(x)| < \varepsilon_0$ が成立せず,その否定,$|f(y) - f(x)| \geq \varepsilon_0$ が成立する.良く考えると,これら二点 x, y は自然数 n に関係するから,n を下添え字に持つ x_n, y_n で表すのが,数学的には筋がよい.すると,自然数 n の関数 x_n, y_n は数列である.然も,$a \leq x_n, y_n \leq b$ と下から a,上から b で押さえられているから,有界数列である.先ず,一方の数列,x_n に上記 Weierstrass-Bolzano の公理を適用すると,その部分列 x_{p_n} が有って収束する.その極限を x_0 と記すと,$a \leq x_{p_n} \leq b$ にて $n \to \infty$ として,$a \leq x_0 \leq b$ を得る.所で,数列 x_{p_n} が数列 x_n の部分列であると言う事は,その番号を表す数列 p_n は,$p_1 < p_2 < \cdots < p_n$ の様に,単調増加な自然数の数列であるが,$1 < 2 < \cdots < n$ をその儘なぞらえた $p_n = n$ とは限らずに,飛び飛びの自然数列である.従って,x_n の部分列 x_{p_n} も,数列 x_n での番号を,下克上的に序列を換えずに,然し,途中を飛ばす事を許した,飛び飛びの数列である.その同じ番号の飛ばし方をなぞらえた,数列 y_n の部分列 y_{p_n} を考える.この数列 y_{p_n} も $a \leq y_{p_n} \leq b$ を満たすから,有界数列であり,Weierstrass-Bolzano の公理より,その部分列 $y_{p_{q_n}}$ が有って収束する.その極限を y_0 と記すと,やはり,$a \leq y_0 \leq b$.数列 q_n は,$q_1 < q_2 < \cdots < q_n$ の様な単調増加な自然数の数列であるから,数列 p_{q_n} は,p_n を更に飛ばした,飛び飛びの自然数列である.この飛ばし方を採用した,数列 x_n の収束部分列 x_{p_n} のその又部分列 $x_{p_{q_n}}$ も,勿論,

同じ極限値 x_0 に収束する．一方，背理法の仮定より，$|x_{p_{q_n}} - y_{p_{q_n}}| < \dfrac{1}{p_{q_n}}$ であるが，右辺は $\dfrac{1}{n}$ を超えず，$\dfrac{1}{n}$ は上の公式(10)より 0 に収束するから，$n \to \infty$ として，$|x_0 - y_0| \leq 0$，即ち，$x_0 = y_0$．もう一つの背理法の仮定である，$|f(y_{p_{q_n}}) - f(x_{p_{q_n}})| \geq \varepsilon_0$ にて $n \to \infty$ する際，定理1より，点 x_0 で連続な $f(x)$ は点 x_0 で点列連続，従って，$f(x_0) = \lim_{n\to\infty} f(x_{p_{q_n}})$，$f(x_0) = f(y_0) = \lim_{n\to\infty} f(y_{p_{q_n}})$ に注意しつつ $n \to \infty$ とすると，$0 = |f(y_0) - f(x_0)| \geq \varepsilon_0 > 0$ なる矛盾に達する．

q. e. d.

定積分の定義 $f(x)$ を閉区間 $[a, b]$ で定義された実数値関数とする．$[a, b]$ から，$a = x_0 < x_1 < \cdots < x_n = b$ を満たす，$n+1$ 個の点 x_0, x_1, $\cdots$, x_n を取り，$[a, b]$ の**分点**と言い，この様な分点の取り方 Δ を，$[a, b]$ の**分割**と言い，正数 $x_1 - x_0$，$x_2 - x_1$, $\cdots$, $x_n - x_{n-1}$ の内最大な物を $|\Delta|$ と書き，**分割の大きさ**と言う，即ち，

$$|\Delta| := \max\{x_i - x_{i-1} ; 1 \leq i \leq n\}. \tag{11}$$

この時，各 $i = 1, 2, \cdots, n$ に対応する部分区間 $[x_{i-1}, x_i]$ より任意に点 ξ_i を取り，この部分区間 $[x_{i-1}, x_i]$ の長さ $x_i - x_{i-1}$ に高さ $f(\xi_i)$ を掛けて下図の長方形の符号を伴う面積を作り加えた，

$$S_\Delta = \sum_{i=1}^{n} f(\xi_i)(x_i - x_{i-1}) \tag{12}$$

を **Riemann 和**と言う．ここに，ξ はギリシャ文字で英語流の発音は xi で

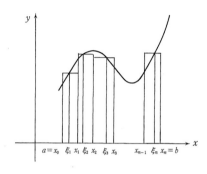

1. 定積分の定義

ある．この Riemann 和は分割 Δ のみならず，部分区間 $[x_{i-1}, x_i]$ よりの点 ξ_i 等の取り方に現時点では依存して居る．

さて，実数 S が有って，任意の正数 ε に対して，正数 δ が有り，$|\Delta|<\delta$ なる如何なる分割 Δ と，部分区間 $[x_{i-1}, x_i]$ よりの如何なる点 ξ_i 等の取り方に対しても，

$$|S_\Delta - S| < \varepsilon \tag{13}$$

が成立する時，Riemann 和 S_Δ は**極限** S を持つと言う．Riemann 和 S_Δ が極限を持つ関数 $f(x)$ は閉区間 $[a, b]$ で **Riemann 積分可能**であると言い，その極限 S を関数 $f(x)$ の閉区間 $[a, b]$ 上の **Riemann 積分**と言い，下の(14)式の様に和 Sum を表す S を引き延ばした $\int$ なるフォントを用いて表す．特に $[a, b]$ で $f(x) \geq 0$ の時，この定積分値を曲線 $y=f(x)$ が直線 $x=a$, $x=b$, $y=0$ と作る図形の**面積**と言う．即ち，

$$\text{符号を伴う面積} := \int_a^b f(x)\,dx := \lim_{|\Delta|\to 0} S_\Delta = \lim_{|\Delta|\to 0} \sum_{i=1}^n f(\xi_i)(x_i - x_{i-1}). \tag{14}$$

毎節力説する様に，我々の学ぶ純粋数学は，global standard＝一神教キリスト教・ユダヤ文明の学問であり，そこでは，定義は正確でなければならない．(14)式は面積の定義式である事を強調しておく．キリスト教にせよ，renaissance の源を作った，イスラム教にせよ，凡そ合理的な宗教は偶像崇拝を禁止する．絵を描いて分かる様に，定積分は面積を表します，では global standard＝一神教キリスト教・ユダヤ文明の下での学問であり得ない．

定理3．閉区間 $[a, b]$ で連続な関数 $f(x)$ は Riemann 積分可能である．

証明 定理2より，閉区間 $[a, b]$ で連続な関数 $f(x)$ は一様連続であるから，任意の正数 ε に対して，一様連続の定義式(9)の ε の換わりにこの任意の正数 ε 割る $4(b-a)$ に対しても，正数 δ が有って，$|y-x|<\delta$ なる $[a, b]$ の任意の二点に対して，

$$|f(y) - f(x)| < \frac{\varepsilon}{4(b-a)} \tag{15}$$

が成立する．ここで，任意に $|\Delta_1|, |\Delta_2| < \delta$ なる二つの分割 Δ_1, Δ_2 を考察する．これら二つの分割の分点の合併を分点の集合に持つ分割を Δ_3 としよ

う．Δ_3 は Δ_1 の細分である．Δ_1 の i 番目の区間を $[x_{i-1}, x_i]$，そこから選ばれた点を ξ_i としよう．$[x_{i-1}, x_i]$ の両端点の他に，$[x_{i-1}, x_i]$ に含まれる分割 Δ_2 の分点を $x_{i-1}=y_{i,0}<y_{i,1}<\cdots<y_{i,p_i}=x_i$ とし，そこの小区間 $[y_{i,j-1}, y_{i,j}]$ から取られた点を $\eta_{i,j}$ とすると，$\sum_{j=1}^{p_i}(y_{i,j}-y_{i,j-1})=x_i-x_{i-1}$ であるから，

$$S_{\Delta_1}-S_{\Delta_3} = \sum_{i=1}^{n} f(\xi_i)(x_i-x_{i-1}) - \sum_{i=1}^{n}\sum_{j}^{p_i} f(\eta_{i,j})(y_{i,j}-y_{i,j-1})$$

$$= \sum_{i=1}^{n}\sum_{j=1}^{p_i} f(\xi_i)(y_{i,j}-y_{i,j-1}) - \sum_{i=1}^{n}\sum_{j=1}^{p_i} f(\eta_{i,j})(y_{i,j}-y_{i,j-1})$$

$$= \sum_{i=1}^{n}\sum_{j=1}^{p_i} (f(\xi_i)-f(\eta_{i,j}))(y_{i,j}-y_{i,j-1}) \tag{16}$$

が成立している．ここで二点 ξ_i, $\eta_{i,j}$ は共に，大きさが δ よりも小さな分割 Δ_1 の閉区間 $[x_{i-1}, x_i]$ の点であるから，$|\xi_i-\eta_{i,j}|<\delta$ が成立し，δ の決め方(15)より，$|f(\xi_i)-f(\eta_{i,j})|<\dfrac{\varepsilon}{4(b-a)}$ が成立して居るので，(16)の絶対値を取り，

$$|S_{\Delta_1}-S_{\Delta_3}| \le \sum_{i=1}^{n}\sum_{j=1}^{p_i} |f(\xi_i)-f(\eta_{i,j})|(y_{i,j}-y_{i,j-1}) < \sum_{i=1}^{n}\sum_{j=1}^{p_i} \frac{\varepsilon}{4(b-a)}(y_{i,j}-y_{i,j-1})$$

$$= \frac{\varepsilon}{4(b-a)}\sum_{i=1}^{n}\sum_{j=1}^{p_i}(y_{i,j}-y_{i,j-1}) = \frac{\varepsilon}{4(b-a)}\sum_{i=1}^{n}(x_i-x_{i-1})$$

$$= \frac{\varepsilon}{4(b-a)}(b-a) = \frac{\varepsilon}{4} \tag{17}$$

を得る．同様にして，$|S_{\Delta_2}-S_{\Delta_3}|<\dfrac{\varepsilon}{4}$ を得るから，この S_{Δ_3} を媒介しての三角不等式より，$|\Delta_1|$，$|\Delta_2|<\delta$ なる二つの任意の分割 Δ_1, Δ_2 に対して，次の不等式を得る：

$$|S_{\Delta_1}-S_{\Delta_2}| \le |S_{\Delta_1}-S_{\Delta_3}|+|S_{\Delta_3}-S_{\Delta_2}| < \frac{\varepsilon}{4}+\frac{\varepsilon}{4}=\frac{\varepsilon}{2}. \tag{18}$$

特に p を自然数とし，閉区間 $[a, b]$ を p 等分し，分点は $x_i=a+i\dfrac{b-a}{p}$ $(i=0, 1, 2, \cdots, p)$ を，i 番目の区間 $[x_{i-1}, x_i]$ から選ばれた点 ξ_i としては，右端点 x_i を採用しよう．この時の Riemann 和は

1. 定積分の定義

$$S_p = \sum_{i=1}^{p} f\left(a + i\frac{b-a}{p}\right)\frac{b-a}{p} = \frac{b-a}{p}\sum_{i=1}^{p} f\left(a + i\frac{b-a}{p}\right). \tag{19}$$

さて，上で任意に与えられた正数 ε に対して，(15)，従って(18)が成立する様な正数 δ が存在した．この正数 δ に対して，上述の Archimedes の公理より，自然数 N が存在して，$N\delta > (b-a)$ が成立する．p 等分の分割の大きさは $\dfrac{b-a}{p}$ なので，$p, q \leq N$ なる任意の自然数 p, q に対して，p, q 等分の分割の大きさ $\dfrac{b-a}{p}, \dfrac{b-a}{q} \leq \dfrac{b-a}{N} < \delta$ であり，既に証明した(18)より

$$|S_p - S_q| < \frac{\varepsilon}{2}. \tag{20}$$

320頁で述べる Cauchy 列の定義が，ε の換わりに，最後を ε で finish させたいとの，証明のオリンピック体操的綾で $\dfrac{\varepsilon}{2}$ になって居るだけなので，数列 S_p は Cauchy 列を為し，321頁に記述する Cauchy の公理より収束する．その極限を S とする．(18)にて $q \to \infty$ として，$p \geq N$ の時，等号の付いた $|S_p - S| \leq \dfrac{\varepsilon}{2}$ を得る．

ここで，以上を振り返って見ると，任意の正数 ε に対して，(15)が成立する様に δ を取り，Cauchy 列 S_p の極限を S とすると，$|\Delta| < \delta$ なる任意の分割 Δ とそれに付随する Riemann 和 S_Δ に対して，上に定めた自然数 N 等分の Riemann 和 S_N を媒介として，三角不等式

$$|S_\Delta - S| \leq |S_\Delta - S_N| + |S_N - S| < \frac{\varepsilon}{2} + \frac{\varepsilon}{2} = \varepsilon.$$

定義(13)より，関数 $f(x)$ は Riemann 積分可能である．

ついでに

$$\int_a^b f(x)\,dx = \lim_{p\to\infty}\frac{b-a}{p}\sum_{i=1}^{p} f\left(a + i\frac{b-a}{p}\right) \tag{21}$$

を得た．これを，高数では**区分求積法**と教える，今節の主題である．猶，(21)式では，各小区間 $[x_{i-1}, x_i]$ の右端 x_i を用いるが，左端 x_{i-1} を用いてもよいので，右辺 i の所を $i-1$ としてもよい．

定理 4． a, b, c を $a < b < c$ を満たす実数とすると，閉区間 $[a, c]$ で連続な関数 $f(x)$ に対して，次式が成立する：

$$\int_a^c f(x)\,dx = \int_a^b f(x)\,dx + \int_b^c f(x)\,dx. \tag{22}$$

証明　定積分の定義式(14)に於ける分割は，大きさを0に収束さえさせれば，どの様に選んでも良いから，閉区間 $[a, c]$ の分割で，常に点 b を分点に選んで，分割を取れば，閉区間 $[a, c]$ の分割は同時に閉区間 $[a, b]$ の分割と閉区間 $[b, c]$ の分割を与え，対応する Riemann 和も閉区間 $[a, b]$ の Riemann 和と閉区間 $[b, c]$ の Riemann 和の和で表される．ここで，分割の大きさを0に収束させると，上式(22)を得る．

微分積分学の基本定理

定理5． a, b を $a<b$ を満たす実数，$f(x)$ を閉区間 $[a, b]$ で連続な関数，$a \leq x \leq b$ を満たす変数 x に対して，$I(x)$ を

$$I(x) := \int_a^x f(t)\,dt \tag{23}$$

で定義される関数とすると，

$$\frac{d}{dx}I(x) = f(x) \tag{24}$$

が成立する．

老婆心よりの説明　$I(x)$ は，勿論，関数 f の a から x 迄の定積分であるが，x は微分の対象な変数なので，やはり，x で表したい．すると，定積分(23)の積分変数を同じ x で表すと，同じ文字 x が二通りの異なる意味に使用されて notation confusing と取られ兼ねず，極めて数学的には筋が悪い．そこで(23)の積分変数を別の文字 t で表した．元来，定積分(14)は右辺を見れば分かる様に，その値は，積分変数を如何なる文字で表すかには依存しない．

証明　定理2より，任意の正数 ε に対して，正数 δ が有って(9)が成立する．さて，点 x を任意にとり固定する．$0<|h|<\delta$ を満たす任意の実数を取る．先ず，$h>0$ の時を考察する．公式(22)より，$x+h \in [a, b]$ の時，

$$\begin{aligned}\frac{I(x+h)-I(x)}{h} &= \frac{\int_a^{x+h} f(t)\,dt - \int_a^x f(t)\,dt}{h}\\ &= \frac{\int_a^x f(t)\,dt + \int_x^{x+h} f(t)\,dt - \int_a^x f(t)\,dt}{h} = \frac{\int_x^{x+h} f(t)\,dt}{h}\end{aligned} \tag{25}$$

を得る．

1. 定積分の定義

さて，定積分 $\int_x^{x+h} f(t)\,dt$ は Riemann 和の極限であるが，その Riemann 和を与える閉区間 $[x, x+h]$ の分割を $x=x_0<x_1<\cdots<x_n=x+h$，各 $i=1, 2, \cdots, n$ に対する部分区間 $[x_{i-1}, x_i]$ より任意取られた点を ξ_i としよう． $x\leq\xi_i\leq x+h<x+\delta$ なので，δ の決め方より，$f(x)-\varepsilon<f(\xi_i)<f(x)+\varepsilon$. 部分区間 $[x_{i-1}, x_i]$ の長さ x_i-x_{i-1} に高さ $f(\xi_i)$ を掛けて加えたのが Riemann 和であるから，

$$(f(x)-\varepsilon)h = \sum_{i=1}^n (f(x)-\varepsilon)(x_i-x_{i-1}) < \text{Riemann 和} = \sum_{i=1}^n f(\xi_i)f(x_i-x_{i-1})$$
$$< \sum_{i=1}^n (f(x)+\varepsilon)(x_i-x_{i-1}) = (f(x)+\varepsilon)h. \tag{26}$$

ここで分割の大きさ $\to 0$ と極限移行し，等号を加えた不等式

$$(f(x)-\varepsilon)h \leq \int_x^{x+h} f(t)\,dt \leq (f(x)+\varepsilon)h \tag{27}$$

を得る．$h<0$ の時は，a から x 迄の定積分を，a から $x+h$ 迄の定積分と $x+h$ から x 迄の定積分の和と考えると，不等号の向きが逆になるだけである．ここで，両辺を h で割り，(25)と合わせて考えると，不等式

$$f(x)-\varepsilon \leq \frac{I(x+h)-I(x)}{h} \leq f(x)+\varepsilon \tag{28}$$

を得る．79頁の定義(4)より微分係数 $I'(x)$ が存在し，$I'(x)=f(x)$，即ち，(24)を得る．

原始関数と定積分値を与える公式　a, b を $a<b$ を満たす実数，$f(x)$ を閉区間 $[a, b]$ で連続な関数とする．閉区間 $[a, b]$ で微分可能な関数 $F(x)$ はその導関数 $F'(x)$ が閉区間 $[a, b]$ 上で関数 $f(x)$ に一致する時，関数 $f(x)$ の**原始関数**と言う．この時，(23)で定義される関数 $I(x)$ に対して，$[a, b]$ 上で $(I(x)-F(x))' = I(x)'-F(x)' = f(x)-f(x) = 0$ が成立する． $a\leq x\leq b$ を満たす実数 x に対して，関数 $I-F$ に42頁の平均値の定理を適用すると，点 ξ が有って，$(I-F)(x)-(I-F)(a) = (I-F)'(\xi)(x-a) = 0$. 従って，$(I-F)(x) = (I-F)(a)$. 特に，$(I-F)(b) = (I-F)(a)$. $I(a)=0$ であるから，$I(b) = F(b)-F(a)$. 最後の値を $F(x)|_a^b$ と書くのが，万国共通の記法で，微分積分学の基本定理の別の version である次の公式

定理 5. a, b を $a<b$ を満たす実数, $f(x)$ を閉区間 $[a, b]$ で連続な関数, $F(x)$ をその原始関数とすると

$$\int_a^b f(x)\,dx = F(x)|_a^b := F(b)-F(a) \tag{29}$$

が成立する.

を得, 定積分を求めることは, 微分の逆である, 原始関数を求める事に帰着される. それ故, 出自である定義(14)は, 非常に高尚であったが, 計算は全く機械的に行われる.

積分の正体見たり, 微分の逆.

変数変換の公式 α, β を $\alpha<\beta$ を満たす実数, $x=g(t)$ を閉区間 $[\alpha, \beta]$ で連続微分可能な関数で, $a:=g(\alpha)<b:=g(\beta)$ を満たすものとする. $f(x)$ を閉区間 $[a, b]$ で連続な関数とする. この時, 変数変換の公式

$$\int_a^b f(x)\,dx = \int_\alpha^\beta f(g(t))g'(t)\,dt \tag{30}$$

が成立する.

証明 変数 x の関数 $f(x)$ の原始関数を $F(x)$ とする. 80頁の合成関数の微分法より,

$$\frac{dF}{dt} = \frac{dF}{dx}\frac{dx}{dt} = f(g(t))g'(t) \tag{31}$$

を得るが, 微分積分学の基本定理(29)より上の(30)の右辺の変数 t に関する $t=\alpha$ から $t=\beta$ 迄の定積分値は $F(g(\beta))-F(g(\alpha))$ であり, これは, やはり微分積分学の基本定理(29)より, 上の(30)の左辺に一致する. q. e. d.

部分積分の公式 積の微分の公式より $(uv)'=uv'+u'v$. 左辺に微分積分学の基本定理(29)を適用し, 移項して

$$\int_a^b uv'\,dx = uv|_a^b - \int_a^b u'v\,dx. \tag{32}$$

問題 1 の解答 区分求積法(21)より

$$(1)\text{の左辺} = \lim_{n\to\infty}\frac{1}{n}\sum_{k=1}^n \frac{k}{n}\frac{1}{\sqrt{3+\frac{k^2}{n^2}}} = \int_0^1 \frac{x\,dx}{\sqrt{3+x^2}}. \tag{33}$$

ここで, 変数変換 $t=\sqrt{3+x^2}$, $t^2=3+x^2$. 両辺を192頁の陰関数の微分法に

1. 定積分の定義

より t で微分し，$2t = 2x\dfrac{dx}{dt}$，$xdx = tdt$. $t=\sqrt{3}$ には $x=0$ が，$t=2$ には $x=1$ が対応し，公式(30)より

$$(1)\text{の左辺} = \int_{\sqrt{3}}^{2} \frac{tdt}{t} = \int_{\sqrt{3}}^{2} dt = 2 - \sqrt{3}. \tag{34}$$

問題2の解答 確率の答えの分子の N 個の因数を全て $2N$ で割る所が本問解決の秘訣で

$$P(2N, N+1) = \left(\frac{1}{2} + \frac{0}{2N}\right)\left(\frac{1}{2} + \frac{1}{2N}\right)\cdots\left(\frac{1}{2} + \frac{N-1}{2N}\right) \tag{35}$$

の自然対数を取り，区分求積法(21)を適応．更に，部分積分の公式(32)を，$u = \log(1+x)$, $u' = \dfrac{1}{1+x}$, $v = 1+x$, $v' = 1$ に対して適用し，

$$(2)\text{の右辺} = \lim_{N\to\infty} \frac{1}{N}\sum_{i=1}^{N} \log\left(\frac{1}{2} + \frac{1}{2}\cdot\frac{i-1}{N}\right) = \int_{0}^{1} \log\left(\frac{1}{2} + \frac{1}{2}x\right)dx$$
$$= \int_{0}^{1}(\log(1+x) - \log 2)dx = (1+x)\log(1+x)\big|_0^1 - \int_0^1 (1+\log 2)dx$$
$$= \log 2 - 1. \tag{36}$$

問題3の解答 指数関数の連続性より得る次式に部分積分の公式を，$u = \log x$, $u' = \dfrac{1}{x}$, $v = x$, $v' = 1$ に対して適用し，証明が必要な広義積分に対する区分求積法も結果的に，

$$(3)\text{の左辺の自然対数} = \lim_{n\to\infty}\frac{1}{n}\sum_{i=1}^{n}\log i - \log n = \lim_{n\to\infty}\frac{1}{n}\sum_{i=1}^{n}(\log i - \log n)$$
$$= \lim_{n\to\infty}\frac{1}{n}\sum_{i=1}^{n}\log\frac{i}{n} = \int_0^1 \log x\, dx = x\log x - x\big|_0^1 = -1, \tag{37}$$

即ち，(3)の左辺 $= e^{-1}$ と，省略した教育的配慮に満ちた，本問の誘導尋問の結果と一致する．

問題4の解答

$$(4)\text{の左辺} = \lim_{n\to\infty}\frac{(\sum_{i=1}^{n}i)^5}{(\sum_{j=1}^{n}j^4)^2} = \frac{\left(\lim_{n\to\infty} n^2 \frac{1}{n}\sum_{i=1}^{n}\dfrac{i}{n}\right)^5}{\left(\left(\lim_{n\to\infty} n^5 \frac{1}{n}\sum_{j=1}^{n}\left(\dfrac{j}{n}\right)^4\right)\right)^2}$$

$$= \frac{\left(\lim_{n\to\infty}\frac{1}{n}\sum_{i=1}^{n}\frac{i}{n}\right)^5}{\left(\lim_{n\to\infty}\frac{1}{n}\sum_{j=1}^{n}\left(\frac{j}{n}\right)^4\right)^2} = \frac{\left(\int_0^1 x\,dx\right)^5}{\left(\int_0^1 x^4\,dx\right)^2} = \frac{\left(\frac{x^2}{2}\Big|_0^1\right)^5}{\left(\frac{x^5}{5}\Big|_0^1\right)^2} = \frac{5^2}{2^5} = \frac{25}{32}. \tag{38}$$

問題 5 の解答 区分求積法(21)を適用,更に,変数変換 $t=\log(1+x)$, $x=e^t-1$ を施し,部分積分の公式を,$u=t$, $u'=1$, $v=\dfrac{e^{2t}}{2}-e^t$, $v'=e^{2t}-e^t$ に対して適用し,

$$\begin{aligned}
(5)\text{の左辺} &= \lim_{n\to\infty}\left\{\frac{1}{n}\left(\sum_{i=1}^{n}\frac{i}{n}\log\left(1+\frac{i}{n}\right)+\sum_{i=1}^{n}\frac{i}{n}\log n-\frac{1}{2}\log n\right)\right\} \\
&= \int_0^1 x\log(1+x)\,dx + \lim_{n\to\infty}\frac{\log n}{2n} = \int_0^{\log 2}(e^t-1)\,te^t\,dt \\
&= \int_0^{\log 2} t(e^{2t}-e^t)\,dt = t\left(\frac{e^{2t}}{2}-e^t\right)\Big|_0^{\log 2} - \int_0^{\log 2}\left(\frac{e^{2t}}{2}-e^t\right)dt \\
&= t\left(\frac{e^{2t}}{2}-e^t\right)-\left(\frac{e^{2t}}{4}-e^t\right)\Big|_0^{\log 2} \\
&= \left(\frac{2^2}{2}-2\right)\log 2 - \left(\frac{2^2}{4}-2\right)+\left(\frac{1}{4}-1\right) = \frac{1}{4}. \tag{39}
\end{aligned}$$

2. 微分積分学の基本定理の復習
―微分積分学の基本定理を学びて時に之を習ひ、大学に進学するも亦楽し―

---- 問題 ----

問題1.
$$f(x) := \int_0^{2x} \sin t\, dt \tag{1}$$
のとき，$f'(x)$ を求めよ．

（北見工業大学後期日程入学試験）

問題2. 微分可能な関数 $f(x)$ は等式
$$f(x) = -e^{-x} - \int_0^x f(t)\, dt \tag{2}$$
を満たす．$g(x) := e^x f(x)$ は $g'(x) = 1$ を満たすことを示し，$f(x)$ とその最大値を求めよ．

（奈良女子大学理学・生活環境学部前期日程入学試験）

問題3. a は 1 より大きい定数とする．$f(x)$ を
$$f(x) := \int_x^{ax} t^3 e^{-t}\, dt \tag{3}$$
とおく．$x > 0$ のとき $f(x) > 0$ であること，
$$x^3 e^{-x} \le \frac{C}{x^2}, \quad \text{ただし，} \quad C := \left(\frac{5}{e}\right)^5 \tag{4}$$
であること，および，$\lim_{x \to \infty} f(x) = 0$ を示し，$x \ge 0$ の範囲で $f(x)$ を最大にする x の値と，最小にする x の値を求めよ．

（明治大学理工学部入学試験）

問題4. 関数 $f(x)$，$g(x)$ を
$$f(x) := \int_0^x e^{-t} \sin t\, dt, \quad g(x) := \int_0^x e^{-t} \cos t\, dt \tag{5}$$
と定める．このとき，$x \ge 0$ における $f(x)$ の最大値と $g(x)$ の最小値を求めよ．

（筑波大学第一，二，三・医学専門群前期日程入学試験）

子曰，學而時習之，不亦説乎　學而は，岩波文庫，論語，金谷治訳注，によると，先生がいわれた，「学んでは適当な時期におさらいする，いかにも心うれしいことだね」．

この先生は勿論，孔子である．筆者は最後の旧制中学に入学と同時に漢文を通じて，前節も論理で紹介した，中国文明を徹底的に叩き込まれた．

今節の積分 $\int$ では暗記すべき事項数は十指で十分である．上記，「時期に」は受験生には時々では無い．しばしば，復習すれば入試本番では，最も効果的に点数を稼ぐ事が出来るであろう．現役の頃，採点室で採点している時の，持ち点は，凡そ，25点又は20点であったが，横の理科や文系では，採点者一人の持ち点は5点程，それでも，入試手当が同じなのは面白いが，受験生の立場から見ても，文系だと x^α の原始関数は $\dfrac{x^{\alpha+1}}{\alpha+1}$ を暗記して描くだけで，可成り高い確率で，25点又は20点稼げるが，理科や歴史・社会は暗記すべき事が多過ぎて，数学の様に効率的には点が稼げない．

今回用いる必要事項の復習　数直線 $\mathbf{R}$ 上の区間 I 上で定義された関数 $f(x)$ は，I の点 a にて，

$$f'(a) := \lim_{h \to 0} \frac{f(a+h) - f(a)}{h} \tag{6}$$

の右辺の極限が存在する時，点 a で**微分可能**であると言い，この極限を**微分係数**と言い，左辺の様に記す．(6)式は，極限の定義より，関数 $f(x)$ は，点 a に於ける x の**増分**（ましぶん）が h の時，関数の増分 $f(a+h) - f(a)$ は h に比例する $f'(a)h$ プラス，0に収束する関数 $\times h$ の意味で**高位の無限小**と呼ばれ，$o(h)$ と書かれる項の意味で，

$$f(a+h) = f(a) + f'(a)h + o(h) \tag{7}$$

が成立する事に他ならない．更に，(7)にて，$h \to 0$ の時 $f(a+h) \to f(a)$ が成立し，点 a で**微分可能ならば連続**である．定義域の各点で，連続や微分可能な関数を，単に，連続関数や微分可能関数と言う．

積の微分法　二つの関数 $y = u(x)$，$v(x)$ が点 a で微分可能であるとすると，(7)の筆法での

$$u(a+h) = u(a) + u'(a)h + r_1(h)h, \quad v(a+h) = v(a) + v'(a)h + r_2(h)h \tag{8}$$

の積を作り，展開して h を含まぬ項と，含む項に分け，思い切ってがらくたは $\mathrm{o}(h)$ に整理すると，
$$u(a+h)v(a+h) = u(a)v(a) + (u'(a)v(a) + u(a)v'(a))h + \mathrm{o}(h) \tag{9}$$
を得，h の係数 $u'(a)v(a) + u(a)v'(a)$ が微分係数なので，積の微分の公式
$$(uv)'(a) = u'(a)v(a) + u(a)v'(a) \tag{10}$$
を得る．

合成関数の微分法　関数 $y=f(x)$ は点 a で微分可能，関数 $x=g(t)$ は点 α で微分可能で，$a=g(\alpha)$ が成立するとき，合成関数 $y=F(t):=f(g(t))$ を考察しよう．関数 $x=g(t)$ が点 α で微分可能なので，$k\to 0$ の時，$g(\alpha+k) = g(\alpha) + g'(\alpha)k + \mathrm{o}(k)$ が成立する．関数 $y=f(x)$ の点 a に於ける微分可能性より，(7)が成立して居るが，点 α で微分可能な関数 $x=g(t)$ は点 α で連続なので，$h = g(\alpha+k) - g(\alpha) = g'(\alpha)k + \mathrm{o}(k)$ を代入して良く，同じく大胆に整理すると
$$\begin{aligned}F(\alpha+k) &= f(g(\alpha+k)) = f(g(\alpha) + g'(\alpha)k + \mathrm{o}(k))\\ &= f(a+h) = f(a) + f'(a)h + \mathrm{o}(h)\\ &= F(\alpha) + f'(a)(g'(\alpha)k + \mathrm{o}(k)) + \mathrm{o}(h)\\ &= F(\alpha) + g'(\alpha)g'(\alpha)k + \mathrm{o}(h) + f'(a)\mathrm{o}(k) :\end{aligned}$$
$$F(\alpha+k) = F(\alpha) + f'(a)g'(\alpha)k + \mathrm{o}(k) \tag{11}$$
が成立し，k の係数が合成関数の微分係数で
$$F'(\alpha) = f'(a)g'(\alpha) \tag{12}$$
を得る．これは，より即物的な
$$\frac{\mathrm{d}y}{\mathrm{d}t} = \frac{\mathrm{d}y}{\mathrm{d}x} \frac{\mathrm{d}x}{\mathrm{d}t} \tag{13}$$
の方が，あたかも分子と分母の $\mathrm{d}x$ が約算出来るかの様に覚えれば良いので，記憶し易い．

定積分の定義　$f(x)$ を閉区間 $[a, b]$ で定義された実数値連続関数とする．$[a, b]$ から，$a=x_0<x_1<\cdots<x_n=b$ を満たす，$n+1$ 個の点 $x_0, x_1, \cdots, x_n$ を取り，$[a, b]$ の **分点** と言い，この様な分点の取り方 Δ を，$[a, b]$ の **分割** と言い，正数 $x_1-x_0, x_2-x_1, \cdots, x_n-x_{n-1}$ の内最大な物を $|\Delta|$ と書く．こ

の時，各 $i=1, 2, \cdots, n$ に対応する部分区間 $[x_{i-1}, x_i]$ より任意に点 ξ_i を取り，この部分区間 $[x_{i-1}, x_i]$ の長さ $x_i - x_{i-1}$ に高さ $f(\xi_i)$ を掛けて，長方形の面積に高さ $f(\xi_i)$ の持つ符号を付け，この様な符号を伴う長方形の面積を加えた，

$$S_\Delta = \sum_{i=1}^n f(\xi_i)(x_i - x_{i-1}) \tag{14}$$

を **Riemann 和**と言う．前回実数の連続性公理に依拠して証明した所によると，実数 S が有って，$|\Delta| \to 0$ の時，Riemann 和 S_Δ は S に収束する．この極限 S を関数 $f(x)$ の閉区間 $[a, b]$ 上の **Riemann 積分**と言い，下の(15)式の様に和 Sum を表す S を引き延ばした $\int$ なるフォントを用いて表す．特に $[a, b]$ で $f(x) \geq 0$ の時，この定積分値を曲線 $y=f(x)$ が直線 $x=a$, $x=b$, $y=0$ と作る図形の**面積**と言う．即ち，

$$\text{符号を伴う面積}:= \int_a^b f(x)\,dx := \lim_{|\Delta|\to 0} S_\Delta = \lim_{|\Delta|\to 0} \sum_{i=1}^n f(\xi_i)(x_i - x_{i-1}). \tag{15}$$

これが，現在，我々アジアを支配しつつある global standard こと，一神教キリスト教・ユダヤ文明の規範の下にある学問での，厳密な定義と公理の弁証法的展開による解析学に於ける，定積分の定義であるが，実際の計算は下記の要領で機械的に行われ，次節で drill する．

微分積分学の基本定理　$f(x)$ を閉区間 $[a, b]$ で連続な関数，$a \leq x \leq b$ を満たす変数 x に対して，関数 $I(x)$ を

$$I(x) := \int_a^x f(t)\,dt \tag{16}$$

で定義すると，

微分積分学の基本定理 Version 1

$$\frac{d}{dx} I(x) = f(x) \tag{17}$$

が成立する．ここで $I(x)$ は，勿論，関数 f の a から x 迄の定積分であるが，x は微分の対象の変数なので，やはり，x で表したい．すると，定積分(16)の積分変数を同じ x で表すと，同じ文字 x が二通りの異なる意味に使用されて notation confusing と取られ兼ねず，極めて数学的には筋が悪い．そこで(16)の積分変数を別の文字 t で表した．これは，より即物的な

微分積分学の基本定理 Version 1

$$\frac{d}{dx}\int_a^x f(t)\,dt = f(x) \tag{18}$$

の方が覚え易い．今回の入試問題は，この公式の馬鹿の一つ覚えで対応出来る．

原始関数と定積分値を与える公式 a, b を $a<b$ を満たす実数，$f(x)$ を閉区間 $[a, b]$ で連続な関数とする．閉区間 $[a, b]$ で微分可能な関数 $F(x)$ はその導関数 $F'(x)$ が閉区間 $[a, b]$ 上で関数 $f(x)$ に一致する時，関数 $f(x)$ の**原始関数**と言う．この時，公式

微分積分学の基本定理 Version 2

$$\int_a^b f(x)\,dx = F(x)\big|_a^b := F(b) - F(a) \tag{19}$$

が成立し，定積分を求めることは，微分の逆である，原始関数を求める事に帰着される．それ故，出自である定義(15)は，非常に高尚であったが，計算は全く機械的に行われる．今回，新たに覚えるべき事項は，季語が無いので俳句とは言えぬ句

積分の正体見たり，微分の逆．

即ち，(18)と(19)に尽きる．将に，ノーベル化学賞受賞者福井謙一先生が九産大で講演された様に，数学は最も効率的に点が取れる科目である．

筆者が主任の時，全国に先駆けて（結果的には名大経済と同時に）センター試験を課さない推薦入試を導入した．推薦入試であるから，書類審査と口頭試問の結果によって合否を判定した．と申しても，大学の数学の教官でも，黒板の前に立たせられて矢継ぎ早に質問されたら，立ち往生して仕舞う．午前中に予め4問の口頭試問の内容を予告し，3時間掛けてじっくりと，口頭試問解答準備書に解答させ，時間が来たら回収し，昼休みに急遽コピーし，各問の，試問を行う各々3人の試問官に配布，受験生が4試問室に順に入って来たら，回収した解答準備書を返却し，それを見ながら，答えさせる段取りである．父兄教師の受験場への立ち入りは禁止，昼休み・待機時間中，私語も禁止するが，受験生は私物の教科書・参考書類を見て良く，午前中の解答準備書の解答の誤りや時間内に解けなかった問題が教科書・参考書類を見て解けたらその解答の追加等を，口頭試問の冒頭に申し出，試問官は準備書

に申し出の様に訂正・追加し，（訂正・追加された）解答準備書に書かれた事は全て答えた事にして試問の内容と併せて評価する形態を取った．

　初回の，その口頭試問の4問の1つに，原始関数の定義と微分積分学の基本定理を述べ，且つ，後者の証明をする事が課された．募集定員10名に応募者261名の内，原始関数の定義を高校で教わった者は約1割であり，正解者は20名であった．合格者は14名．上述の昼休みに教科書・参考書を見る事が出来る試験形態で猶，約1割しか原始関数を知らないと言うことは，逆に言うと，約1割を除く高校では，原始関数は全く教えず，教科書・参考書にも書かれて居ない事を意味する．丁度，中国でも，1割の高校で ϵ-δ 法に基づく拙シリーズの様な微積分をエリート教育して居る，その1割と言う率が一致するのは面白い．これで，九州大学数学科の九州・沖縄・山口からの入学生は5割を切り，九州の名が冠せられるのは面映いくなって来た．それ故，高校生の読者は今，微分したら $F'=f$ と関数 f を導く，原（もと）の関数 F を f の原始関数 primitive と言う事を覚えられたい．敗戦直後，中学生の頃中州に遊びに行ったら，草ぼうぼうの焼け野が原であった．栄華の巷も廃墟に戻れば原である．この意味でもとに原と言う漢字を当てる．

変数変換の公式　α, β を $\alpha<\beta$ を満たす実数，$x=g(t)$ を閉区間 $[\alpha, \beta]$ で連続微分可能な関数で，$a:=g(\alpha)<b:=g(\beta)$ を満たすものとする．$f(x)$ を閉区間 $[a, b]$ で連続な関数とする．この時，変数変換の公式

$$\int_a^b f(x)\,dx = \int_\alpha^\beta f(g(t))g'(t)\,dt \tag{20}$$

が成立する．これも，あたかも $\dfrac{dx}{dt}=g'(t)$ の分母を払って得る $dx=g'(t)dt$ を(20)の左辺の dx に代入すれば右辺を得ると理解して措けば無理な暗記の必要がない．

問題1の解答　定積分(1)の下端は定数0であるが，上端は x でなく，その関数 $2x$ なので，$s=2x$ とこれを s と置き，先ず，この定積分を x でなく，s で微分すると，微分積分学の基本定理(18)に即応出来て

$$\frac{d}{ds}\int_0^s \sin t\,dt = \sin s. \tag{21}$$

ここで，既に布石して居る合成関数の微分法(13)を適用すべく，$s=2x$ を x で

2. 微分積分学の基本定理の復習

微分して，$\dfrac{ds}{dx}=2$. あたかも分子と分母の dx が約算出来るかの様に覚えれば暗記の必要のない公式(13)より，

$$f'(x) = \frac{d}{dx}\int_0^s \sin t\, dt = \frac{ds}{dx}\frac{d}{ds}\int_0^s \sin t\, dt = 2\sin s = 2\sin 2x. \tag{22}$$

次問以下は，省資源の為，最後の式のみ記すが，読者は一々，上の筆法をなぞらえられたい．

Weierstrass の定理 実数の集合 E と実数 M がある．E の任意の元 x，つまり，E に属する任意の実数 x に対して $x \leq M$ が成立する時，実数 M を集合 E の上界と言う．最小上界を上限と言う．今節は，次に挙げる，互いに同値な二つの実数の連続性公理である所の

ワイエルシュトゥラス Weierstrass の公理
上に有界な実数の集合は上限を持つ．

Weierstrass-Bolzano の公理 有界な実数列は収束部分列をもつ．

を採用する．公理は証明出来ないが，公理を用いて定理を証明する事が出来る．

Weierstrass の定理 閉区間 $[a, b]$ で連続な実数値関数 $f(x)$ は最大値，最小値を持つ．

証明 先ず，値域 $f([a, b])$ が上に有界である事を背理法で証明しよう．結論を否定すると，任意の自然数 n は値域 $f([a, b])$ の上界でなく，点 $x_n \in [a, b]$ が存在して，$f(x_n) > n$. $a \leq x_n \leq b$ が成立し，有界な実数列 x_n は上記 Weierstrass-Bolzano の公理より，収束部分列 x_{p_n} を持つ．その極限を x_0 と記すと，$a \leq x_{p_n} \leq b$ にて $n \to \infty$ として，$a \leq x_0 \leq b$ を得る．連続関数 f は221頁で示した様に点列連続であり $f(x_0) = \lim_{n\to\infty} f(x_{p_n})$ が成立して居るので，$f(x_{p_n}) > p_n$ にて $n \to \infty$ として，$\infty > f(x_0) \geq \infty$ なる矛盾に達する．故に，値域 $f([a, b])$ は上に有界である．

次に，最大値の存在を示す．上に有界な実数の集合である値域 $f([a, b])$ はワイエルシュトゥラスの公理より最小上界 M を持つ．任意の自然数 n に対して，上限 M の最小性より $M - \dfrac{1}{n}$ は，もはや値域 $f([a, b])$ の上

界でなく，点 $x_n \in [a, b]$ が存在して，$f(x_n) > M - \dfrac{1}{n}$. $a \leq x_n \leq b$ が成立し，有界な実数列 x_n は上記 Weierstrass-Bolzano の公理より，収束部分列 x_{p_n} を持つ．その極限を x_0 と記し，上の議論をその儘繰り返すと，$f(x_0) \geq M$. 一方 M は上界なので $f(x_0) \leq M$. 従って $f(x_0) = M \geq f(x)$ ($x \in [a, b]$) が成立し，上界 M は値域 $f([a, b])$ の最大値である．

連続関数 $-f$ の最大値のマイナスは f の最小値である．　　　q. e. d.

定理　関数 f は閉区間 $[a, b]$ で連続，開区間 (a, b) で微分可能で，更に開区間 (a, b) の点 c で最大，又は，最小値を取るとする．この時
$$f'(c) = 0. \tag{23}$$

証明　$f(c)$ の最大性より，$a < c + h < b$ を満たす任意の $h > 0$ に対して $f(c+h) - f(c) \leq 0$. 両辺を $h > 0$ で割り，$h \to 0$ として，$f'(c) \leq 0$. $a < c + h < b$ を満たす任意の $h < 0$ に対して，同様な議論を繰り返し，両辺を $h < 0$ で割ると，不等号が逆向きになるので，$f'(c) \geq 0$.

纏めて，$f'(c) = 0$.　　　q. e. d.

上の(23)こそ，以下の微分積分学の基本定理よりの出題の味付けである．

問題2の解答　上端と下端の等しい定積分値は 0 であるとの約束より，**積分方程式**(2)の両辺に $x = 0$ を代入し，**初期値** $f(0) = -1$, $g(0) = -1$ を得る．
積分方程式(2)の両辺を，微分積分学の基本定理(18)と48頁(39)で解説した微分の公式 $\dfrac{de^x}{dx} = e^x$ を変数変換 $x \to -x$ を適用しつつ微分し，$f'(x) = e^{-x} - f(x)$. これより，積の微分の公式(10)を適用しつつ $g(x) = e^x f(x)$ の両辺を微分し，誘導順問の $g'(x) = (e^x)' f(x) + e^x f'(x) = e^x f(x) + e^x (e^{-x} - f(x)) = 1$ に達する．今度は微分積分学の基本定理の version 2 (19)の方を用いて
$$g(x) + 1 = g(x) - g(0) = \int_0^x g'(t)\,dt = \int_0^x 1\,dt = t\big|_{t=0}^{t=x} = x \tag{24}$$
を得るので，$g(x) = x - 1$, $f(x) = (x-1)e^{-x}$ を得る．関数 $f(x)$ が有限な点 x で最大値を取れば，$f'(x) = e^{-x} - f(x) = (2-x)e^{-x} = 0$ より $x = 2$ である．この時の関数 $f(x)$ の値は $f(2) = \dfrac{1}{e^2} > 0$ で，この値は最大値の有力な候補者である．これが，最大値である事を証明する．$\lim_{x \to -\infty} f(x) = -\infty$,

2. 微分積分学の基本定理の復習

$\lim_{x\to+\infty}f(x)=0$ が成立するので，十分大きな正数 $R>2$ を取れば，$|x|\geq R$ の時，$f(x)<f(2)=\dfrac{1}{e^2}$ が成立する．この正数 R に対する閉区間 $[-R, R]$ にて連続な関数 $f(x)$ はワイエルシュトゥラスの定理より，点 $c\in[-R, R]$ が有って，点 c にて最大値 $f(c)$ を取るが，端点 $x=-R, R$ では f の値は $f(2)=\dfrac{1}{e^2}$ より小さいので，点 c は内点であり，上に準備した(23)より，それは，導関数の零点 $x=2$ である．閉区間 $-R, R$ の外点 x では，上に R を定めた様に，$f(x)<f(2)=\dfrac{1}{e^2}$ が成立するので，$f(2)=\dfrac{1}{e^2}$ は数直線全体での関数 $f(x)$ の最大値である．

問題 3 の解答 $\alpha<\beta$ なる $[\alpha, \beta]$ で連続な $h(x)$ に対して

$$\int_{\beta}^{\alpha}h(x)\,dx = -\int_{\alpha}^{\beta}h(x)\,dx \tag{25}$$

と約束すると便利である．すると(3)は変数変換 $y=ax$, $\dfrac{dy}{dx}=a$ を施すと，

$$f(x)=\int_{x}^{0}t^3 e^{-t}dt+\int_{0}^{ax}t^3 e^{-t}dt=-\int_{0}^{x}t^3 e^{-t}dt+\int_{0}^{y}t^3 e^{-t}dt \tag{26}$$

は微分積分学の基本定理(18)を，右辺第二項には更に合成関数の微分法(13)を併用して，適用出来る形であり，

$$\begin{aligned}f'(x)&=-\frac{d}{dx}\int_{0}^{x}t^3 e^{-t}dt+\frac{dy}{dx}\frac{d}{dy}\int_{0}^{y}t^3 e^{-t}dt\\ &=-x^3 e^{-x}+ay^3 e^{-y}=-x^3 e^{-x}+a^4 x^3 e^{-ax}.\end{aligned} \tag{27}$$

その零点は

$$x:=\frac{4\log a}{a-1}>0. \tag{28}$$

又，$a>1$ なので，定積分下端 $x<$ 上端 ax で然も被積分関数 >0 なる $f(x)>0$．次は，(4)の C が関数 $u:=x^5 e^{-x}$ の上界である事を示せば，(4)の証明が終わるので，兎にも角にも積の微分の公式(10)で微分して，$u'=5x^4 e^{-x}-x^5 e^{-x}=x^4 e^{-x}(5-x)$ は $0<x<5$ で正，$x>5$ で負なので，関数 u は $x=5$ で極大且つ最大値を取り，(4)が成立する．すると $x>5$ で

$$f(x)=\int_{x}^{ax}t^3 e^{-t}dt\leq\int_{x}^{ax}Ct^{-2}dt=\frac{Ct^{-2+1}}{-2+1}\bigg|_{t=x}^{t=ax}=\frac{C}{x}\left(1-\frac{1}{a}\right)\to 0$$

$$(as\ x \to +\infty). \quad (29)$$

$x>0$ で $f(x)>0$ なので，関数 f は $x=0$ で最小値 0 を取る．

問題 4 の解答　関数 $f(x)$ の最大値と $g(x)$ の最小値を求めるには，先ず，その導関数 $f'(x)$ を求めねばならない．今度は，定積分(5)の下端が定数 0 であるのみならず，上端も素直に x なので，直ぐに微分積分学の基本定理 (18)を適用出来て

$$f'(x) = \frac{d}{dx}\int_0^x e^{-t}\sin t\, dt = e^{-x}\sin x,\quad g'(x) = \frac{d}{dx}\int_0^x e^{-t}\cos t\, dt = e^{-x}\cos x. \quad (30)$$

最大値，最小値を与える点が内点で有れば，(23)より，夫々，$\sin x = 0$，$\cos x = 0$ の根 $x = n\pi$，$n\pi + \frac{\pi}{2}$．$f'(x)$，$g'(x)$ の符号は，夫々，正弦，余弦のそれと同じなので，関数 f，g は $2k\pi < x < (2k+1)\pi$，$-\frac{\pi}{2} + 2k\pi < x < 2k\pi + \frac{\pi}{2}$ で増加，$(2k+1)\pi < x < (2k+2)\pi$，$-\frac{\pi}{2} + (2k+1)\pi < x < (2k+1)\pi + \frac{\pi}{2}$ ($k = 0, 1, 2, \cdots$) で減少状態で，関数 f は，$x = (2k+1)\pi$ で極大値，関数 g は $x = 2k\pi + \frac{\pi}{2}$ で極小値を取る．何れ，$f(x)$ と $g(x)$ の値が必要なので，求めよう．62頁にて**オイラーの公式**

$$e^{ix} = \cos x + i\sin x \quad (31)$$

を導入し，92頁にて，多項式は基より，指数・三角等の整関数に対しては，複素変数に対しても実変数の場合と同じ微分の公式が成立する事を示した．従って，$\frac{d}{dx}e^{(-1+i)x} = (-1+i)e^{(-1+i)x}$ の $(-1+i)$ を移項して，

$e^{-x}\cos x + ie^{-x}\sin x$ の原始関数

$$= e^{(-1+i)x} \text{ の原始関数} = \frac{e^{(-1+i)x}}{-1+i} = \frac{(-1-i)e^{(-1+i)x}}{(-1-i)(-1+i)}$$

$$= \frac{(-1-i)e^{-x}e^{ix}}{(-1)^2 - i^2} = e^{-x}\frac{(-1-i)(\cos x + i\sin x)}{(-1)^2 - i^2}$$

$$= e^{-x}\frac{(-\cos x + \sin x) + i(-\cos x - \sin x)}{2} \quad (32)$$

の両辺の実部を取り，

2. 微分積分学の基本定理の復習

$$\mathrm{e}^{-x}\cos x \text{ の原始関数} = \mathrm{e}^{-x}\frac{-\cos x + \sin x}{2}, \tag{33}$$

両辺の虚部を取り，

$$\mathrm{e}^{-x}\sin x \text{ の原始関数} = -\mathrm{e}^{-x}\frac{\cos x + \sin x}{2}. \tag{34}$$

従って，微分積分学の基本定理 version 2 (19) より

$$g(x) = \mathrm{e}^{-t}\frac{-\cos t + \sin t}{2}\bigg|_{t=0}^{t=x} = \mathrm{e}^{-x}\frac{-\cos x + \sin x}{2} + \frac{1}{2}, \tag{35}$$

$$f(x) = -\mathrm{e}^{-t}\frac{\cos t + \sin t}{2}\bigg|_{t=0}^{t=x} = -\mathrm{e}^{-x}\frac{\cos x + \sin x}{2} + \frac{1}{2}. \tag{36}$$

関数 f の $x = (2k+1)\pi$ に於ける極大値は，

$$f((2k+1)\pi) = -\mathrm{e}^{-(2k+1)\pi}\frac{\cos(2k+1)\pi + \sin(2k+1)\pi}{2} + \frac{1}{2}$$

$$= \frac{\mathrm{e}^{-(2k+1)\pi} + 1}{2} \quad (k = 0, 1, 2, \cdots) \tag{37}$$

である．もう一度おさらいすると，任意の負でない整数 $k \geq 0$ に対して，閉区間 $I_k := [2k\pi, (2k+2)\pi]$ にて，Weierstrass の定理より，連続関数 $f(x)$ は閉区間 I_k の点 x_k にて最大値 $f(x_k)$ を取る．点 x_k は端点 $2k\pi$ 又は $(2k+2)\pi$ であるか，閉区間の内点である．最大値は極小値ではあり得ないので，内点で有れば，上の議論より，導関数の零点 $(2k+1)\pi$．そこでの関数値は $f((2k+1)\pi) = \frac{\mathrm{e}^{-(2k+1)\pi} + 1}{2}$．一方，閉区間 $I_k = [2k\pi, (2k+2)\pi]$ の両端点に於ける関数値は，$f(2k\pi) = \frac{1 - \mathrm{e}^{-2k\pi}}{2}$ 等で，分子にマイナスの項を含むので，極大値 $f((2k+1)\pi) = \frac{\mathrm{e}^{-(2k+1)\pi} + 1}{2}$ よりも小さい．従って，閉区間 I_k に於ける関数 f の最大値は $f((2k+1)\pi) = \frac{\mathrm{e}^{-(2k+1)\pi} + 1}{2}$ であり，然も，この値は，k に付いて単調減少な数列である．これらの最大値の最大値は，$k = 0$ のそれである．結論として，関数 f は $x = 0$ より増加状態で，最初の極大値に達し，上の議論より，この極大値が最大の極大値であり，最大値は $f(\pi) = \mathrm{e}^{-\pi}\frac{1}{2} + \frac{1}{2}$．

関数 g の $x=(2k+1)\pi+\dfrac{\pi}{2}$ に於ける極小値は,

$$g\left((2k+1)\pi+\dfrac{\pi}{2}\right)$$
$$=\mathrm{e}^{-\left((2k+1)\pi+\frac{\pi}{2}\right)}\dfrac{-\cos\left((2k+1)\pi+\dfrac{\pi}{2}\right)+\sin\left((2k+1)\pi+\dfrac{\pi}{2}\right)}{2}+\dfrac{1}{2}$$
$$=\dfrac{1-\mathrm{e}^{-\left((2k+1)\pi+\frac{\pi}{2}\right)}}{2} \quad (k=0,\ 1,\ 2,\cdots) \tag{38}$$

で, これは正で k の増加数列であり, 端点 $x=0$ での値 $g(0)=0$ より増加状態で, 最初の極大値に達し, 上の式より, 全ての極小値が正値なので, 最小値は端点での値 $g(0)=0$.

3．定積分のドリル
―微分の逆演算としての積分復習：$=\int_{前々回}^{前回}$微分dt―

---問題---

問題 1． $\int_0^1 f(x)\,dx = 3,\ \int_1^2 f(x)\,dx = 4,\ \int_2^3 f(x)\,dx = -8$ (1)

のとき $\int_0^3 8f(x)\,dx = ?$ である．

（福岡工業大学工・情報工学部 A 方式入学試験）

問題 2． $\qquad\qquad I := \int_0^2 x\sqrt{2-x}\,dx = ?$ ． (2)

（福岡大学理学部入学試験）

問題 3． $\qquad\qquad I := \int_0^{\frac{\pi}{2}} \sin^2 x \cos x\,dx = ?$ ． (3)

（会津大学コンピュータ理工学部前期日程入学試験）

問題 4． $-\pi \leq a \leq \pi$ のとき，

$$I(a) := \int_0^{\frac{\pi}{2}} \cos(x+a)\,dx,\ J(a) := \int_0^{\frac{\pi}{2}} \sin 2x \cos(x+a)\,dx \qquad (4)$$

を計算し，$I(a)$ の最大値とそのときの a の値を求め，$J(a)$ を $I(a)$ で表せ．

（龍谷大学理工学部入学試験）

問題 5． 定積分 $\qquad\qquad I := \int_0^1 xe^x\,dx$ (5)

を求めよ．

（北見工業大学後期日程入学試験）

問題 6． 定積分 $\qquad\qquad I := \int_1^8 e^{-\sqrt{x}}\,dx$ (6)

を求めよ．

（浜松医科大学前期日程入学試験）

問題 7． 定積分

$$I := \int_{e^2}^{e^3} \frac{dx}{x(\log_e x - \log_x e)}, \tag{7}$$

$$J := \int_0^\pi e^{-ax}\sin^2 x \, dx \tag{8}$$

を求めよ.

(横浜国立大学工学部前期日程入学試験)

問題8. n を自然数とする. 定積分

$$I_n := \int_0^\pi e^x |\sin nx| \, dx \tag{9}$$

を求めよ.

(弘前大学理工学部前期日程入学試験)

問題9. 定積分 $\quad I := \int_1^3 x^2 (\log x)^2 dx \tag{10}$

を求めよ. ただし, 対数は自然対数である.

(福島県立医科大学前期日程入学試験)

問題10. e を自然対数の底とすると,

$$I := \int_1^e (\log x^2 - (\log x)^2 + 1) \, dx = ? . \tag{11}$$

(東京理科大学理学部入学試験)

問題11. $\quad I := \int_0^{\frac{2}{3}} \cos^3 \frac{\pi x}{2} dx = ? . \tag{12}$

(明治大学理工学部入学試験)

問題12. $f(x)$ が区間 $0 \leq x \leq 1$ で連続な関数であるとき

$$\int_0^\pi x f(\sin x) \, dx = \frac{\pi}{2} \int_0^\pi f(\sin x) \, dx \tag{13}$$

が成立することを示し, これを用いて定積分

$$I := \int_0^\pi \frac{x \sin x}{3 + \sin^2 x} dx \tag{14}$$

を求めよ.

(信州大学工学部前期日程入学試験)

問題13. 関数 $\quad f(x) := \int_0^x \frac{t}{\sqrt{1-t^2}} dt \tag{15}$

について, 定積分 $\quad I := \int_0^{\frac{1}{2}} x f(x) \, dx \tag{16}$

の値を求めよ．

(大阪市立大学理・工・医学部前期日程入学試験)

問題１の解答　定積分は被積分関数に関しても加法的であるから，先ず 8 を積分記号の外に出す．更に，228 頁の(22)式より，定積分は積分区間に関しても加法的なので，

$$\int_0^3 8f(x)\,dx = 8\left(\int_0^1 + \int_1^2 + \int_2^3\right) f(x)\,dx = 8(3+4-8) = -8. \tag{17}$$

微分積分学の基本定理　閉区間 $[a, b]$ で連続な関数 $f(x)$ と，$a \leq x \leq b$ を満たす変数 x に対して，

微分積分学の基本定理 Version 1

$$\frac{d}{dx}\int_a^x f(t)\,dt = f(x) \tag{18}$$

が成立する．

原始関数と定積分値を与える公式　a, b を $a<b$ を満たす実数，$f(x)$ を閉区間 $[a, b]$ で連続な関数とする．閉区間 $[a, b]$ で微分可能な関数 $F(x)$ はその導関数 $F'(x)$ が閉区間 $[a, b]$ 上で関数 $f(x)$ に一致する時，関数 $f(x)$ の**原始関数**と言う．この時，公式

微分積分学の基本定理 Version 2

$$\int_a^b f(x)\,dx = F(x)\,|_a^b := F(b) - F(a) \tag{19}$$

が成立し，定積分を求めることは，微分の逆である，原始関数を求める事に帰着される．

変数変換の公式　α, β を $\alpha<\beta$ を満たす実数，$u=g(x)$ を閉区間 $[\alpha, \beta]$ で連続微分可能な関数で，$a:=g(\alpha) < b:=g(\beta)$ を満たすものとする．$f(u)$ を閉区間 $[a, b]$ で連続な関数とする．この時，変数変換の公式

$$\int_a^b f(u)\,du = \int_\alpha^\beta f(g(x))\,g'(x)\,dx \tag{20}$$

が成立する．これも，あたかも $\dfrac{du}{dx} = g'(x)$ の分母を払って得る $du = g'(x)\,dx$ を(20)の左辺の du に代入すれば右辺を得ると理解して措けば無理な暗記の必

要がない.

問題2の解答 変数変換の第一の心得は，**Boys be ambitious, なるべく大規模な変数変換を心がけよ！**

であり，思い切って，平方根全体を $u:=\sqrt{2-x}$ と置く．平方し $u^2=2-x$, x について解いて $x=2-u^2$. 微分して，$\dfrac{dx}{du}=-2u$. 左辺の分母の du を分子に移項し，$dx=-2udu$ とするのが粋で，$x=0$ の時の $u=\sqrt{2}$, $x=2$ の時の $u=0$ は順序が逆になったが，構わずに，先程の $x=2-u^2$, $\sqrt{2-x}=u$, $dx=-2udu$ と共に，全てを u に換え，最後に，被積分関数 $2u^4-4u^2$ の原始関数とは，微分したら $2u^4-4u^2$ に戻る関数の事であるから，関数 $2\dfrac{u^5}{5}-4\dfrac{u^3}{3}$ を微分したら，$2u^4-4u^2$ に戻る事をちゃんと確認の後に，微分積分学の基本定理(19)を適用し，

$$I=\int_0^2 x\sqrt{2-x}dx=\int_{\sqrt{2}}^0 (2-u^2)u(-2udu)$$
$$=\int_{\sqrt{2}}^0 (2u^4-4u^2)du=2\dfrac{u^5}{5}-4\dfrac{u^3}{3}\Big|_{u=\sqrt{2}}^{u=0}=-2\dfrac{4\sqrt{2}}{5}+4\dfrac{2\sqrt{2}}{3}=\dfrac{16\sqrt{2}}{15}. \quad (21)$$

問題3の解答 早速，$u=\sin x$ と置くと，正弦の微分は余弦なので，$\dfrac{du}{dx}=\cos x$. 左辺分母の dx を右辺に移項して，$du=\cos x dx$. 一方，$x=0$ の時 $u=0$, $x=\dfrac{\pi}{2}$ の時 $u=1$ であるから，これらのデータを(3)式に代入し，更に微分の公式 $\dfrac{d}{du}\dfrac{u^3}{3}=u^2$ より導かれる，u^2 とその原始関数 $\dfrac{u^3}{3}$ に微分積分学の基本定理(19)を適用し，

$$I:=\int_0^{\frac{\pi}{2}}\sin^2 x\cos x dx=\int_0^1 u^2 du=\dfrac{u^3}{3}\Big|_0^1=\dfrac{1^3}{3}-\dfrac{0^3}{3}=\dfrac{1}{3}. \quad (22)$$

問題4の解答 微分の公式

$\dfrac{d}{dx}\sin(x+a)=\cos(x+a)$ と微分積分学の基本定理(19)より

$$I(a)=\int_0^{\frac{\pi}{2}}\cos(x+a)dx=\sin(x+a)\Big|_0^{\frac{\pi}{2}}=\sin\left(\dfrac{\pi}{2}+a\right)-\sin a=\cos a-\sin a$$

$$= \sqrt{2}\left(\cos a \cos\frac{\pi}{4} - \sin a \sin\frac{\pi}{4}\right) = \sqrt{2}\cos\left(a + \frac{\pi}{4}\right) \leq \sqrt{2} \qquad (23)$$

は $a = -\dfrac{\pi}{4}$ にて最大値 $\sqrt{2}$ に達する．積和の公式と微分積分学の基本定理 (19) より

$$J(a) = \int_0^{\frac{\pi}{2}} \sin 2x \cos(x+a)\, dx = \int_0^{\frac{\pi}{2}} \frac{\sin(2x+(x+a)) + \sin(2x-(x+a))}{2}\, dx$$

$$= \int_0^{\frac{\pi}{2}} \frac{\sin(3x+a) + \sin(x-a)}{2}\, dx = \frac{-\dfrac{\cos(3x+a)}{3} - \cos(x-a)}{2}\Bigg|_0^{\frac{\pi}{2}}$$

$$= \frac{-\dfrac{\cos\left(3\dfrac{\pi}{2}+a\right)}{3} - \cos\left(\dfrac{\pi}{2}-a\right) + \dfrac{\cos a}{3} + \cos a}{2}$$

$$= \frac{-\dfrac{\sin a}{3} - \sin a + \dfrac{\cos a}{3} + \cos a}{2} = \frac{2}{3}(\cos a - \sin a) = \frac{2}{3}I(a). \qquad (24)$$

部分積分の公式 積の微分の公式より $(uv)' = uv' + u'v$．左辺に微分積分学の基本定理(19)を適用，移項し，

$$\int_a^b uv'\, dx = uv\big|_a^b - \int_a^b u'v\, dx. \qquad (25)$$

問題 5 の解答 部分積分の公式適用に際しては，
　　　微分したら，より簡単になる関数を，u に選ぶべきであり，
指数関数 $v = e^x$ は微分しても，$v' = e^x$ と不変であるので，こちらが公式(25)の v に相応しく，定数の次に最も簡単な多項式 $u = x$ こそ微分すれば $u' = 1$ と，より簡単になるので，u に相応しい．これを見極めて，部分積分の公式 (25) を適用し，求める定積分

$$I = \int_0^1 x e^x\, dx = \int_0^1 uv'\, dx = uv\big|_0^1 - \int_0^1 u'v\, dx$$

$$= xe^x\big|_0^1 - \int_0^1 1 e^x\, dx = e - e^x\big|_0^1 = e - e + 1 = 1. \qquad (26)$$

問題 6 の解答 平方根 $\sqrt{x}$ は計算をややこしくするだけなので，先ず，$t := -\sqrt{x}$ と始末すると，$x = t^2$，$dx = 2t\, dt$．$x = 1$ の時の $t = -1$，$x = 8$ の時の $t = -\sqrt{8}$ を (26) に代入すると心得れば，変数変換の公式(20)は暗記しなく

ても，自然の流れより適応して居り，

$$I=\int_1^8 e^{-\sqrt{x}}dx=\int_{-1}^{-\sqrt{8}}e^t 2t dt. \tag{27}$$

これから先は，前問とは積分下端が-1で上端が $-\sqrt{8}$，積分変数が t であるだけの違いで，著者は前問の答えを Copy & Paste した物の，これらの場所にやはり上からの Copy & Paste で変更し，更に2倍して

$$I=2(te^t|_{-1}^{-\sqrt{8}}-\int_{-1}^{-\sqrt{8}}1e^t dt)=2(-\sqrt{8}\,e^{-\sqrt{8}}-(-1)e^{-1}-e^t|_{-1}^{-\sqrt{8}})$$

$$=2(-\sqrt{8}\,e^{-\sqrt{8}}-(-1)e^{-1}-e^{-\sqrt{8}}+e^{-1})=-(4\sqrt{2}+2)e^{-2\sqrt{2}}+4e^{-1}. \tag{28}$$

問題7 前半の解答 邪魔者対数を消すべく，$t=\log_e x$ と置くと，$x=e^t$，$dx=e^t dt$．更に，積分下端 $x=e^2$ は $t=2$ に，積分上端 $x=e^3$ は $t=3$ に，被積分関数分母は $\log_x e=\dfrac{1}{\log_e x}=\dfrac{1}{t}$．これらを代入して，

$$I=\int_2^3\frac{e^t dt}{e^t\left(t-\dfrac{1}{t}\right)}=\int_2^3\frac{t dt}{t^2-1}. \tag{29}$$

ここで更に，なるべくスケールの大きい変数変換を志し，デカク $u=t^2-1$，$du=2t dt$ を施し，両端 $t=2, 3$ に対応する $u=3, 8$ 及び，分子の $t dt=\dfrac{du}{2}$ を代入し，全てを u に換えて

$$I=\int_3^8\frac{du}{2u}=\frac{1}{2}\log u|_3^8=\frac{\log 8-\log 3}{2}=\frac{\log\dfrac{8}{3}}{2}=\log\sqrt{\frac{8}{3}}. \tag{30}$$

指数関数と三角関数の積の積分 a, b, c, α, β を実定数とする．106頁の(39)式として導いた，虚数単位 $i:=\sqrt{-1}$ と実（でなく複素変数でもよいが）変数 x に対する**オイラー Euler の公式**

$$e^{ix}=\cos x+i\sin x. \tag{31}$$

によると余弦，正弦は複素指数関数 e^{ix} の実部と虚部である．従って，指数の法則を考慮に入れると

$$e^{(a+bi)x+ci}=e^{ax}(\cos(bx+c)+i\sin(bx+c))=e^{ax}\cos(bx+c)+ie^{ax}\sin(bx+c) \tag{32}$$

が成立し，指数関数と余弦関数の積 $e^{ax}\cos(bx+c)$ は，複素定数の指数関数 $e^{(a+bi)x+ci}$ の実部であり，指数関数と正弦関数の積 $e^{ax}\sin(bx+c)$ は，複素定数の指数関数 $e^{(a+bi)x+ci}$ の虚部である．従って，これらの定積分は，複素定数の指数関数 $e^{(a+bi)x+ci}$ の定積分の実部と虚部である．指数関数 $e^{(a+bi)x+ci}$ の導関数は x の係数 $(a+bi)$ ×指数関数 $(a+bi)e^{(a+bi)x+ci}$ であるから，原始関数は逆に指数関数 $e^{(a+bi)x+ci}$ 割る x の係数 $a+bi$ であり，この分母の共役複素数 $a-bi$ を分母と分子に掛けて，分母を公式，和×差＝自乗の差，を用いて $(a-bi)(a+bi)=a^2-b^2i^2=a^2+b^2$ の様に実数化すれば

$$\frac{e^{(a+bi)x+ci}}{a+bi}$$
$$=\frac{(a-bi)e^{(a+bi)x+ci}}{(a-bi)(a+bi)}$$
$$=\frac{(a-bi)(e^{ax}\cos(bx+c)+ie^{ax}\sin(bx+c))}{a^2-b^2i^2}$$
$$=e^{ax}\frac{(a\cos(bx+c)+b\sin(bx+c))+i(a\sin(bx+c)-b\cos(bx+c))}{a^2+b^2}$$
$$=e^{ax}\frac{a\cos(bx+c)+b\sin(bx+c)}{a^2+b^2}+ie^{ax}\frac{a\sin(bx+c)-b\cos(bx+c)}{a^2+b^2}$$

(33)

の右辺の実部と虚部がそれぞれ指数関数と余弦関数の積 $e^{ax}\cos(bx+c)$ と，指数関数と正弦関数の積 $e^{ax}\sin(bx+c)$ の原始関数であり，この事に留意しつつ微分積分学の基本定理(19)を適用し，公式

$$\int_\alpha^\beta e^{ax}\cos(bx+c)\,dx=e^{ax}\frac{a\cos(bx+c)+b\sin(bx+c)}{a^2+b^2}\bigg|_\alpha^\beta, \quad (34)$$

$$\int_\alpha^\beta e^{ax}\sin(bx+c)\,dx=e^{ax}\frac{a\sin(bx+c)-b\cos(bx+c)}{a^2+b^2}\bigg|_\alpha^\beta \quad (35)$$

を得る．これが学部レベルの senior な解法で，jenior な解法は学参で高校生が学ぶ様に，部分積分により，指数関数と余弦関数の積の定積分を指数関数と正弦関数の積の定積分で，指数関数と正弦関数の積の定積分を指数関数と余弦関数の積の定積分で表し，これらの連立方程式を解く事に帰着させる．

問題7後半の解答　半倍角の公式より，

$$J = \int_0^\pi e^{-ax}\sin^2 x\,dx = \int_0^\pi e^{-ax}\frac{1-\cos 2x}{2}dx$$

$$= \frac{\dfrac{e^{-ax}}{-a} - e^{-ax}\dfrac{-a\cos 2x + 2\sin 2x}{(-a)^2 + 2^2}}{2}\bigg|_0^\pi = \frac{2(1-e^{-a\pi})}{a(a^2+4)}. \tag{36}$$

問題 8 の解答 解析的で無く不自然な絶対値記号は積分に馴染まないので，積分の外に放り出す算段を先ず行う．正弦関数 $\sin nx$ は，自然数 $k \leq n$ に対して，$(k-1)\pi \leq nx \leq k\pi$ にて定符号であり，公式(35)より

$$s_k := \int_{\frac{(k-1)\pi}{n}}^{\frac{k\pi}{n}} e^x |\sin nx|\,dx = \left|\int_{\frac{(k-1)\pi}{n}}^{\frac{k\pi}{n}} e^x \sin nx\,dx\right| = \left|e^x \frac{\sin nx - n\cos nx}{1+n^2}\bigg|_{\frac{(k-1)\pi}{n}}^{\frac{k\pi}{n}}\right|$$

$$= \left|e^{\frac{k\pi}{n}}\frac{\sin n\frac{k\pi}{n} - n\cos n\frac{k\pi}{n}}{1+n^2} - e^{\frac{(k-1)\pi}{n}}\frac{\sin n\frac{(k-1)\pi}{n} - n\cos n\frac{(k-1)\pi}{n}}{1+n^2}\right|$$

$$= \left|e^{\frac{k\pi}{n}}\frac{-(-1)^k n}{1+n^2} - e^{\frac{(k-1)\pi}{n}}\frac{-(-1)^{k-1} n}{1+n^2}\right| = \frac{n(e^{\frac{\pi}{n}}+1)}{1+n^2}(e^{\frac{\pi}{n}})^{k-1} \tag{37}$$

を得るので，定積分の積分区間に関する加法性より，等比級数の和の公式を適用し

$$I_n = \sum_{k=1}^n s_k = \frac{n(e^{\frac{\pi}{n}}+1)}{1+n^2}\sum_{k=1}^n (e^{\frac{\pi}{n}})^{k-1} = \frac{n(e^{\frac{\pi}{n}}+1)}{1+n^2}\cdot\frac{e^\pi - 1}{e^{\frac{\pi}{n}}-1}. \tag{38}$$

問題 9 の解答 現時点では対数の自乗の原始関数を知らないから，こちらを微分対象の $u=(\log x)^2$，$u'=\dfrac{1}{x}2\log x$ と置き，$v'=x^2$，$v=\dfrac{x^3}{3}$ として，部分積分(25)を実行し，

$$I = \int_1^3 uv'\,dx = uv\big|_1^3 - \int_1^3 u'v\,dx = (\log x)^2\frac{x^3}{3}\bigg|_1^3 - \int_1^3 \frac{1}{x}2\log x\frac{x^3}{3}dx$$

$$= 9(\log 3)^2 - \frac{2}{3}\int_1^3 x^2 \log x\,dx. \tag{39}$$

対数の二乗の積分が一乗の積分に帰着されたのを良しとして，もう一度，部分積分を施す．

$u=\log x$，$u'=\dfrac{1}{x}$，$v'=x^2$，$v=\dfrac{x^3}{3}$ として，

$$\int_1^3 x^2 \log x\,dx = \frac{x^3}{3}\log x\bigg|_1^3 - \int_1^3 \frac{1}{x}\frac{x^3}{3}dx = 9\log 3 - 3 + \frac{1}{9},$$

3. 定積分のドリル

$$I = 9(\log 3)^2 - 6\log 3 + \frac{52}{27}. \tag{40}$$

問題10の解答 前問の経験で，対数の多項式の定積分は一回部分積分する度に被積分対数の多項式の次数が一つ減るので，下手な考え休むに似たり，$u = 2\log x - (\log x)^2 + 1$, $u' = \frac{1}{x}(2 - 2\log x)$, $v' = 1$, $v = x$ と置き部分積分(25)を敢行，

$$I = (2\log x - (\log x)^2 + 1) x \Big|_1^e - \int_1^e \frac{1}{x}(2 - 2\log x) x \, dx. \tag{41}$$

ここで，右辺の定積分を，$u = 2 - 2\log x$, $u' = -2\frac{1}{x}$, $v' = 1$, $v = x$ と置き部分積分(25)を敢行，

$$\int_1^e (2 - 2\log x) \, dx = (2 - 2\log x) x \Big|_1^e - \int_1^e \left(-2\frac{1}{x}\right) x \, dx$$
$$= -2 + 2(e - 1), \quad I = 3. \tag{42}$$

問題11の解答 今度は，$\cos^3 \frac{\pi x}{2}$ を

$$\cos^3 \frac{\pi x}{2} = \cos^2 \frac{\pi x}{2} \cos \frac{\pi x}{2} = \left(1 - \sin^2 \frac{\pi x}{2}\right) \cos \frac{\pi x}{2}$$

と解釈し，スケールの大きい変数変換 $u = \sin\frac{\pi x}{2}$, $du = \frac{\pi}{2}\cos\frac{\pi x}{2} dx$, $\cos\frac{\pi x}{2} dx = \frac{2}{\pi} du$ を決行，瞬時にして明大合格圏突入：

$$I = \int_0^{\frac{\sqrt{3}}{2}} (1 - u^2) \frac{2}{\pi} du = \left(u - \frac{u^3}{3}\right) \frac{2}{\pi} \Big|_0^{\frac{\sqrt{3}}{2}} = \left(\frac{\sqrt{3}}{2} - \frac{\left(\frac{\sqrt{3}}{2}\right)^3}{3}\right) \frac{2}{\pi} = \frac{3\sqrt{3}}{4\pi}. \tag{43}$$

問題12の解答 閃きを要する問題で，$\frac{\pi}{2}$ が積分区間の中点である事，更に，**正弦曲線が直線 $x = \frac{\pi}{2}$ に関して対称**である事に，冷静でありにくい，試験場で気付くかどうかが正否の分岐点で，スケールの小さい変数変換 $t = x - \frac{\pi}{2}$, $dt = dx$ を行い，

$$(13)の左辺 = \int_{-\frac{\pi}{2}}^{\frac{\pi}{2}} \left(t+\frac{\pi}{2}\right) f\left(\sin\left(t+\frac{\pi}{2}\right)\right) dt$$

$$= \int_{-\frac{\pi}{2}}^{\frac{\pi}{2}} tf(\cos t) dt + \frac{\pi}{2} \int_{-\frac{\pi}{2}}^{\frac{\pi}{2}} f(\sin t) dt. \tag{44}$$

右辺第二の積分は区間を $-\frac{\pi}{2} \leq t \leq 0$ と $0 \leq t \leq \frac{\pi}{2}$ とに分け，前者の上の積分に対しては，更に，ちいさい変数変換 $s=-t$, $ds=-dt$ を行い，定積分の値は積分変数の文字には依らぬので，二つの積分は丁度異符号となりキャンセルし，

$$(44)の右辺第1項 = \int_{-\frac{\pi}{2}}^{\frac{\pi}{2}} tf(\cos t) dt = \int_{-\frac{\pi}{2}}^{0} + \int_{0}^{\frac{\pi}{2}}$$

$$= \int_{\frac{\pi}{2}}^{0} (-s) f(\cos(-s)) (-ds) + \int_{0}^{\frac{\pi}{2}} tf(\cos t) dt$$

$$= \int_{\frac{\pi}{2}}^{0} sf(\cos s) ds + \int_{0}^{\frac{\pi}{2}} tf(\cos t) dt = \int_{\frac{\pi}{2}}^{\frac{\pi}{2}} tf(\cos t) dt = 0, \tag{45}$$

(44)の右辺第1項に代入し，(13)を得る．すると，変数変換 $u=\cos x$, $du=-\sin x dx$ を敢行し，$3+\sin^2 x = 4-\cos^2 x = 4-u^2$ なので

$$\int_{0}^{\pi} x \frac{\sin x dx}{3+\sin^2 x} = \frac{\pi}{2} \int_{0}^{\pi} \frac{\sin x}{3+\sin^2 x} dx = \frac{\pi}{2} \int_{1}^{-1} \frac{-du}{4-u^2}$$

$$= \frac{\pi}{2} \int_{1}^{-1} \frac{1}{4} \left(\frac{-1}{2-u} + \frac{-1}{2+u}\right) du = \frac{\pi}{8} (\log(2-u) - \log(2+u)) |_{1}^{-1}$$

$$= \frac{\pi}{4} \log 3. \tag{46}$$

問題13の解答 スケール大に，変数変換 $u=\sqrt{1-t^2}$, $u^2=1-t^2$, $2udu=-2tdt$, $tdt=-udu$ を施し，

$$f(x) = \int_{1}^{\sqrt{1-x^2}} \frac{-udu}{u} = -\int_{1}^{\sqrt{1-x^2}} du = -\sqrt{1-x^2} + 1. \tag{47}$$

定積分

$$I = -\int_{0}^{\frac{1}{2}} x\sqrt{1-x^2} dx + \int_{0}^{\frac{1}{2}} x dx \tag{48}$$

の右辺第一の積分に付いては同じ変数変換 $u=\sqrt{1-x^2}$, $xdx=-udu$ を施

し，

$$I = -\int_1^{\sqrt{\frac{3}{4}}} u(-u\mathrm{d}u) + \frac{x^2}{2}\bigg|_0^{\frac{1}{2}} = \frac{u^3}{3}\bigg|_1^{\sqrt{\frac{3}{4}}} + \frac{1}{8} = \frac{\frac{3}{4}\sqrt{\frac{3}{4}}}{3} - \frac{1}{3} + \frac{1}{8} = \frac{\sqrt{3}}{8} - \frac{5}{24}. \tag{49}$$

4. Riemann-Lebesgue's Lemma と東工大入試問題
—部分積分と Archimedes の公理の復習—

問題

極限値
$$L = \lim_{n \to \infty} \int_0^{\frac{\pi}{2}} \frac{\sin^2 nx}{1+x} dx \tag{1}$$
を求めよ．

(東京工業大学後期日程入学試験)

暗記無しでの和積・差積の公式の導入　余弦と正弦の加法定理

$$\cos(\alpha+\beta) = \cos\alpha\cos\beta - \sin\alpha\sin\beta, \tag{2}$$
$$\sin(\alpha+\beta) = \sin\alpha\cos\beta + \cos\alpha\sin\beta \tag{3}$$

さえ覚えて置けば，β の所に $-\beta$ を代入し，余弦が偶関数である事に留意すると，**余弦の減法定理**

$$\cos(\alpha-\beta) = \cos\alpha\cos\beta + \sin\alpha\sin\beta \tag{4}$$

を得る．加法定理(2)と加えると

$$\cos(\alpha+\beta) + \cos(\alpha-\beta) = 2\cos\alpha\cos\beta \tag{5}$$

を得る．左辺と右辺を入れ替え，2で割ると，積和の公式

$$\cos\alpha\cos\beta = \frac{\cos(\alpha+\beta) + \cos(\alpha-\beta)}{2} \tag{6}$$

を得る．$\alpha=\beta$ なる特別な場合，$\cos(\alpha-\beta)=1$ に留意すると，**半倍角の公式**

$$\cos^2\alpha = \frac{1+\cos 2\alpha}{2} \tag{7}$$

を得る．

今度は減法定理(4)から加法定理(2)を減じると，

$$\cos(\alpha-\beta) - \cos(\alpha+\beta) = 2\sin\alpha\sin\beta \tag{8}$$

を得る．左辺と右辺を入れ替え，2で割ると，積差の公式

4. Riemann-Lebesgue's Lemma と東工大入試問題

$$\sin\alpha\sin\beta = \frac{\cos(\alpha-\beta) - \cos(\alpha+\beta)}{2} \tag{9}$$

を得る．$\alpha=\beta$ なる特別な場合，$\cos(\alpha-\beta)=\cos 0 = 1$ に留意すると，**半倍角の公式**

$$\sin^2\alpha = \frac{1-\cos 2\alpha}{2} \tag{10}$$

を得る．

　上の公式のうろ覚えをし，極度に緊張する入試で，正しく思い出す事に失敗し，答案に誤った公式を記し，これを用いて以後の計算を全部パーにして，零点，不合格と，高い確率で成るよりも，一分間で上記公式を導く，上述の訓練をする方が，合格に合目的的で，賢明である．入試では，満点を取る必要は全くない．一分の時間のロスを惜しむ忽れ！

　本問では用い無いが，行きがけの駄賃で，加法定理(3)の β の所に $-\beta$ を代入し，正弦が奇関数である事に留意すると，**正弦の減法定理**

$$\sin(\alpha-\beta) = \sin\alpha\cos\beta - \cos\alpha\sin\beta \tag{11}$$

を得る．加法定理(3)と加えると

$$\sin(\alpha+\beta) + \sin(\alpha-\beta) = 2\sin\alpha\cos\beta \tag{12}$$

を得る．

　始めに，A，B が与えられて居ると想定し，$\alpha+\beta=A$，$\alpha-\beta=B$ を，辺々相加え，即ち，左辺同士の和を右辺同士の和に等しい置き，$2\alpha = A+B$，辺々相減じ，$2\beta = A-B$．α，β に付いて解き，(5)，(12)に代入すると，**和積の公式**

$$\cos A + \cos B = 2\cos\frac{A+B}{2}\cos\frac{A-B}{2}, \tag{13}$$

$$\sin A + \sin B = 2\sin\frac{A+B}{2}\cos\frac{A-B}{2} \tag{14}$$

を得る．

　やはり，「公式をうろ覚えし，極度に緊張する入試で，誤って思い出し，答案に誤記し，以後の計算を全部パーにして，零点，高い確率で不合格と成るよりも，五分間で上記公式を導く，上述の訓練をする方が，合格に合目的的で，賢明である．」と四十年以上前に福岡や金沢のお城の大手門の近くの

予備校で非常勤講師を勤めて居た時に、浪人に教えて来た事を想起した．現職の折り，入試の採点をして居て，冒頭に誤り，これを用いて以下記したことは全て誤り，依って零点の答案を残念に思う事，頻繁であったからである．せめて，途中で誤れば，誤る前迄は，相応の部分点を与えられるのにと，採点中惜しむ事屢々であった！

解答に必要な予備知識の復習 $f(x)$ を閉区間 $[a, b]$ で定義された実数値連続関数とする．$[a, b]$ から，$a=x_0<x_1<\cdots<x_n=b$ を満たす，$n+1$ 個の点 $x_0, x_1, \cdots, x_n$ を取り，$[a, b]$ の**分点**と言い，この様な分点の取り方 Δ を，$[a, b]$ の**分割**と言い，正数 $x_1-x_0, x_2-x_1, \cdots, x_n-x_{n-1}$ の内最大な物を $|\Delta|$ と書く．この時，各 $i=1, 2, \cdots, n$ に対応する部分区間 $[x_{i-1}, x_i]$ より任意に点 ξ_i を取り，この部分区間 $[x_{i-1}, x_i]$ の長さ x_i-x_{i-1} に高さ $f(\xi_i)$ を掛けて，長方形の面積に高さ $f(\xi_i)$ の持つ符号を付け，この様な符号を伴う長方形の面積を加えた，

$$S_\Delta = \sum_{i=1}^n f(\xi_i)(x_i - x_{i-1}) \tag{15}$$

を **Riemann 和**と言う．224〜227 頁にて，実数の連続性公理に依拠して証明した所によると，実数 S が有って，$|\Delta|\to 0$ の時，Riemann 和 S_Δ は S に収束する．この極限 S を関数 $f(x)$ の閉区間 $[a, b]$ 上の **Riemann 積分**と言い，下の(16)式の様に和 Sum を表す S を引き延ばした $\int$ なるフォントを用いて表す．特に $[a, b]$ で $f(x)\geq 0$ の時，この定積分値を曲線 $y=f(x)$ が直線 $x=a, x=b, y=0$ と作る**図形の面積**と言う．即ち，

$$\text{符号を伴う面積：} = \int_a^b f(x)\,dx := \lim_{|\Delta|\to 0} S_\Delta = \lim_{|\Delta|\to 0} \sum_{i=1}^n f(\xi_i)(x_i-x_{i-1}). \tag{16}$$

これが，現在我々アジヤを支配しつつある global standard こと，一神教キリスト教・ユダヤ文明の規範の下にある学問での，厳密な定義と公理の弁証法的展開による解析学に於ける，定積分の定義である．

さて，実数 m, M は $[a, b]$ で，$a\leq x\leq b$ を満たす任意の x に対して $m\leq f(x)\leq M$ が成立する時，それぞれ，関数 $f(x)$ の $[a, b]$ に於ける，下界，上界と呼ぶ．この時，Riemann 和の定義式(15)に於いて，$m\leq f(\xi_i)\leq M$ が成立するから，

4. Riemann-Lebesgue's Lemma と東工大入試問題

$$m(b-a) = \sum_{i=1}^{n} m(x_i - x_{i-1}) \leq S_\Delta = \sum_{i=1}^{n} f(\xi_i)(x_i - x_{i-1})$$

$$\leq \sum_{i=1}^{n} M(x_i - x_{i-1}) \leq M(b-a), \quad m(b-a) \leq S_\Delta \leq M(b-a) \quad (17)$$

が成立するので，$|\Delta| \to 0$ なる極限移行し，重要な**定積分値評価式**

$$m(b-a) \leq \int_a^b f(x)\,dx \leq M(b-a) \tag{18}$$

を得る．

この定積分に関しては，閉区間 $[a, b]$ で連続な関数 $f(x)$ と，$a \leq x \leq b$ を満たす変数 x に対して，**微分積分学の基本定理 Version 1**

$$\frac{d}{dx}\int_a^x f(t)\,dt = f(x) \tag{19}$$

が成立する．

a, b を $a < b$ を満たす実数，$f(x)$ を閉区間 $[a, b]$ で連続な関数とする．閉区間 $[a, b]$ で微分可能な関数 $F(x)$ はその導関数 $F'(x)$ が閉区間 $[a, b]$ 上で関数 $f(x)$ に一致する時，関数 $f(x)$ の原始関数と言う．この時，**微分積分学の基本定理 Version 2**，即ち，原始関数で定積分値を与える公式

$$\int_a^b f(x)\,dx = F(x)\,|_a^b := F(b) - F(a) \tag{20}$$

が成立し，定積分を求めることは，微分の逆である，原始関数を求める事に帰着され，その具体的な drill を前節で行い，大学への道筋を付けた．

a, b を $a < b$ を満たす実数，$u(x), v(x)$ を閉区間 $[a, b]$ で連続微分可能，即ち，導関数 $u'(x), v'(x)$ が存在して連続な関数とする．積の微分の公式 $(uv)' = uv' + u'v$ の左辺に微分積分学の基本定理(20)を適用し，移項して，部分積分の公式

$$\int_a^b uv'\,dx = uv\,|_a^b - \int_a^b u'v\,dx \tag{21}$$

を得る．今回はこれをも用いる．

更に，**Archimedes の公理**
任意の $\varepsilon > 0, M > 0$ に対して，自然数 N があって，$\varepsilon N > M$ が成立する (22)
をも，322/323頁で証明する様に実数列の極限の定義より同値な，次の**極限**

公式として用いる：

$$\text{任意の正数 } M \text{ に対して，} \lim_{n\to\infty}\frac{M}{n}=0. \tag{23}$$

問題の解答 (1)式の右辺の定積分を L_n と置くと，体育同様，数学でもエリート教育を行う中国に於ける，一割のエリートを対象とする中国高校教科書の筆法では，自然数 n の関数，日本の高校数学での，数列である．三角の平方は積分に馴染まないので，半倍角の公式(10)を用い，

$$L_n := \int_0^{\frac{\pi}{2}}\frac{\sin^2 nx}{1+x}dx = \int_0^{\frac{\pi}{2}}\frac{1-\cos 2nx}{2(1+x)}dx$$
$$= \frac{1}{2}\int_0^{\frac{\pi}{2}}\frac{1}{1+x}dx - \frac{1}{2}\int_0^{\frac{\pi}{2}}\frac{\cos 2nx}{1+x}dx. \tag{24}$$

83頁(25)で導入した微分公式

$$\frac{de^x}{dx}=e^x \tag{25}$$

は自然対数の底 e の定義式と思って差し支えない．指数関数の逆関数が対数関数で，$x=e^y$ の解が $y=\log x$ で，$x=e^y$ を上の公式で y に関して微分し，$\frac{dx}{dy}=\frac{de^y}{dy}=e^y=x$．逆関数の微分法は，$\frac{dx}{dy}=x$ の両辺の逆数を取り，$\frac{dx}{dy}=\frac{1}{x}$ を得る事であって，**対数関数の微分公式**

$$\frac{d\log x}{dx}=\frac{1}{x} \tag{26}$$

を得る．(24)式の右辺の第一積分を眺め，変数変換 $t=1+x$，$\frac{dt}{dx}=1$ を施し，$\frac{d\log t}{dt}=\frac{1}{t}$ に先の式を掛け，

$$\frac{d\log(1+x)}{dx}=\frac{d\log t}{dx}=\frac{d\log t}{dt}\frac{dt}{dx}=\frac{1}{t}=\frac{1}{1+x}, \tag{27}$$

原始関数を与える

$$\frac{d}{dx}\log(1+x)=\frac{1}{1+x} \tag{28}$$

を得る．従って，微分積分学の基本定理(20)より

(24)式の右辺の第一積分：

4. Riemann-Lebesgue's Lemma と東工大入試問題

$$= \frac{1}{2}\int_0^{\frac{\pi}{2}} \frac{1}{1+x} dx = \frac{1}{2}\int_0^{\frac{\pi}{2}} \frac{d}{dx}\log(1+x)\,dx$$

$$= \frac{1}{2}\log(1+x)\Big|_0^{\frac{\pi}{2}} = \frac{1}{2}\log\left(1+\frac{\pi}{2}\right) \tag{29}$$

を得る.

次に,(24)式右辺第二項に部分積分を適用すべく,先ずは,変数変換 $s=2nx$,$\dfrac{ds}{dx}=2n$ を施し,$\dfrac{d\sin s}{ds}=\cos s$ に先の式を掛けると,自然に $\dfrac{d\sin 2nx}{dx}=\dfrac{d\sin s}{dx}=\dfrac{d\sin s}{ds}\dfrac{ds}{dx}=2n\cos s=2n\cos 2nx$ を得る. 従って,$v:=\dfrac{\sin 2nx}{2n}$ の導関数は $v'=\cos 2nx$ である. 同様にして,$u=\dfrac{1}{1+x}=(1+x)^{-1}$ の導関数は $u'=-(1+x)^{-2}$ であるから,部分積分の公式(21)より,(24)式の右辺の第二積分:

$$= -\frac{1}{2}\int_0^{\frac{\pi}{2}} \frac{\cos 2nx}{1+x} dx = -\frac{1}{2}\int_0^{\frac{\pi}{2}} uv'\,dx = -\frac{1}{2}uv\Big|_0^{\frac{\pi}{2}} + \frac{1}{2}\int_0^{\frac{\pi}{2}} u'v\,dx$$

$$= -\frac{1}{2}\frac{1}{1+x}\frac{\sin 2nx}{2n}\Big|_0^{\frac{\pi}{2}} + \frac{1}{2}\int_0^{\frac{\pi}{2}}\left(-\frac{1}{(1+x)^2}\right)\frac{\sin 2nx}{2n} dx$$

$$= \int_0^{\frac{\pi}{2}} \frac{-\sin 2nx}{4n(1+x)^2} dx \tag{30}$$

を得る. ここで,被積分関数の評価式

$$-\frac{1}{4n} \leq \frac{-\sin 2nx}{4n(1+x)^2} \leq \frac{1}{4n}$$

を定積分値評価式(18)に当てはめて,

$$-\frac{\pi}{8n} \leq \text{(24)式の右辺の第二積分} \leq \frac{\pi}{8n} \tag{31}$$

を得るが,Archimedes の公理と同値な,極限公式(23)より,両辺の $n\to\infty$ の時の極限は 0 である. よって,高校学参の筆法の,326頁で示す,挟み撃ちの原理より,本問の解答

$$L = \lim_{n\to\infty}\int_0^{\frac{\pi}{2}} \frac{\sin^2 nx}{1+x} dx = \frac{1}{2}\log\left(1+\frac{\pi}{2}\right) \tag{32}$$

に達する.

Catholic を英和辞書で牽くと第一義は「普遍的な」である. 我々は,第二の敗戦を経験し,global standard=キリスト教・ユダヤ文明の基準の支

配下に組み敷かれた．数学は，そのキリスト教・ユダヤ文明の精華であるから，当然の事ながら，普遍性を追求する学問である．その，数学者の習性に従い，本問を普遍化する：

リーマン－ルベグの補題 数直線上の有限又は無限，開又は閉区間 I で可測且つ可積分で

$$\int_I |f(x)| dx < +\infty \tag{33}$$

を満たす関数 $f(x)$ に対しては，

$$\lim_{\alpha \to \infty} \int_I f(x) \cos\alpha x \, dx = 0, \tag{34}$$

$$\lim_{\alpha \to \infty} \int_I f(x) \sin\alpha x \, dx = 0 \tag{35}$$

である．

証明 これは数学科高学年又は修士レベルの数学であるが，387頁で紹介する様に，拙著「新修解析学」(現代数学社) の Friedrichs の軟化子で f を畳み込むことにより，連続微分可能な関数で近似出来るので，区間 I が有限な閉区間 $[a, b]$ で，関数 f が区間 $[a, b]$ で微分可能で，然も，導関数 f' も閉区間 $[a, b]$ で連続な場合に証明すれば十分である．239頁にて，実数の連続性公理に依拠して証明した Weierstrass の定理より，有限な閉区間 I で連続な関数 $|f|$, $|f'|$ は最大値を持つ．その大きい方を M とする．部分積分を施し，

$$\int_a^b f(x)\cos\alpha x \, dx = \frac{\sin\alpha x}{\alpha} f(x) \Big|_a^b - \int_a^b f'(x) \frac{\sin\alpha x}{\alpha} dx, \tag{36}$$

$$\int_a^b f(x)\sin\alpha x \, dx = \frac{-\cos\alpha x}{\alpha} f(x) \Big|_a^b + \int_a^b f'(x) \frac{\cos\alpha x}{\alpha} dx. \tag{37}$$

|右辺第一項|は $\frac{2M}{\alpha}$ を超えず，|右辺第二項|は定積分値評価式(18)より $\frac{M \times (b-a)}{\alpha}$ を超えないので，(34), (35)を得る．

数学科学生・既卒者で医者の娘と恋愛し，医学部教員になるべく，医学部を受験させられつつある学生・既卒者の答案 (24)式を導いた後に，第二項は Riemann-Lebesgue の補題より 0 に収束するから，(32)を得る．

4. Riemann-Lebesgue's Lemma と東工大入試問題

良く言う事であるが，用いる理論が高級であればある程，殆ど，計算しなくて結果を見通せる．大学の数学の教官・教員は積分(24)を考えるだけで，条件反射的に(34), (35)を脳裏に浮かべ答える．拙文の解答を，任意の入試問題解答と比較し，高級な理論を用いれば，殆ど計算しなくて済む，有り難みを体得されたい．拙シリーズの高校生の読者は，東工大の**出題者のレベル**で本問を appreciate する事が出来る．

Riemann 積分と Lebesgue 積分　Riemann (1826-1866) はドイツ語なので，リーマンとカタカナで表示するのに，何の躊躇いも無いが，Lebesgue (1875-1911) はフランス語で，bes は bé の古い表現なので，e の発音エの長さの $\frac{3}{4}$ であり，どちらかというと，日本語の促音表示ベッに近いので識者はルベッグと記すが，韓国語やフィン語の長子音に当たり，数学辞典の様にルベーグと記される事が多い．この様な言語学の知識を披露すると（これが学者の仕事の一つと思うが），九大の出来ない学生による教官の評価の様に，学識をひけらして不愉快と，学生に依る教官評価にて罵倒されるので，さりげなく，中途半端に，ルベグと記す．

G. F. B. リーマン
(1826-1866)

さて，リーマン積分は，関数の定義域を小区間に分割し，区間より任意に点を選び，そこでの関数値に区間の長さを掛けて足した和(15)の極限(16)である．一方，ルベグ積分は，値域を小区間に分割し，その区間内より任意に値を取

り，それにその区間に値を取る点の集合の測度を掛けて加えた極限であり，ルベグ積分の方が精密であり，理論上重宝である．Riemann-Lebesgue's Lemma に於ける可積分関数はレベグ可積分関数を対象とするが，有限な閉区間で連続な関数は，勿論，レベグ可積分である．

5．部分分数分解と茨城・九芸工・熊本大学入試問題
― 積分と和分を部分分数分解で解く ―

―― 問題 ――

問題1． 次の各問いに答えよ．

(ア)
$$\frac{4}{x^4-1} = \frac{A}{x^2+1} + \frac{B}{x+1} + \frac{C}{x-1} \quad (1)$$
が成り立つような定数 A, B, C の値を求めよ．

(イ) 関数
$$y = \frac{4}{x^4-1} + \frac{9}{2} \quad (2)$$
のグラフについて，漸近線，x 軸との交点を求め，このグラフの概形をかけ．

(ウ) (2)と x 軸によって囲まれる図形の面積 S を求めよ．

(茨城大学工・教育学部前期日程入学試験)

問題2．
$$a_n = 3n + 2 \quad (n = 1, 2, 3, \cdots) \quad (3)$$
で与えられる数列 a_n がある．このとき，次の各問に答えよ．

(ア) 数列 a_n は等差数列であることを示し，初項と公差を求めよ．

(イ)
$$b_n = \frac{1}{a_n a_{n+1}} \quad (n = 1, 2, 3, \cdots) \quad (4)$$
で与えられる数列 b_n の初項から第 n 項までの和を求めよ．

(ウ) 無限級数
$$S := \frac{1}{10} + \frac{1}{40} + \frac{1}{88} + \cdots + \frac{1}{(3n-1)(3n+2)} + \cdots \quad (5)$$
の和を求めよ．

(九州芸術工科大学前期日程入学試験)

問題3． 数列 a_n について，
$$S_n = \sum_{k=1}^{n} a_k \quad (n = 1, 2, 3, \cdots), \quad S_0 = 0 \quad (6)$$
とおく．
$$a_n = S_{n-1} + n 2^n \quad (n = 1, 2, 3, \cdots) \quad (7)$$

が成り立つとき，次の各問いに答えよ．

(ア) S_n は等差数列であることを示し，初項と公差を求めよ．

(イ) 関数
$$b_n = \frac{1}{a_n a_{n+1}} \quad (n=1, 2, 3, \cdots) \tag{8}$$
で与えられる数列 b_n の初項から第 n 項までの和を求めよ．

(ウ) 極限値
$$L := \lim_{n\to\infty} \sum_{k=1}^{n} \frac{2^k}{a_k} \tag{9}$$
を求めよ．

(熊本大学理・工・医・薬学部前期日程入学試験)

入試問題１の(ア)の解答 先ず，公式，自乗の差＝和・差の積を $(x^2)^2-1$ に適用し，$(x^2)^2-1^2=(x^2+1)(x^2-1)$．ここで再び，右辺第二項 x^2-1 に公式，自乗の差＝和・差の積を適用し，$x^2-1^2=(x+1)(x-1)$．これを最初の式に代入し，実数体での因数分解
$$x^4-1=(x^2+1)(x+1)(x-1) \tag{10}$$
を得る．これを念頭に置いて，恒等式(1)；
$$\frac{4}{x^4-1} = \frac{4}{(x^2+1)(x+1)(x-1)} = \frac{A}{x^2+1} + \frac{B}{x+1} + \frac{C}{x-1} \tag{11}$$
を通分，即ち，各辺に，右辺分母の最小公倍式 $(x^2+1)(x+1)(x-1)$ を掛け，

$$(x^2+1)(x+1)(x-1)\frac{4}{(x^2+1)(x+1)(x-1)}$$
$$= (x^2+1)(x+1)(x-1)\frac{A}{x^2+1} + (x^2+1)(x+1)(x-1)\frac{B}{x+1}$$
$$+ (x^2+1)(x+1)(x-1)\frac{C}{x-1}.$$

両辺各項の分母・分子の共通の因数を約算し，
$$4 = A(x-1)(x+1) + B(x^2+1)(x-1) + C(x^2+1)(x+1). \tag{12}$$

著者もそうではあるが，蟹は自らの甲羅に合わせて穴を掘る．高校の先生やそのレベルの大学の先生は，極度に(11)式の分母の零点 $x=-1, 1$ を忌避し，避けない生徒・学生を極度に低く評価，乃至罵倒なさるが，本シリーズで学んだ，関数論では，これらは，極で，極は茂吉の妻＝杜夫のご母堂も観

5. 部分分数分解と茨城・九芸工・熊本大学入試問題

光なさり，忌避すべきではない．関数論の様な，senior な数学に依らずとも，junior な数学でも，(12)式は，高校の先生やそのレベルの大学の先生が，極度に忌避なさる(11)式の分母の零点 $x=-1, 1$ を除く全ての x に関して成立し，(12)式両辺は共に分母の零点 $x=-1, 1$ でも連続であるから，極限移行し，点 $x=-1, 1$ でも成立している．茨城大学の採点官は，勿論，高校レベルでなく，如何なるご専門であれ，学生時代に，必修の関数論を学ばれて居るので，入試答案には上記の説明は不要であり，いきなり大胆に，$x=1$ を代入すると，右辺第三項のみ生き残り，$4=C(1^2+1)(1+1)$，即ち，$C=1$ を得る．次に $x=-1$ を代入すると，右辺第二項のみ生き残り，$4=B((-1)^2+1)(-1-1)$，即ち，$B=-1$ を得る．恒等式(12)は x が複素数の時も成立しているので，最後の因数の零点，即ち，$x^2+1=0$ の根である，虚数単位 $i=\sqrt{-1}$ を代入し，$4=A(i-1)(i+1)+B(i^2+1)(i-1)+C(i^2+1)(i+1)$．右辺第一項に公式，和・差の積＝自乗の差を適用し，$4=A(i^2-1)$，$4=A(-1-1)$，$A=-2$ を得る．以上を纏めて

$$\frac{4}{x^4-1} = -2\frac{1}{x^2+1} - \frac{1}{x+1} + \frac{1}{x-1}. \tag{13}$$

以上の作業を**部分分数分解**と言う．
入試問題１の(イ)，(ウ)に対する数式処理ソフトによる答え　Mathematica が出力した答えは次の通りである：

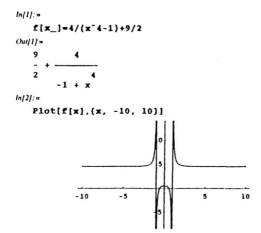

```
Out[2]=
   -Graphics-
In[3]:=
   Solve[f[x]==0]
Out[3]=
                 1                   -I
   {{x -> -(---------)}, {x -> ---------}}
              Sqrt[3]            Sqrt[3]
In[4]:=
   S=Integrate[f[x],{x, -1/Sqrt[3], 1/Sqrt[3]}]
Out[4]=
                  2 Pi              1                    1
   3 Sqrt[3] - ------ + 2 Log[1 - -------] - 2 Log[1 + -------]
                   3              Sqrt[3]              Sqrt[3]
In[5]:=
   F[x_]=Integrate[f[t],{t, 0,x}]
Out[5]=
   9 x
   ---  - 2 ArcTan[x] + Log[1 - x] - Log[1 + x]
    2
In[6]:=
   F[1/Sqrt[3]]-F[-1/Sqrt[3]]
Out[6]=
                  2 Pi              1                    1
   3 Sqrt[3] - ------ + 2 Log[1 - -------] - 2 Log[1 + -------]
                   3              Sqrt[3]              Sqrt[3]
In[7]:=
   S==F[1/Sqrt[3]]-F[-1/Sqrt[3]]
Out[7]=
   True
```

Mathematica 入出力

入試問題1の(ウ)の解答 225頁で定義した定積分こそ，求める図形の面積 S であり，

$$S = \int_{-\frac{1}{\sqrt{3}}}^{\frac{1}{\sqrt{3}}} \left(\frac{4}{x^4-1} + \frac{9}{2} \right) dx$$

$$= -2 \int_{-\frac{1}{\sqrt{3}}}^{\frac{1}{\sqrt{3}}} \frac{dx}{x^2+1} - \int_{-\frac{1}{\sqrt{3}}}^{\frac{1}{\sqrt{3}}} \frac{dx}{x+1} + \int_{-\frac{1}{\sqrt{3}}}^{\frac{1}{\sqrt{3}}} \frac{dx}{x-1} + \int_{-\frac{1}{\sqrt{3}}}^{\frac{1}{\sqrt{3}}} \frac{9}{2} dx. \tag{14}$$

ここで，(14)の右辺の第一の定積分に対しては，変数変換 $x = \tan\theta$ を施すと，

$dx = \sec^2\theta d\theta$, $x^2+1 = \tan^2\theta + 1 = \sec^2\theta$. さらに, 区間 $-\dfrac{\pi}{6} \leq \theta \leq \dfrac{\pi}{6}$ を, 関数 $x = \tan\theta$ は単調増加に区間 $-\dfrac{1}{\sqrt{3}} \leq x \leq \dfrac{1}{\sqrt{3}}$ に写し, 定数の定積分はその定数と区間の長さの積なので,

$$\int_{-\frac{1}{\sqrt{3}}}^{\frac{1}{\sqrt{3}}} \frac{dx}{x^2+1} = \int_{-\frac{\pi}{6}}^{\frac{\pi}{6}} \frac{\sec^2\theta d\theta}{\sec^2\theta} = \int_{-\frac{\pi}{6}}^{\frac{\pi}{6}} d\theta = \frac{\pi}{3}. \tag{15}$$

(14)の右辺の第二の定積分に対しては, 変数変換 $x+1 = e^t$ を施すと, $dx = e^t dt$. 区間 $\log\left(1-\dfrac{1}{\sqrt{3}}\right) \leq t \leq \log\left(1+\dfrac{1}{\sqrt{3}}\right)$ を, 関数 $x = -1 + e^t$ は単調増加に区間 $-\dfrac{1}{\sqrt{3}} \leq x \leq \dfrac{1}{\sqrt{3}}$ に写し, 定数の定積分はその定数と区間の長さの積なので,

$$\int_{-\frac{1}{\sqrt{3}}}^{\frac{1}{\sqrt{3}}} \frac{dx}{x+1} = \int_{\log(1-\frac{1}{\sqrt{3}})}^{\log(1+\frac{1}{\sqrt{3}})} \frac{e^t dt}{e^t} = \int_{\log(1-\frac{1}{\sqrt{3}})}^{\log(1+\frac{1}{\sqrt{3}})} dt = \log\left(1+\frac{1}{\sqrt{3}}\right) - \log\left(1-\frac{1}{\sqrt{3}}\right)$$

$$= \log\frac{1+\dfrac{1}{\sqrt{3}}}{1-\dfrac{1}{\sqrt{3}}} = \log\frac{\sqrt{3}+1}{\sqrt{3}-1} = -\log\frac{\sqrt{3}-1}{\sqrt{3}+1}. \tag{16}$$

(14)の右辺の第三の定積分に対しては, 変数変換 $x-1 = -e^t$ を施すと, $dx = -e^t dt$. 変数 t が $t = \log\left(1+\dfrac{1}{\sqrt{3}}\right)$ から $t = \log\left(1-\dfrac{1}{\sqrt{3}}\right)$ に減少すると, 逆に, 関数 x は $x = -\dfrac{1}{\sqrt{3}}$ から

$x = \dfrac{1}{\sqrt{3}}$ に増加するので,

$$\int_{-\frac{1}{\sqrt{3}}}^{\frac{1}{\sqrt{3}}} \frac{dx}{x-1} = \int_{\log(1+\frac{1}{\sqrt{3}})}^{\log(1-\frac{1}{\sqrt{3}})} \frac{-e^t dt}{-e^t} = \int_{\log(1+\frac{1}{\sqrt{3}})}^{\log(1-\frac{1}{\sqrt{3}})} dt$$

$$= \log\left(1-\frac{1}{\sqrt{3}}\right) - \log\left(1+\frac{1}{\sqrt{3}}\right) = \log\frac{\sqrt{3}-1}{\sqrt{3}+1}. \tag{17}$$

以上, 纏めると

$$\begin{aligned}
S &= -2\frac{\pi}{3} + 2\log\frac{\sqrt{3}-1}{\sqrt{3}+1} + 2\frac{1}{\sqrt{3}}\frac{9}{2} \\
&= -2\frac{\pi}{3} + 2\log\frac{(\sqrt{3}-1)(\sqrt{3}-1)}{(\sqrt{3}+1)(\sqrt{3}-1)} + 2\frac{\sqrt{3}}{\sqrt{3}\sqrt{3}}\frac{9}{2} \\
&= -2\frac{\pi}{3} + 2\log\frac{3-2\sqrt{3}+1}{3-1} + 2\frac{\sqrt{3}}{\sqrt{3}\sqrt{3}}\frac{9}{2} \\
&= -2\frac{\pi}{3} + 2\log(2-\sqrt{3}) + 3\sqrt{3}.
\end{aligned} \tag{18}$$

入試問題 2 の(ア)の解答 $a_{n+1} - a_n =$ 定数 3 なので,この定数 3 が公差,$a_1 = 5$ が初項である.

入試問題 2 の(イ)の解答 部分分数分解

$$b_n = \frac{1}{(3n+2)(3n+5)} = A\frac{1}{3n+2} + B\frac{1}{3n+5} \tag{19}$$

の係数を求めるべく,分母を払うと,

$$1 = A(3n+5) + B(3n+2). \tag{20}$$

この恒等式は,変数 n が複素数でも成立するので,分母の零点 $n = -\frac{2}{3}$ を代入し

$$1 = A\left(3\left(-\frac{2}{3}\right) + 5\right) = 3A, \quad A = \frac{1}{3}. \tag{21}$$

分母の別の零点 $n = -\frac{5}{3}$ を代入し

$$1 = B\left(3\left(-\frac{5}{3}\right) + 2\right) = -3B, \quad B = -\frac{1}{3}. \tag{22}$$

従って,部分分数分解

$$b_n = \frac{1}{3}\left(\frac{1}{3n+2} - \frac{1}{3n+5}\right) \tag{23}$$

を得る.数列の初項 b_1 から第 n 項 b_n 迄の和 S_n を求める事を**和分**と言う:

$$S_n = \sum_{k=1}^{n} \frac{1}{3}\left(\frac{1}{3k+2} - \frac{1}{3k+5}\right) = \frac{1}{3}\sum_{k=1}^{n}\frac{1}{3k+2} - \frac{1}{3}\sum_{k=1}^{n}\frac{1}{3k+5}. \tag{24}$$

ここで,右辺第一の和を $k=1$ に対する値と,$k=2, 3, \cdots, n$ の和に分け,後者に変数変換 $k = m+1$ を施すと,$k = 2, 3, \cdots, n$ に $m = 1, 2, \cdots, n-1$ が対応し,更に,$3k+2 = 3(m+1)+2 = 3m+5$ なので,

5. 部分分数分解と茨城・九芸工・熊本大学入試問題

$$\sum_{k=1}^{n}\frac{1}{3k+2}=\frac{1}{5}+\sum_{k=2}^{n}\frac{1}{3k+2}=\frac{1}{5}+\sum_{m=1}^{n-1}\frac{1}{3m+5}. \tag{25}$$

更に，和分 $\sum$ の変数は，定積分の変数同様，如何なる文字で表されようと和は同じ値なので，m を k に換え

$$\sum_{k=1}^{n}\frac{1}{3k+2}=\frac{1}{5}+\sum_{k=1}^{n-1}\frac{1}{3k+5}. \tag{26}$$

対応して，右辺第二の和を $k=1, 2, \cdots, n-1$ の和と最後の $k=n$ に対する値に分けると，共通の，然し，異符号の $k=1, 2, \cdots, n-1$ の和が cancel されて

$$S_n=\frac{1}{3}\left(\frac{1}{5}+\sum_{k=1}^{n-1}\frac{1}{3k+5}\right)-\frac{1}{3}\left(\sum_{k=1}^{n-1}\frac{1}{3k+5}+\frac{1}{3n+5}\right)$$
$$=\frac{1}{3}\frac{1}{5}+\frac{1}{3}\sum_{k=1}^{n-1}\frac{1}{3k+5}-\frac{1}{3}\sum_{k=1}^{n-1}\frac{1}{3k+5}-\frac{1}{3}\frac{1}{3n+5}=\frac{1}{3}\frac{1}{5}-\frac{1}{3}\frac{1}{3n+5}$$
$$=\frac{n}{5(3n+5)}. \tag{27}$$

入試問題 2 の(ウ)の解答 (19)の様に未定係数を設定し，分母の因数の零点を代入して，この未定係数を(23)の様に定めるのが，径に依らずに行く正道ではあるが，入試ではなるべく時間を節約したい物であるので，合格への近道を行き，上の経験から，分母の因数の逆数の差を作り

$$\frac{1}{3k-1}-\frac{1}{3k+2}=\frac{3k+2-(3k-1)}{(3k-1)(3k+2)}=\frac{3}{(3k-1)(3k+2)}. \tag{28}$$

3 で割り，直ちに部分分数分解

$$\frac{1}{(3k-1)(3k+2)}=\frac{1}{3}\frac{1}{3k-1}-\frac{1}{3}\frac{1}{3k+2} \tag{29}$$

得る．上と同様にして，

$$S_n:=\frac{1}{10}+\frac{1}{40}+\frac{1}{88}+\cdots+\frac{1}{(3n-1)(3n+2)}=\sum_{k=1}^{n}\frac{1}{3}\frac{1}{3k-1}-\sum_{k=1}^{n}\frac{1}{3}\frac{1}{3k+2}$$
$$=\frac{1}{3}\frac{1}{2}+\sum_{k=2}^{n}\frac{1}{3}\frac{1}{3k-1}-\sum_{k=1}^{n-1}\frac{1}{3}\frac{1}{3k+2}-\frac{1}{3}\frac{1}{3n+2}$$
$$=\frac{1}{3}\frac{1}{2}+\sum_{m=1}^{n-1}\frac{1}{3}\frac{1}{3m+2}-\sum_{k=1}^{n-1}\frac{1}{3}\frac{1}{3k+2}-\frac{1}{3}\frac{1}{3n+2}$$
$$=\frac{1}{3}\frac{1}{2}-\frac{1}{3}\frac{1}{3n+2}\to\frac{1}{6}. \tag{30}$$

答えは

$$S = \frac{1}{6}. \tag{31}$$

入試問題3の(ア)の解答 $a_n = S_n - S_{n-1}$ なので，(7)より差分方程式，
$$S_n - 2S_{n-1} = n2^n \tag{32}$$
を得る．ここで，$S_n = T_n 2^n$ が成立する様に，新たに数列 $T_n = S_n 2^{-n}$ を導入すると，
$$(T_n - T_{n-1})2^n = T_n 2^n - 2T_{n-1} 2^{n-1} = S_n - 2S_{n-1} = n2^n \tag{33}$$
より，
$$T_n - T_{n-1} = n. \tag{34}$$

変数を k に換え，(34)の左辺を和分し，第二の和に対して，例によって $m = k-1$, $k = m+1$ と置くと
$$\sum_{k=1}^{n}(T_k - T_{k-1}) = \sum_{k=1}^{n} T_k - \sum_{k=1}^{n} T_{k-1} = \sum_{k=1}^{n} T_k - \sum_{m=0}^{n-1} T_m = = T_n - T_0 = T_n \tag{35}$$
なので，315頁の和算家熟知の一般的な公式(24)の $m=1$ なる一番易しい，当然高数の公式を用いて，右辺の和分に等しいと置き，
$$T_n = \sum_{k=1}^{n}(T_k - T_{k-1}) = \sum_{k=1}^{n} k = \frac{n(n+1)}{2}. \tag{36}$$
従って，
$$S_n = T_n 2^n = n(n+1)2^{n-1}. \tag{37}$$

入試問題3の(ウ)の解答

$a_n = S_{n-1} + n2^n = n(n-1)2^{n-2} + n2^n = (n^2 - n + 4n)2^{n-2} = n(n+3)2^{n-2}$. (38)

今度は $k = m+3$, $m = k-3$ と置き，今迄の復習をすると今度は，この3に対応して，始めと終わりの3項ずつが生き残るのが要で

$$\sum_{k=1}^{n} \frac{2^k}{a_k} = 4\sum_{k=1}^{n} \frac{1}{k(k+3)} = \frac{4}{3}\sum_{k=1}^{n}\left(\frac{1}{k} - \frac{1}{k+3}\right)$$
$$= \frac{4}{3}\left(\frac{1}{1} + \frac{1}{2} + \frac{1}{3} + \sum_{k=4}^{n}\frac{1}{k} - \sum_{k=1}^{n}\frac{1}{k+3}\right)$$
$$= \frac{4}{3}\left(\frac{1}{1} + \frac{1}{2} + \frac{1}{3} + \sum_{m=1}^{n-3}\frac{1}{m+3} - \sum_{k=1}^{n-3}\frac{1}{k+3} - \frac{1}{n+1} - \frac{1}{n+2} - \frac{1}{n+3}\right)$$
$$= \frac{4}{3}\left(\frac{1}{1} + \frac{1}{2} + \frac{1}{3} - \frac{1}{n+1} - \frac{1}{n+2} - \frac{1}{n+3}\right)$$
$$\to L = \frac{4}{3}\left(\frac{1}{1} + \frac{1}{2} + \frac{1}{3}\right) = \frac{22}{9}. \tag{39}$$

著者紹介：

梶原　壤二（かじわら・じょうじ）

　　　　1934 年長崎県に生まれる．1956 年九州大学理学部数学科卒
　　　　九州大学名誉教授
　　　　理学博士

専攻　多変数関数論　無限次元複素解析学

主著　複素関数論（森北出版）
　　　解析学序説（森北出版）
　　　関数論入門——複素変数の微分積分学，微分方程式入門（森北出版）
　　　大学テキスト関数論，詳解関数論演習（小松勇作と共著）（共立出版）
　　　新装版 新修解析学，新版 独修微分積分学，大学院入試問題演習——解析学講話，大学院入試問題解説——理学・工学への数学の応用，新修線形代数，新修文系・生物系の数学，Macintosh などによるパソコン入門 Mathematica と Theorist での大学院入試への挑戦（現代数学社）

現数 Lecture　Vol.4　Elite 数学（上）

　　　　　　　　　　　　　　　　　　　2025 年 3 月 21 日　初版 第 1 刷発行

著　者　　梶原　壤二
発行者　　富田　淳
発行所　　株式会社　現代数学社
　　　　　〒 606-8425 京都市左京区鹿ヶ谷西寺ノ前町 1
　　　　　TEL 075 (751) 0727　FAX 075 (744) 0906
　　　　　https://www.gensu.co.jp/

装　幀　　中西真一（株式会社 CANVAS）

印刷・製本　　山代印刷株式会社

ISBN 978-4-7687-0660-2　　　　　　　　　　　　　　Printed in Japan

● 落丁・乱丁は送料小社負担でお取替え致します．
● 本書のコピー，スキャン，デジタル化等の無断複製は著作権法上での例外を除き禁じられています．本書を代行業者等の第三者に依頼してスキャンやデジタル化することは，たとえ個人や家庭内での利用であっても一切認められておりません．

Ⓒ Joji Kajiwara